JUGARSE
LA PIEL

NASSIM NICHOLAS TALEB

JUGARSE LA PIEL

ASIMETRÍAS OCULTAS EN LA VIDA COTIDIANA

Traducción de
Antonio Francisco Rodríguez Esteban

Portátiles
PAIDÓS

Título original: *Skin in the Game*, de Nassim Nicholas Taleb

1.ª edición, febrero de 2019
1.ª edición en esta presentación, marzo de 2026

Paidós es un sello editorial de Editorial Planeta, S. A.
Avda. Diagonal, 662-664
08034 Barcelona, España
www.paidos.com
www.planetadelibros.com

ISBN: 978-84-493-4502-9
Depósito legal: B. 24.505-2026

Impreso en España – *Printed in Spain*

PEFC Certificado
Este libro procede de bosques gestionados de forma sostenible
PEFC
PEFC/14-38-00305
www.pefc.es

A dos hombres valientes:

Ron Paul,
un romano entre griegos; y

Ralph Nader,
santo greco-fenicio

SUMARIO

Libro II
UNA APROXIMACIÓN A LA AGENCIA

Libro III
ESA ENORME ASIMETRÍA

Libro IV
LOBOS ENTRE PERROS

Libro V
ESTAR VIVO SIGNIFICA ASUMIR
ALGUNOS RIESGOS

Libro VI
PROFUNDIZANDO EN LA AGENCIA

Libro VIII
RIESGO Y RACIONALIDAD

LIBRO I

Introducción

Este libro, aunque autónomo, es una continuación de la colección *Incerto*, que combina a) debates prácticos, b) relatos filosóficos, y c) comentarios científicos y analíticos sobre los problemas del azar, y sobre cómo vivir, comer, dormir, discutir, luchar, trabar amistad, divertirnos y tomar decisiones en condiciones de incertidumbre. Aunque resulta accesible a un amplio grupo de lectores, conviene no engañarse: *Incerto* es un ensayo, no la popularización de algunos trabajos presentados anteriormente de forma tediosa (aunque aquí dejamos al margen los complementos técnicos de dicho volumen).

Jugarse la piel aborda cuatro temas: a) la incertidumbre y la fiabilidad del conocimiento (tanto práctico como científico, asumiendo que hay diferencias entre ambos), o, en palabras menos corteses, la detección de mierda; b) la simetría en los asuntos humanos, es decir, la equidad, la justicia, la responsabilidad y la reciprocidad; c) el intercambio de información en las transacciones; y d) la racionalidad en los sistemas complejos y en el mundo real. Que estos cuatro elementos no pueden separarse es algo que resulta obvio cuando es uno mismo quien se juega... la piel.*

* Para descubrir por qué la ética, las obligaciones morales y las habilidades no pueden separarse fácilmente en la vida real, consideremos lo siguiente. Cuando le dices a alguien que ocupa

Jugarse la piel no solo es algo necesario para la equidad, la eficacia comercial y la gestión de riesgos: es necesario, además, para comprender el mundo.

En primer lugar, actúa como filtro e identificador de porquería; es decir, detecta la diferencia entre teoría y práctica, entre conocimiento real y conocimiento cosmético, y entre la academia (en el mal sentido de la palabra) y el mundo real. Para decirlo en forma de principio: *en el ámbito erudito no hay diferencia entre la academia y el mundo real; en el mundo real sí que la hay.*

En segundo lugar, plantea las distorsiones de la simetría y la reciprocidad en nuestra propia vida: si obtienes recompensas, también debes asumir los riesgos, no dejar que otros paguen el precio de tus errores. Si pones en riesgo a los demás y estos resultan perjudicados, tienes que pagar un precio por ello. Así como tienes que tratar a los demás tal como te gustaría que te trataran a ti, tendrás que compartir también la responsabilidad de esas circunstancias sin caer en la injusticia ni en la desigualdad.

Si ofreces una opinión y alguien sigue tu criterio, estás moralmente obligado a exponerte a sus consecuencias. En el caso de que transmitas una opinión económica:

No me digas lo que «piensas»; dime lo que hay en tu cartera.

En tercer lugar, este libro trata de la información que deberíamos compartir con los demás, lo que un vendedor de coches usados debería —o no debería— contarte sobre el vehículo en el que estás a punto de gastarte una buena parte de tus ahorros.

En cuarto lugar, es un ensayo sobre la racionalidad y sobre la prueba del tiempo. La racionalidad del mundo real no guarda relación con aquello que es lógico para el reseñista del *New Yorker* o

---

un puesto de responsabilidad, por ejemplo a tu contable, «confío en ti», ¿quieres decir a) que confías en su ética (porque no desviará dinero a Panamá), 2) que confías en la precisión de su contabilidad o 3) ambas cosas a la vez? La cuestión central de este libro es que en el mundo real resulta difícil separar la ética del conocimiento y de la competencia.

para algún psicólogo que utiliza ingenuos modelos de primer orden, sino con algo mucho más profundo y estadístico, de lo cual depende tu propia supervivencia.

No confundamos la idea de jugarse la piel, tal como se define y utiliza en este libro, con un problema de incentivos, con el hecho de disponer de una parte de los beneficios (tal como normalmente se utiliza este término en el ámbito financiero). No se trata de eso. Es más bien algo relacionado con la simetría, con compartir nuestros perjuicios, asumiendo una penalización si algo va mal. Es una idea que vincula la noción de incentivos, la compra de coches de segunda mano, la ética, la teoría contractual, el aprendizaje (en la vida real y en la académica), el imperativo kantiano, el poder municipal, la ciencia del riesgo, el contacto entre los intelectuales y la realidad, la responsabilidad de los burócratas, la justicia social probabilista, la teoría de opciones, la buena conducta, los vendedores de mierda, la teología... En fin, ya paro.

Los aspectos menos obvios de jugarse la piel

Un título más correcto (aunque más incómodo) para este libro hubiera sido *Los aspectos menos obvios de jugarse la piel: las asimetrías ocultas y sus consecuencias*. A mí no me gusta nada leer libros que me transmitan obviedades. Me gusta que me sorprendan. Por lo tanto, aplicando la misma reciprocidad del jugarse la piel, no llevaré al lector a un tedioso y predecible viaje tal como hacen las conferencias universitarias, sino que le haré experimentar el tipo de aventura que a mí me gusta.

Para conseguirlo, este libro se ha estructurado de la forma siguiente. Al lector no le llevará más de sesenta páginas comprender la importancia, el predominio y la omnipresencia del jugarse la piel (es decir, la simetría) en la mayor parte de sus aspectos. Pero no abunda en explicaciones de *por qué* algo tan importante es importante: si se justifica continuamente un principio, se acaba degradándolo.

El camino de la aventura nos lleva a centrarnos en el segundo paso: en las implicaciones sorprendentes —esas asimetrías ocultas que no vienen de inmediato a la mente—, así como en las consecuencias más obvias, algunas de las cuales son bastante incómodas mientras que otras resultan inesperadamente útiles. Comprender los entresijos de cómo nos jugamos la piel permite comprender también los grandes enigmas subyacentes a la compleja matriz de la realidad.

Por ejemplo:

¿Cómo es posible que minorías claramente intolerantes dirijan el mundo y nos impongan sus gustos? ¿Cómo es posible que el universalismo destruya a los mismos pueblos a los que supuestamente debe ayudar? ¿Cómo es posible que hoy existan más esclavos que en la época romana? ¿Por qué los cirujanos no deberían parecer cirujanos? ¿Por qué la teología cristiana insiste en el aspecto humano de Jesucristo, necesariamente diferente del divino? ¿Por qué los historiadores nos confunden informándonos de la guerra y no de la paz? ¿Por qué la señalización fácil (sin nada que arriesgar) fracasa tanto en el ámbito económico como en el religioso? ¿Por qué los candidatos a cargos políticos con manifiestos defectos de carácter nos parecen más auténticos que los burócratas con un historial impecable? ¿Por qué adoramos a Hannibal? ¿Por qué las empresas quiebran en cuanto tienen directivos interesados en hacer el bien? ¿Por qué el paganismo es más simétrico entre los pueblos? ¿Cómo deberían gestionarse los asuntos exteriores? ¿Por qué no debemos donar dinero a organizaciones benéficas a menos que operen de una forma netamente distributiva (hoy conocida como *uberización*)? ¿Por qué los genes y las lenguas se transmiten de forma distinta? ¿Por qué el tamaño de una comunidad resulta tan importante (una comunidad de pescadores pasa de ser cooperativa a competitiva en cuanto cambiamos la escala, es decir, el número de personas implicadas)? ¿Por qué la economía conductual no tiene nada que ver con el estudio de la conducta de los individuos, y los mercados tienen poco que ver con las preferencias de los intervinientes? ¿Por qué la racionalidad no es más que simple supervivencia? ¿Cuál es la lógica fundacional de la asunción de riesgos?

Pues bien, para este autor, jugarse la piel es algo relacionado, ante todo, con la justicia, el honor y el sacrificio, aspectos todos ellos inherentes a la existencia del ser humano.

La regla del jugarse la piel reduce los efectos de unas divergencias que van aumentando a medida que la civilización avanza: las que existen continuamente entre la acción y la palabra vana (cháchara), entre la consecuencia y la intención, entre la práctica y la teoría, entre el honor y la reputación, entre el conocimiento y la charlatanería, entre lo concreto y lo abstracto, entre lo ético y lo legal, entre lo genuino y lo cosmético, entre lo mercantil y lo burocrático, entre el emprendedor y el director ejecutivo, entre la fuerza y la exhibición, entre el amor y el vampirismo, entre Coventry y Bruselas, Omaha y Washington, entre seres humanos y economistas, entre autores y editores, entre la erudición y la academia, entre la democracia y la gobernanza, entre la ciencia y el cientifismo, entre la política y los políticos, entre el amor y el dinero, el espíritu y la letra, entre Catón el Viejo y Barack Obama, entre la calidad y la publicidad, entre el compromiso y la señalización y, fundamentalmente, entre lo colectivo y lo individual.

Vamos primero a conectar algunos de los puntos de la lista anterior en dos estampas, para sumergirnos de lleno en la sensación de cómo la idea trasciende las categorías.

PRÓLOGO (PRIMERA PARTE)

Anteo vapuleado

Nunca huyas de mamá — Sigo encontrando señores de la guerra — Bob Rubin y sus tratos — Los sistemas como accidentes automovilísticos

Anteo era un gigante, o más bien una especie de semigigante, hijo de la madre Tierra, Gea, y de Poseidón, el dios del mar. Tenía una extraña ocupación, y es que debía obligar a luchar a todos los que entraban en su país, Libia (entonces perteneciente a Grecia); en esos combates lanzaba a sus víctimas contra el suelo y luego las aplastaba. Este macabro pasatiempo era, al parecer, una forma de devoción filial: Anteo pretendía construir un templo para su padre, el dios Poseidón, utilizando como base los cráneos de sus víctimas.

Se creía que Anteo era invencible, pero había un truco. Obtenía su fuerza de su madre, la Tierra. Si no mantenía el contacto físico con ella, perdía todos sus poderes. Uno de los doce trabajos de Hércules fue, precisamente (en una de las variantes del mito), vencer a Anteo. Logró levantarlo del suelo y acabar con él porque Anteo no tenía los pies en contacto directo con su madre.

De esta primera estampa debemos recordar que, al igual que Anteo, no podemos separar el conocimiento de su contacto con el suelo. De hecho, no podemos separar *nada* del contacto con el suelo. Y el contacto con el mundo real tiene lugar cuando uno se juega la piel, esto es, exponiéndonos al mundo y pagando un precio por las consecuencias de nuestros actos, sean buenos o malos. Las rozaduras en la piel guían tu aprendizaje y tu descubrimiento; se trata de un mecanismo de señalización orgánica que los griegos llamaban *pathemata mathemata* («guía tu aprendizaje sobre la base de tu dolor», algo que las madres de los niños pequeños saben muy bien). En *Antifrágil* he demostrado que muchas de las cosas que supuestamente han sido «inventadas» por las universidades en realidad se descubrieron mediante el juego, y más tarde se legitimaron mediante algún tipo de formalización. El conocimiento que obtenemos jugando, a través del ensayo y el error, la experiencia y la acción del tiempo, en otras palabras, mediante el *contacto con la tierra,* es inmensamente superior al obtenido a través del razonamiento, algo que las instituciones interesadas se han esforzado en ocultarnos.

A continuación lo aplicaremos a eso que llamamos «hacer política».

Libia después de Anteo

Segunda estampa. Cuando escribo estas líneas, unos miles de años después, Libia, la tierra natal de Anteo, tiene mercados de esclavos, porque hubo un intento fallido de «cambio de régimen» para «derrocar a un dictador». Sí, en 2017 hay mercados de esclavos improvisados en párkings, donde los subsaharianos capturados se venden al mejor postor.

Un grupo de individuos considerados intervencionistas (entre los cuales se encontrarían, en el momento de escribir estas líneas, Bill Kristol, Thomas Friedman y algunos más),* que promovieron la invasión de Irak en 2003, así como la destitución del líder libio en 2011, defienden la imposición de cambios de régimen en otros países, entre ellos Siria, porque están gobernados por un «dictador».

Estos intervencionistas y sus amigos del Departamento de Estado contribuyeron a crear, entrenar y apoyar a los rebeldes isla-

* Los intervencionistas tienen en común otro rasgo importante: normalmente no son levantadores de pesas.

mistas, entonces «moderados», pero que luego evolucionaron hasta formar parte de Al Qaeda, la organización terrorista que derribó las Torres Gemelas en los atentados del 11 de septiembre de 2001. Curiosamente, a estos hombres se les olvidó que la propia Al Qaeda estaba compuesta por «rebeldes moderados» creados (o formados) por Estados Unidos para combatir a la Rusia soviética, porque, como veremos, el razonamiento de estas personas tan bien educadas no tiene tantos recursos.

De manera que intentamos *esa cosa* llamada «cambio de régimen» en Irak y fracasamos estrepitosamente. Intentamos repetir *esa misma cosa* en Libia, y ahora este país tiene mercados de esclavos. Pero logramos «derrocar a un dictador», que era el objetivo buscado. Siguiendo el mismo razonamiento, un médico podría inyectar a un paciente células cancerosas «moderadas» para mejorar su tasa de colesterol y cantar victoria con orgullo, tras la muerte del paciente, especialmente si el análisis *post mortem* muestra unos buenos registros de colesterol. Pero sabemos que los médicos no imponen «curas» mortales a los pacientes, o no lo hacen de una forma tan descarnada, y hay una razón evidente para ello. Normalmente, los médicos se juegan moderadamente la piel, tienen una vaga comprensión de los sistemas complejos y algo más de dos milenios de ética progresiva determinando su conducta.

Y no nos olvidemos de la lógica, el intelecto y la educación, porque un razonamiento lógico férreo pero de orden superior demostraría que, a menos que hallemos una forma de negar las pruebas empíricas, defender los cambios de régimen *también* implica defender la esclavitud o alguna forma similar de degradación del propio país (de hecho, estos han sido los resultados más característicos). Por lo tanto, estos intervencionistas carecen de sentido práctico y no aprenden nunca de la historia, pero además fracasan a la hora de practicar el razonamiento puro, que ahogan en un discurso elaborado, semiabstracto y plagado de lugares comunes.

Cometen tres errores: son personas que piensan 1) en términos estáticos, y no dinámicos, 2) a pequeña escala y no en la grande, 3) en términos de acciones, y no de interacciones. A lo largo del libro veremos en profundidad este defectuoso razonamiento mental de los tontos educados (o, más bien, medio educados). De momento voy a desarrollar los tres errores mencionados.

Su primer error es que son incapaces de pensar en un segundo paso porque no son conscientes de lo necesaria que es esta forma de proceder, cuando cualquier campesino de Mongolia, cualquier camarero de Madrid y prácticamente cualquier vendedor de automóviles de San Francisco sabe que en la vida real hay que dar siempre un segundo paso, y un tercero y un cuarto y un enésimo paso. El segundo error es que son incapaces de distinguir entre los problemas multidimensionales y su representación unidimensional, de un modo análogo a lo que sucede con las múltiples dimensiones de la salud y su simple reducción al control del colesterol. No pueden comprender que, desde el punto de vista empírico, los sistemas complejos carecen de mecanismos unidimensionales de causa y efecto que sean obvios, y que en condiciones de opacidad no conviene intervenir en tales sistemas. Es más, abundando en este mismo error, llegan a comparar las acciones del «dictador» con las del primer ministro noruego o sueco, en lugar de compararlas con las de la alternativa local. El tercer error de los intervencionistas es que no son capaces de prever la evolución de aquellos a los que ayudan mediante el ataque, o la exagerada respuesta que pueden obtener.

«Ludis de alieno corio»*

Cuando algo estalla, invocan la incertidumbre, algo conocido como cisne negro (un acontecimiento inesperado de gran impacto) y

* Jugar con la vida de los demás.

concebido por un tipo (muy) tozudo; pero no dan cuenta de que no se debe intervenir en un sistema cuyos resultados están plagados de incertidumbre ni en una acción con grandes inconvenientes si no sabe cuáles serán las consecuencias. Aquí lo más importante es que al intervencionista no le afectan los inconvenientes. Este continúa haciendo lo mismo desde su cómoda casa climatizada con garaje de dos plazas, perro y zona de juegos con césped libre de pesticidas para sus sobreprotegidos 2,2 hijos.

Imaginemos a personas con trabas mentales similares, personas que no comprenden la asimetría y que pilotan aviones. Serían unos pilotos incompetentes, porque no pueden aprender de la experiencia o no les importa asumir riesgos que no comprenden, y podrían matar a muchas personas. Pero también podrían acabar en el fondo del Triángulo de las Bermudas y dejar de representar una amenaza para los viajeros y para la humanidad entera. Eso no es algo que ocurra en este caso.

Así pues, al final hemos llenado eso que llamamos *intelligentsia* con personas megalomaniacas y mentalmente trastornadas (en sentido literal), simplemente porque nunca tienen que pagar por las consecuencias de sus actos, sino que solo repiten eslóganes modernos desprovistos de toda profundidad (por ejemplo, siguen utilizando la palabra *democracia* mientras fomentan el uso de la guillotina; pues la democracia es algo que solo conocen por sus lecturas de la universidad). En general, cuando alguien invoca abstractas nociones modernas, podemos dar por hecho que tiene cierta educación (pero no la suficiente, o no en la disciplina correcta) y muy poca responsabilidad.

Ahora, todos esos pueblos inocentes —los ezidíes, las minorías cristianas de Oriente Próximo (y Oriente Medio), los mandeos, los sirios, los iraquíes y los libaneses— tienen que pagar las consecuencias de los errores cometidos por los intervencionistas, actualmente apoltronados en sus cómodas oficinas provistas de aire acondicionado. Como veremos, esto va en contra de la noción misma de justicia desde sus orígenes prebíblicos, en la época babilónica, y en contra de la propia estructura de la ética, esa matriz subyacente que ha permitido sobrevivir a la humanidad.

El principio que regula la intervención es el mismo que el de los médicos: «ante todo no hacer daño» (*primum non nocere*); más aún, como luego argumentaremos, quienes no asumen riesgos no deberían tomar decisiones.

Y además:

> *Siempre hemos estado locos, pero no teníamos la capacidad de destruir el mundo. Ahora sí que la tenemos.*

Más adelante volveremos a los intervencionistas «pacificadores» y examinaremos cómo sus procesos de paz crean bloqueos, como sucedió en el conflicto palestino-israelí.

Los señores de la guerra siguen ahí

La idea de jugarse la piel forma parte de la historia de la humanidad: históricamente, todos los señores de la guerra y los individuos belicistas eran guerreros y, salvo unas pocas y curiosas excepciones, las sociedades eran gobernadas por personas que asumían riesgos en lugar de transferirlos a otros.

Las personas importantes asumían riesgos; unos riesgos considerablemente más elevados que los de los ciudadanos normales. El emperador romano Juliano el Apóstata murió en el campo de batalla, librando una guerra interminable en la frontera persa, *mientras era emperador*. Podríamos hacer conjeturas sobre Julio César, Alejandro Magno o Napoleón, que quizás deban parte de su fama a la consabida narración legendaria de los historiadores, pero aquí las pruebas son irrefutables. No hay mejor prueba histórica de la presencia de un emperador en la primera línea de batalla que una lanza persa clavada en su pecho (Juliano prescindió de su armadura). Uno de sus predecesores, Valerio, fue capturado en esa misma frontera, y se decía que el persa Sapor lo utilizó como escabel humano para montar a su caballo. La última vez que se vio al último emperador bizantino, Constantino XI Paleólogo, este se había arrancado la toga púrpura y se había unido a Juan Dálmata y a su primo Teófilo Paleólogo para cargar contra las tropas turcas con las espadas en alto, afrontando orgullosamente una muerte segura. Sin embargo, la leyenda afirma que a Constantino se le ofreció un acuerdo de rendición. Pero, claro, los reyes que se precian no aceptan tales tratos.

No se trata de anécdotas aisladas. El pensador estadístico que anida en este autor está bastante convencido: sabemos que solo el 30 % de los emperadores romanos murieron en su lecho, y podemos afirmar que, dado que fueron muy pocos los que murieron a edad avanzada, es muy posible que el resto, de haber vivido más, hubiera caído en el campo de batalla o en un golpe de Estado.

Incluso en el presente, los monarcas derivan su legitimidad de un contrato social que exige asumir un riesgo físico. La familia real británica se aseguró de que uno de sus vástagos, el príncipe Andrés, asumiera más riesgos que los «plebeyos» en la guerra de las Malvinas de 1982: su helicóptero iba en primera línea. ¿Por qué? Porque nobleza obliga; el propio estatus de *lord* deriva tradicionalmente su legitimidad de la protección a los demás, aunque aquí se canjea el riesgo personal por la relevancia social, y al parecer los monarcas siguen recordando ese contrato. No puedes ser un *lord* si no eres un señor.

Comercio a lo Bob Rubin

Hay quien cree que no tener guerreros en la clase dirigente es señal de civilización y de progreso. Pero no es así. Por otra parte:

> *La burocracia es una estructura mediante la cual una persona es convenientemente separada de las consecuencias de sus actos.*

¿Y qué podemos hacer si un sistema centralizado necesita personas que no estén directamente expuestas al coste de sus errores?

Bien, pues entonces no tenemos más opción que la descentralización o, dicho más cortésmente, la localización; esto es, limitar el número de individuos inmunes y con capacidad decisoria.

La descentralización se basa en la simple idea de que es más fácil hacer macromierda que micromierda.

La descentralización reduce las grandes asimetrías estructurales.

Pero no hay que preocuparse; si no descentralizamos y distribuimos la responsabilidad, esto sucederá por sí solo y de la manera más dura, ya que un sistema que carece de mecanismos para jugarse la piel y que está cargado de desequilibrios, acabará por desmoronarse y repararse por sí solo. Si es que sobrevive.

Por ejemplo, en 2008 se produjo un crac bancario debido a la acumulación de riesgos ocultos y asimétricos en el propio sistema: los banqueros, maestros en la transferencia de riesgos, podían obtener un flujo constante de dinero explotando una serie de riesgos explosivos ocultos, utilizar modelos académicos del riesgo que solo funcionan sobre el papel (porque los académicos prácticamente no saben nada del riesgo), y luego, tras la caída, invocar la incertidumbre (el mismo cisne negro, invisible e impredecible, y al mismo autor tozudo) y conservar los ingresos anteriores, practicando así lo que yo he dado en llamar *comercio a lo Bob Rubin*.

¿Y qué es el *comercio a lo Bob Rubin*? Robert Rubin, exsecretario del Tesoro de Estados Unidos, era una de las personas cuya firma aparecía estampada en el billete con el que uno se pagaba el café. En la década anterior al crac bancario de 2008 percibió de Citibank más de ciento veinte millones de dólares en concepto de compensaciones. Cuando el banco se declaró insolvente y fue rescatado por los contribuyentes, no pagó por ello sino que se adujo como excusa la incertidumbre. Si sale cara, gana; y si sale cruz, grita: «¡Cisne negro!». Rubin tampoco reconoció haber transferido el riesgo a los contribuyentes: los especialistas en gramática española, los profesores ayudantes, los supervisores de fábricas de latas, los asesores en nutrición vegetariana y las secretarias de los ayudantes de fiscal de distrito le «cubrían las espaldas», es decir, asumían sus riesgos y pagaban sus pérdidas. Pero lo que salió peor parado fue el libre mercado, porque el público, ya predispuesto a odiar a los inversores, empezó a vincular este sistema con las formas de corrupción y nepotismo en las altas esferas, cuando en realidad sucede justo lo contrario: es el Gobierno, y no los mercados, el que hace posible estas prácticas mediante sus mecanismos de rescate. Y no solo los rescates: en general, toda interferencia del Gobierno tiende a eliminar la asunción de riesgos.

La buena noticia es que a pesar de los esfuerzos de una administración cómplice liderada por Obama que quería proteger las reglas del juego y a los banqueros empeñados en la búsqueda de rentas,* el negocio de la asunción de riesgos empezó a desplazarse hacia unas estructuras independientes conocidas como «fondos de cobertura». Este cambio se produjo fundamentalmente a causa de la hiperburocratización del sistema, ya que los funcionarios (que están convencidos de que su trabajo consiste básicamente en gestionar el papeleo) sobrecargaron a los bancos con reglamentos, pero, de alguna manera, en los miles de páginas de esas regulaciones adicionales, *evitaron considerar la idea de jugarse la piel.* Pero con los fondos de cobertura, de carácter descentralizado, los gestores del sistema tienen al menos la mitad de su patrimonio neto invertido en tales instrumentos financieros, con lo que su nivel de exposición es relativamente superior al de sus clientes y, al final, se hunden ellos mismos con el barco.

* La *búsqueda de rentas* consiste en utilizar las regulaciones proteccionistas o los «derechos» de protección para obtener ingresos sin añadir nada a la actividad económica ni aumentar la riqueza de los demás. Como diría Tony el Gordo (que será presentado dentro de unas páginas), es algo así como pagar a la mafia en busca de protección sin obtener los beneficios económicos de dicha protección.

Los sistemas aprenden por eliminación

Si quieres subrayar una sola sección de este libro, aquí la tienes. El ejemplo de los intervencionistas es esencial para nuestro relato porque muestra cómo la falta de asunción de riesgos tiene tanto efectos éticos como efectos epistemológicos (por ejemplo, los relacionados con el conocimiento). Hemos visto que los intervencionistas no aprenden porque no son víctimas de sus errores y, como ya insinuamos con el *pathemata mathemata*:

El mecanismo de transferencia de riesgos impide el aprendizaje.

O en términos más prácticos:

Nunca convencerás del todo a alguien de que está equivocado; solo la realidad podrá convencerlo.

Pero a la realidad no le importan los argumentos ganadores: lo que le importa es la supervivencia.

Pues

La maldición de la modernidad es que cada vez estamos más colonizados por una clase de personas cuya capacidad para explicar las cosas supera a su capacidad de comprensión.

O cuya capacidad explicativa supera a sus acciones.

A los presos de esas cárceles de alta seguridad a las que llamamos escuelas no se les enseña a *aprender*. En biología, el aprendizaje es algo que se imprime a nivel celular, a través del filtro de la selección intergeneracional: jugarse la piel, insisto, es más un filtro que un mecanismo de disuasión. Solo puede haber evolución si hay riesgo de extinción. Además:

Si no nos jugamos la piel no hay evolución.

Este último punto es muy obvio, pero aún veo a académicos que no se juegan la piel y que defienden la evolución al mismo tiempo que rechazan la idea de jugarse la piel y el riesgo compartido. Niegan la idea del diseño del mundo por parte de un creador omnisciente, y al mismo tiempo pretenden imponer el *diseño* humano como si conocieran todas sus consecuencias. En general, la gente que rinde más culto al sacrosanto Estado (o, de forma equivalente, a las grandes empresas) tiende a mirar con más inquina la asunción de riesgos. Cuanto más convencidos están de su propia capacidad de predicción, más odian la idea de jugarse la piel. Si visten traje y corbata, tienden a odiar la asunción de riesgos.

Volviendo a nuestros intervencionistas, hemos visto que la gente no aprende mucho de sus errores ni tampoco de los ajenos; más bien es el sistema el que aprende seleccionando a quienes están menos predispuestos *a cierto tipo* de errores y eliminando a los demás.

*El sistema aprende eliminando algunas de sus partes, por «via negativa».**

Como ya hemos mencionado, muchos malos pilotos yacen ahora en el fondo del Atlántico, y muchos malos conductores de autobús están en el tranquilo cementerio de su localidad, entre sus bonitos caminos bordeados de árboles. El transporte no llegó a ser más seguro porque el ser humano *aprenda* de sus errores, sino que es el sistema el que aprende. La experiencia del sistema es diferente a la de los individuos: se basa en los filtros.

* *Via negativa*: principio según el cual sabemos lo que está mal con más claridad que lo que está bien, y conforme al cual el conocimiento crece por sustracción. Además, es más fácil saber que algo anda mal que encontrar una solución. Las acciones dirigidas a la eliminación son más firmes que las destinadas a la adición, porque al añadir algo se pueden producir unos invisibles y complejos bucles de retroalimentación. Abordo esta cuestión con más profundidad en mi *Antifrágil*.

Resumiendo:

El jugarse la piel mantiene la soberbia humana bajo control.

Ahora vamos a profundizar en la cuestión y en la segunda parte del prólogo vamos a considerar la noción de simetría.

PRÓLOGO (SEGUNDA PARTE)

Una breve panorámica de la simetría

Metaexpertos juzgados por metametaexpertos — Prostitutas, no prostitutas y amateurs — Los franceses y Hammurabi — Dumas siempre es una excepción

I. De Hammurabi a Kant

Hasta la reciente intelectualización de la vida, la simetría del jugarse la piel se ha considerado implícitamente como la regla principal de toda sociedad organizada, incluso de cualquier forma de vida colectiva en la que una persona se reúna o trate con otras más de una vez. La regla debió de existir antes de los propios humanos, ya que prevalece bajo formas muy sofisticadas en el reino animal. O, dicho de otro modo: debió de prevalecer porque, si no, la vida se habría extinguido: la transferencia de riesgos destruye cualquier sistema. Y la propia idea de ley, sea divina o de otro tipo, trata precisamente de solucionar los desequilibrios y de remediar estas asimetrías.

Recorramos brevemente el camino que va de Hammurabi a Kant, para ver cómo la regla se va refinando conforme avanza la civilización.

Hammurabi en París

La ley de Hammurabi se inscribió hace unos tres mil ochocientos años en una estela de basalto erigida en una plaza pública de Babilonia, para que cualquier persona alfabetizada pudiera leerla o para que se la leyera a quien no pudiera hacerlo. Contiene 282 leyes y se considera la primera codificación existente de nuestra regla. Este código se ocupa de un tema importante: establece simetrías entre las personas que participan en una transacción, de modo que nadie pueda transferir un riesgo *de cola* oculto o riesgos como los de Bob Rubin. Sí, el comercio a lo Bob Rubin tiene tres mil ochocientos años de antigüedad, es tan viejo como la civilización, y la misma antigüedad tienen las reglas para contrarrestarlo.

¿Qué es una *cola* en este contexto? De momento diremos que es un acontecimiento extremo de baja frecuencia. Se llama *cola* porque en la curva de distribución de frecuencias se sitúa en el extremo izquierdo o en el derecho (donde están las frecuencias bajas), y, por alguna razón que escapa a mi comprensión, la gente empezó a llamarlo *cola* y, al final, el término se consolidó.

El mandamiento más conocido de Hammurabi reza así: «Si un constructor erige una casa y la casa se derrumba y mata a su propietario, el constructor será condenado a muerte».

Como ocurre en las operaciones financieras, el mejor lugar para ocultar los riesgos está «en las esquinas», enterrando la vulnerabilidad a acontecimientos poco habituales que solo el arquitecto (o el operador) puede detectar: se trata de estar muy lejos, en el tiempo y en el espacio, cuando suceda el derrumbe. Como me dijo un viejo y rudo banquero alcohólico el día de mi graduación: «Yo solo concedo préstamos a *largo* plazo. Cuando [los prestatarios] maduran prefiero estar *lejos*. Para que solo puedan encontrarme a *larga* distancia». Él trabajaba para bancos internacionales y consiguió sobrevivir a su juego cambiando de país cada cinco años; y, según recuerdo, también cambiaba de esposa cada diez años y de banco cada doce. Pero no tenía que esconderse muy lejos o muy profundamente: hasta hace poco nadie recuperaba (es decir, nadie reclamaba) las ganancias logradas por los banqueros cuando algo iba mal a raíz de sus actos. No es extraño que hayan sido los suizos quienes empezaran a recuperar las pérdidas en 2008.

La muy conocida *lex talionis*, «ojo por ojo y diente por diente», procede del código de Hammurabi. Es una ley metafórica, no literal: en realidad no es preciso arrancarse el ojo, porque la regla es mucho más flexible de lo que parece a primera vista. En un célebre debate talmúdico (recogido en el Baba Kama), un rabino argumenta que si se siguiera esta ley al pie de la letra, el tuerto solo estaría aplicando la mitad del castigo si cegara a una persona con dos ojos, mientras que el ciego quedaría impune. Y algo así puede plantearse también cuando un individuo bajito mata a un héroe. Siguiendo este razonamiento, tampoco hay que amputarle la pierna al doctor imprudente que seccionó la pierna equivocada: por medio de la vía judicial, y no por la propia regulación, el sistema procesal impondrá, gracias a los esfuerzos de Ralph Nader, *algún* castigo a quien proceda; el castigo suficiente para que queden protegidos los consumidores y los ciudadanos frente a instituciones poderosas. Es evidente que el sistema legal ocasionará algunas molestias (especialmente en lo que respecta a la resolución de los agravios) y que incluye en su seno a los buscadores de rentas, pero es mucho mejor quejarse de los abogados que de la falta de abogados.

Más en concreto, algunos economistas me han acusado de pretender revertir la protección por bancarrota que se ofrece en nuestra época; algunos incluso me han acusado de querer instaurar la guillotina para los banqueros. No soy *tan* literal: se trata de infligir algún tipo de castigo, el suficiente como para que el comercio a lo Bob Rubin resulte menos atractivo, y proteger así a toda la población.

Se da la circunstancia de que, por razones que se me escapan, el código de Hammurabi, esa estela de basalto negro-grisáceo, está actualmente en el Museo del Louvre de París; algo extraño que solo puede suceder en Francia. Y los franceses, que normalmente saben muchas más cosas que nosotros, no parecen conocer este detalle; solo los visitantes coreanos provistos con sus palos de *selfie* parecen haber oído hablar de la ubicación de esta famosa estela.

En mi penúltima peregrinación al lugar, impartí una conferencia a inversores franceses en una de las salas del museo; mi charla versaba sobre las ideas expuestas en este libro, incluida la idea de jugarse la piel. Intervine después de un hombre que, a pesar de su notable parecido (en imagen y en personalidad) con las estatuas mesopotámicas, es la encarnación misma de la falta de asunción de riesgos: Ben Bernanke, el exdirector de la Reserva Federal. Para mi sorpresa, cuando abordé el tema recurriendo a la ironía de la situación, es decir, que hace unos cuatro mil años éramos más sofisticados en estas cuestiones, y que la famosa estela se hallaba a unos cien metros del lugar donde yo impartía mi conferencia, ninguno de los presentes supo de qué estaba hablando, a excepción de los inversores franceses de mayor cultura. Nadie sabía nada de Hammurabi —salvo que se trataba de uno de los agentes de la geopolítica mesopotámica—, ni de su conexión con la idea de jugarse la piel y con la responsabilidad de los banqueros.

El cuadro 1 muestra la progresión de las reglas de simetría desde Hammurabi en adelante; subamos, pues, la escalera.

CUADRO 1. EVOLUCIÓN DE LA SIMETRÍA MORAL
de Taleb y Sandis, 2016

HAMMURABI/ *LEX TALIONIS*	DECIMOQUINTA LEY DE LA SANTIDAD Y LA JUSTICIA	REGLA DE PLATA	REGLA DE ORO	FÓRMULA DE LA LEY UNIVERSAL
«Ojo por ojo y diente por diente» (Hammurabi; Éxodo, 21, 24)	«Amarás a tu prójimo como a ti mismo» (Levítico, 19, 18)		«Todas las cosas que queráis que los hombres hagan con vosotros, así haced vosotros también con ellos» (Mateo, 7, 12)	«Obra solo según aquella máxima por la cual puedas querer que al mismo tiempo se convierta en ley universal» (Kant, 1785, 4, 421)

La plata vence al oro

Repasemos rápidamente las reglas que aparecen a la derecha de Hammurabi. El Levítico suaviza este antiguo código legal. La regla de oro pretende que «trates a los demás tal y como deseas que los demás te traten a ti». La regla de plata, bastante más sólida, dice: «No trates a los demás como no quisieras que los demás te trataran a ti». ¿Es realmente más sólida? ¿En qué sentido? ¿Por qué la regla de plata es más sólida?

Primero dice que has de ocuparte de tus propios asuntos y no decidir qué es «bueno» para los demás. Tenemos más claro lo que está mal que lo que está bien. La regla de plata puede considerarse como una «regla de oro negativa», y según me enseñó mi barbero calabrés (y hablante de calabrés) hace tres semanas, la *via negativa* (esto es, actuar mediante la sustracción) es mucho más poderosa y menos propensa al error que la *via positiva* (actuar a base de añadidos).*

Digamos ahora unas palabras sobre lo que significan los «demás» en la expresión *tratar a los demás*. El prójimo puede ser singular o plural, y por lo tanto puede designar a un individuo, a un equipo de baloncesto o a la Asociación Norteña de Barberos Hablantes de Calabrés. Lo mismo ocurre con los «demás». La idea es fractal en el sentido de que opera en todas las escalas: seres humanos, tribus, asociaciones, grupos de asociaciones, países, etc., asumiendo que cada una de ellas es una unidad autónoma y que puede mantener relaciones con otras entidades equiparables. Así como los individuos deberían tratar a los demás como les gustaría ser tratados a ellos (o no ser tratados), las familias, consideradas como unidades, deberían tratar del mismo modo a las demás familias. Y también los países deberían actuar así, algo que hará que los intervencionistas de la pri-

* «Todo lo que quisierais que los hombres hiciesen con vosotros, hacedlo vosotros con ellos» (Isócrates, Hillel el Viejo, *Mahabharata*). «No hagas a tu vecino lo que a ti te resulte odioso: esta es toda la Torá; el resto es explicación; ve y aprende.» Rabbi Hillel el Viejo analiza el Levítico 19, 18. «No hagas a los demás algo que, si te lo hicieran a ti, te causaría dolor. Esta es la esencia de la moralidad.»

mera parte del prólogo nos resulten aún más deplorables. Isócrates, el sabio orador ateniense, ya nos advirtió en el siglo v a. C. de que las naciones deberían tratarse unas a otras conforme a la regla de plata. Como él mismo escribió: «Trata a los Estados más débiles como creas que los Estados más fuertes han de tratarte a ti».

Nadie encarna la noción de simetría mejor que Isócrates, un sabio que vivió más de un siglo y realizó contribuciones significativas cuando ya tenía más de noventa años. Acuñó incluso una versión más dinámica de la regla de oro: «Compórtate con tus padres como te gustaría que tus hijos se comportaran contigo». Tuvimos que esperar al gran entrenador de béisbol Yogi Berra para obtener una regla tan dinámica de las relaciones simétricas: «Voy al funeral de los demás para que ellos vengan al mío».

Evidentemente, resulta más eficaz en la dirección inversa, tratar a nuestros hijos como nos gustaría que nos trataran nuestros padres.*

La idea subyacente en la Primera Enmienda de la Constitución de Estados Unidos es justamente la de establecer una simetría al estilo de la regla de plata: podrás poner en práctica tu libertad religiosa mientras me permitas a mí practicar la mía; tendrás derecho a contradecirme mientras yo tenga derecho a contradecirte a ti. Efectivamente, sin esta simetría incondicional en el derecho a expresarse no hay democracia, y la mayor amenaza es el peligroso camino emprendido por algunos en su afán por limitar la libertad de expresión con la excusa de que esta puede herir los sentimientos de algunas personas. Tales restricciones no proceden necesariamente del Estado, sino más bien de una monocultura intelectual que ha arraigado en los medios y en la vida cultural gracias a una hiperactiva *policía del pensamiento*.

* Encontramos un ejemplo de transgresión de la simetría en la parábola del criado despiadado que aparece en el Nuevo Testamento (Mateo 12, 21-31). En ella, un prestamista compasivo perdona a uno de sus criados la deuda que había contraído con él, pero castiga a otro que le debía una cantidad muy inferior. La mayoría de los comentadores no parecen darse cuenta de que el verdadero mensaje es la simetría (dinámica), no el perdón.

El universalismo «olvídate de eso»

Aplicando la simetría a las relaciones entre lo individual y lo colectivo, obtenemos una virtud, una virtud clásica, que ahora recibe el nombre de «ética de la virtud». Pero hay que dar otro paso: a la derecha del cuadro 1 aparece el imperativo categórico de Immanuel Kant, que yo resumo así: «Condúcete como si tus actos pudieran generalizarse a la conducta de cualquier persona en cualquier parte y bajo cualquier condición». El texto original es mucho más desafiante: «Obra solo según aquella máxima por la cual puedas querer que al mismo tiempo se convierta en ley universal», escribió Kant en la primera formulación de su imperativo categórico. Y «obra de modo que trates a la humanidad, tanto en tu persona como en la persona de otro, no como un mero medio para un objetivo, sino siempre, al mismo tiempo, como un objetivo», en lo que se conoce como segunda formulación.

Olvidemos esta formulación de Kant, ya que se complica demasiado, y las cosas que se complican resultan problemáticas. Vamos pues a saltarnos el drástico planteamiento kantiano, fundamentalmente por una razón, y es que:

La conducta universal está bien sobre el papel, pero en la práctica es desastrosa.

¿Por qué? Pues porque, como repetiremos *ad nauseam* a lo largo de este libro, los humanos somos animales prácticos, locales y sensibles a la escala. Lo pequeño no es igual que lo grande; lo tangible no es lo abstracto; lo emocional no es lo lógico. Así como afirmamos que lo micro funciona mejor que lo macro, es mejor no irse a lo muy general cuando saludamos a nuestro mecánico en el taller de coches. Deberíamos centrarnos en nuestro entorno inmediato; lo único que necesitamos son reglas simples y prácticas. Además: lo general y lo abstracto tienden a atraer a psicópatas farisaicos que se parecen mucho a los intervencionistas de los que hablamos en la primera parte del prólogo.

Dicho de otro modo: Kant no aportó la noción de escala, pero somos víctimas del universalismo kantiano. (Como ya hemos visto, la modernidad prefiere lo abstracto a lo particular; los guerreros de la justicia social han sido acusados de «tratar a las personas como categorías, no como individuos».) Fuera de la religión pocos entendieron la noción de escala antes de la gran pensadora política Elinor Ostrom, de quien hablaremos un poco en el capítulo 1.

De hecho, el mensaje implícito de este libro es el peligro que entraña el universalismo cuando se lleva uno o dos pasos demasiado lejos, combinando lo micro y lo macro. Por otra parte, el quid de la idea de *El cisne negro* era la *platonificación*: la pérdida de elementos fundamentales pero ocultos en el proceso de transformación de algo en un constructo abstracto, lo que provoca su derrumbe.

II. De Kant a Tony el Gordo

Desplacémonos ahora al presente, al muy transaccional presente. En Nueva Jersey, la simetría puede significar simplemente, en palabras de Tony el Gordo: «No sirvas mierda y no comas mierda». Su planteamiento más práctico sería:

> *Empieza siendo agradable con cualquier persona que te encuentres. Pero si alguien intenta ejercer la fuerza sobre ti, ejércela tú sobre él.*

¿Quién es Tony el Gordo? Se trata de un personaje de *Incerto* que en su porte, conducta, decisiones en momentos de incertidumbre, conversación, estilo de vida, talla de ropa y hábitos alimentarios sería justamente lo opuesto a un analista del Departamento de Estado o a un profesor de economía. Se muestra tranquilo e imperturbable a menos que alguien lo irrite de verdad. Se hizo rico ayudando a esos que él llama «los mamones» a separarse de sus fondos (o, como ocurre muy a menudo, de los fondos de sus clientes, ya que esta gente a menudo apuesta con dinero ajeno).

Esta simetría está estrechamente vinculada a mi profesión: la compra de opciones en el mercado bursátil. En una opción, una persona (el comprador) goza contractualmente de las ventajas de esta (ganancias futuras), mientras que la otra (el agente) es responsable de las desventajas (pérdidas futuras), por un precio acordado previamente. Sucede lo mismo que en una póliza de seguros, donde el riesgo se transfiere por una tarifa concreta. Cualquier ruptura significativa de esta simetría —con la transferencia de responsabilidad— desemboca ineludiblemente en una situación explosiva, como hemos visto en la crisis económica de 2008.

Esta simetría también afecta a la alineación de intereses en una transacción comercial. Refresquemos argumentos anteriores: si el beneficio de los banqueros crece y sus pérdidas se transfieren sigilosamente a la sociedad (a los especialistas en gramática española, los profesores ayudantes...), estamos ante un problema gravísimo, porque los riesgos ocultos crecerán continuamente hasta que se produzca el estallido final. Aunque sobre el papel parecen un remedio, las regulaciones acaban por exacerbar el problema, porque fomentan la ocultación de riesgos.

Lo cual nos lleva a lo que se conoce como «problema de agencia».

Pillo, loco o las dos cosas

He aquí una extensión práctica de la regla de plata (recordemos, la que dice «No hagas a los demás lo que no quieras que hagan contigo»):

No hay que seguir el consejo de quien se gana la vida dando consejos, a menos que sus consejos estén sometidos a castigos.

Decíamos antes que en la expresión «Confío en ti» se combina la ética y el conocimiento. En cuestiones de incertidumbre, siempre hay algún loco del azar y algún pillo del azar; a uno le falta comprensión, el otro tiene incentivos distorsionados. Uno, el loco, asume riesgos que no comprende, confundiendo su pasada buena suerte con su destreza personal; el otro, el pillo, transfiere el riesgo a los demás. Cuando los economistas hablan de jugarse la piel, solo piensan en el segundo.

Examinemos la idea de agencia, muy conocida y estudiada por las compañías de seguros. Uno sabe más de su salud que una aseguradora. Por lo tanto, tiene un incentivo especial a la hora de contratar una póliza de seguro cuando detecta una enfermedad antes de que nadie más lo sepa. Al asegurarte cuando te conviene, en lugar de cuando estás sano, le cuestas al sistema más de lo que ingresas en él, lo cual provoca un aumento en las primas que deberá pagar todo tipo de gente inocente (entre ellos, otra vez, el especialista en gramática española). Las empresas de seguros tienen sus propios filtros, como las altas desgravaciones y algunos otros métodos, para eliminar estos desequilibrios.

El problema de la agencia (o problema del agente-actor principal) también se manifiesta como un desajuste de intereses en las transacciones: un vendedor que interviene en una transacción tiene unos intereses diferentes a los tuyos y, por lo tanto, puede ocultarte información.

Sin embargo, los elementos disuasorios no bastan: siempre hay algún loco por ahí. Algunas personas no saben lo que les interesa: pensemos en los drogadictos, los alcohólicos, individuos atrapados en una relación emocional perversa, personas que apoyan a gobiernos mastodónticos, los periodistas, los críticos literarios o los burócratas respetables; todos ellos, por alguna misteriosa razón, actúan contra sus propios intereses. Por lo tanto, en esta ocasión el filtro desempeña un papel importante: los *locos* del azar son purgados por la realidad para que no puedan dañar a otras personas. Recuerda que la base de la evolución es que los sistemas se tornan inteligentes por eliminación.

Pero hay algo más: puede que no sepamos de antemano si una de nuestras acciones será una completa estupidez, pero la realidad sí que lo sabe.

*Opacidad causal y preferencias reveladas**

Llevemos ahora la dimensión epistemológica del jugarse la piel a un nivel superior. Este principio está relacionado con el mundo real, no con las apariencias. Según el lema de Tony el Gordo:

> *Uno no quiere ganar en un debate. Quiere ganar en todo momento.*

En realidad, deseas obtener cualquier cosa que persigas: dinero, territorio, el corazón de un especialista en gramática o un coche descapotable (de color rosa). Si nos centramos únicamente en las palabras, nos colocamos en una pendiente peligrosa, ya que

> *Somos mucho mejores en la acción que en la comprensión.*

Existen grandes diferencias entre un charlatán y un miembro de la sociedad realmente habilidoso, digamos entre un «politólogo» macromierdero y un fontanero, o entre un periodista y un mafioso. El emprendedor gana actuando, no convenciendo. Hay campos del conocimiento (por ejemplo, la economía y las ciencias sociales en general) que caen en la charlatanería porque no hay en

* Esta sección es técnica y puede saltarse en una primera lectura.

ellos una asunción de riesgos que los vincule con la realidad (mientras los participantes hablan de «ciencia»). En el capítulo 9 mostramos cómo se crean rituales, títulos, protocolos y formalidades de lo más rebuscadas para ocultar esta carencia.

Puede que mentalmente no sepas adónde vas, pero lo sabes por medio de la acción.

Incluso la economía se basa en la noción de *preferencias reveladas*. Lo que «piensa» la gente es irrelevante: aquí es mejor eludir la melosa y solipsista disciplina de la psicología. Las «explicaciones» son palabras, historias que se cuenta la gente, no el tema de la ciencia de verdad. Sus actos en cambio son algo tangible y hasta mensurable y por eso debemos centrarnos en ellos. Este axioma, tal vez un principio incluso, es muy poderoso, pero los investigadores no suelen abundar en él. Una mujer comprometida entiende mejor la revelación de preferencias: para ella, un anillo de pedida implica un compromiso mucho más convincente (y mucho menos reversible) que una promesa verbal, en especial si ha sido muy caro.

Y en cuanto a la predicción, olvídala:

La predicción (que se expresa en palabras) no guarda relación con la especulación (en los actos).

Personalmente conozco a personas agoreras que son ricas y horribles y otras que son pobres y «bondadosas». Y es que lo que importa en la vida no es la frecuencia de nuestros «aciertos», sino cuánto obtenemos cuando hemos acertado. Equivocarse no cuenta cuando no implica coste alguno, como en el método del ensayo y error que se aplica en la investigación.

Los riesgos en la vida real —dejando al margen los de los juegos— siempre son difíciles de reducir a un «suceso» bien definido y fácil de describir con palabras. En la vida real, los resultados no son como los de un partido de baloncesto, esto es, limitados a un resultado binario: ganar o perder. Muchos riesgos son terriblemente no lineales: podemos beneficiarnos de la lluvia, pero no de las inundaciones. En nuestros trabajos más técnicos hemos expuesto el argumento con todo detalle. De momento, vamos a considerar que la predicción, especialmente en «ciencia», es a menudo el último refugio del charlatán, y que ha sido así desde el principio de los tiempos.

Además, en matemáticas existe lo que se llama *problema inverso*, algo que únicamente puede resolver la asunción de riesgos. Por ahora lo simplificaré del modo siguiente: nos resulta más difícil subvertir que construir; observamos el resultado de las fuerzas evolutivas pero no podemos imitarlas debido a su opacidad causal. Solo podemos gestionar los procesos hacia delante. La propia operación del Tiempo (que capitalizamos) y su irreversibilidad requiere el filtro de la asunción de riesgos.

El principio de jugarse la piel nos ayuda a resolver el problema del cisne negro y otras cuestiones relacionadas con la incertidumbre, tanto en el plano individual como en el colectivo: todo lo que ha sobrevivido ha demostrado su resistencia a los sucesos tipo cisne negro, y eliminar la asunción de riesgos perturba estos mecanismos de selección. Sin jugarnos la piel, no logramos comprender la *Inteligencia del Tiempo*; una manifestación del llamado *efecto Lindy*, un fenómeno al que dedicaremos todo un capítulo y que permite que: 1) el tiempo elimine lo frágil y conserve lo sólido, y 2) la expectativa de vida de lo no frágil aumente con el tiempo. Indirectamente, las ideas rebosan de asunción de riesgos, al igual que las poblaciones que las defienden.

Desde esta doble perspectiva —la opacidad (causal) y la revelación de preferencias—, la *Inteligencia del Tiempo*, una vez sometida a la asunción de riesgos, nos permite definir la racionalidad: la única definición de racionalidad que en mi opinión no se desintegra cuando es sometida al escrutinio de la lógica. Una práctica puede parecer irracional a un observador educado e ingenioso (pero rápido) que trabaja en el Ministerio de Fomento francés, porque los humanos no somos lo suficientemente inteligentes para comprenderlo... pero el caso es que ha funcionado durante mucho tiempo. ¿Es irracional? No tenemos ningún argumento para negarlo. No obstante, sabemos lo que resulta manifiestamente irracional: en primer lugar, lo que amenaza la supervivencia colectiva; y, en segundo lugar, lo que amenaza la supervivencia individual. Desde un punto de vista estadístico, ir contra la naturaleza (y contra su relevancia estadística) es irracional. Pese a los estudios financiados por las empresas tecnológicas y de pesticidas, no existe una definición rigurosa de racionalidad que convierta el rechazo de lo «natural» en racional; más bien al contrario. Por definición, lo que funciona no puede ser irracional; todas las personas que conozco que han fracasado sistemáticamente en los negocios comparten este bloqueo mental: son incapaces de comprender que si algo *estúpido* funciona (y sirve para hacer dinero), no puede ser *estúpido*.

Un sistema que exige jugarse la piel se mantiene cohesionado a través de la noción de sacrificio, para proteger a las entidades o colectivos que ocupan una posición superior en la jerarquía y están destinadas a sobrevivir. «La supervivencia habla y la mierda camina.» O, en palabras de Tony el Gordo: «La supervivencia desembucha y la mierda flota». En otras palabras:

> *Lo racional es lo que permite sobrevivir a lo colectivo (entidades destinadas a vivir largo tiempo).*

Por tanto, lo «racional» no es lo que se define como tal en algún libro de sociología o psicología poco riguroso.* En ese sentido, contrariamente a lo que dicen los psicólogos y psicolocuchos, cierta «sobreestimación» del riesgo de cola no es irracional en sentido estricto,

* De hecho, quienes formalizaron la teoría de la racionalidad, como por ejemplo el matemático y teórico de juegos Ken Binmore, del que hablaremos más adelante, insisten en que nunca ha habido una teoría rigurosa y consistente de la «racionalidad» que ponga a la gente una camisa de fuerza. Ni siquiera encontraremos esas afirmaciones en la economía neoclásica ortodoxa. La mayor parte de lo que leemos sobre lo «racional» en la literatura verbalista no parece tener nigún rigor.

porque es más de lo que se necesita para sobrevivir. Hay riesgos que no podemos asumir. Y hay otros (como los que que evitan los académicos) que no podemos *no* asumir. En el capítulo 19 profundizaremos en esta dimensión, que se denomina dimensión «ergódica».

Jugarse la piel, pero no continuamente

Jugarse la piel es una necesidad global, pero no nos dejemos arrastrar por el imperativo de aplicarla a todo en su mínimo detalle, especialmente cuando entraña consecuencias. Existe una gran diferencia entre el intervencionista de la primera parte del prólogo, que toma decisiones que provocan la muerte de miles de personas al otro lado del océano, y la opinión inofensiva de un individuo en una conversación o la declaración de un adivino que se utiliza como terapia y no para tomar decisiones. Nuestro mensaje se centra en quienes presentan *profesionalmente* un enfoque parcial, provocando daños sin responsabilizarse por ello, en virtud de la propia estructura de su cargo.

El individuo profesionalmente asimétrico es raro y ha sido poco habitual en la historia, incluso en nuestros días. Provoca gran cantidad de problemas, pero es algo extraño. La mayoría de las personas que conocemos en la vida real —panaderos, zapateros, fontaneros, taxistas, contables, asesores fiscales, basureros, ayudantes de limpieza dental, operarios de lavado de coches (por no hablar de los especialistas en gramática española)— pagan un precio por sus errores.

III. Modernidad

Aunque esté de acuerdo con las nociones más ancestrales de la justicia, este libro se opone a siglo y medio de pensamiento moderno porque se apoya en los mismos argumentos de la asimetría: incurrre en lo que aquí llamaremos *intelectualismo*. El intelectualismo cree que podemos separar una acción de sus consecuencias, que podemos separar la teoría de la práctica y que siempre podremos obtener un sistema complejo partiendo de planteamientos jerárquicos, es decir, de una forma vertical (y ceremonial).

El intelectualismo tiene un hermano, el *cientifismo*, que no es más que una ingenua interpretación de la ciencia como complicación en lugar de como un proceso y como expresión de nuestro escepticismo natural. Utilizar las matemáticas cuando no es necesario no es ciencia sino *cientifismo*. Sustituir una mano que funciona correctamente por algo más tecnológico, por ejemplo una mano artificial, *no* es más científico. Sustituir los procesos «naturales», es decir, ancestrales, que han sobrevivido a billones de agentes estresantes por algo publicado en una revista «sometida a una evaluación *inter pares*» que no resistiría la replicación o el escrutinio estadístico ni es ciencia ni es una buena práctica. Mientras escribo esto, la ciencia ha sido usurpada por vendedores que se aprovechan de ella para colocar sus productos (como, por ejemplo, la margarina o productos modificados genéticamente) y, por ironías de la historia, el espíritu escéptico se está utilizando para silenciar a los propios escépticos.

El desprecio de las verdades complicadas de un modo insulso y derivadas de algún constructo verbal siempre ha estado presente en la historia intelectual, pero es poco probable que puedas detectarlo en el periodista científico de tu localidad o en tu profesor universitario: el cuestionamiento de alto nivel requiere más confianza intelectual, una comprensión más profunda de la estadística y un mayor nivel de rigor y capacidad intelectual; o, aún mejor, la experiencia de vender alfombras o unas especias concretas en un zoco. Así pues, este libro sigue una larga tradición de investigación escéptica y de soluciones prácticas; los lectores de *Incerto* seguramente estarán familiarizados con la escuela de los escépticos (abordada en *El cisne negro*), en especial con la diatriba *Contra los profesores*, que Sexto Empírico escribió hace veintidós siglos.

La regla es

Quienes hablan deberían actuar y quienes solo quieren actuar deberían hablar,

concediendo una cierta dispensa a actividades independientes como las matemáticas, la filosofía rigurosa, la poesía y el arte, porque no generan sentencias que deban ajustarse a la realidad. Como dice el teórico de juegos Ariel Rubinstein: elabora tus teorías o representaciones matemáticas, pero no le digas a la gente del mundo real *cómo* tienen que aplicarlas. Dejemos que las personas que se juegan la piel seleccionen por sí solas lo que necesiten.

Ahora vamos a plantear de un modo más práctico uno de los efectos secundarios de la modernidad: a medida que el mundo se hace más tecnológico, se incrementa la separación entre el productor y el usuario.

Cómo iluminar a un orador

Quienes imparten conferencias a grandes públicos son conscientes de que, cuando están en el escenario, hasta ellos mismos se encuentran incómodos. Me llevó una década descubrir que es por obra de la luz, que nos cae sobre los ojos y nos dificulta la concentración. (Así es como solían desarrollarse los interrogatorios policiales: se iluminaba el rostro del sospechoso hasta que empezaba a «cantar».) Sin embargo, durante la conferencia, los oradores no identifican lo que va mal, por lo que atribuyen su falta de concentración al mero hecho de estar en la tribuna. Y de este modo la práctica se perpetúa. ¿Por qué? Porque quienes dan conferencias a un gran público no trabajan en el sector de la iluminación y los técnicos de iluminación no dan charlas a grandes audiencias.

Otro pequeño ejemplo de progreso vertical: Metro North, el ferrocarril que une Nueva York con la periferia del norte, renovó sus trenes hasta reformarlos totalmente. Los trenes parecen ahora más modernos y más limpios, tienen colores más brillantes e incluso están equipados con servicios extra como los enchufes para el portátil (que nadie usa). Pero en el extremo del vagón, junto a la pared, solía haber un saliente plano donde se podía colocar el café de la mañana: es difícil leer un libro mientras se sostiene una taza de café. El diseñador del proyecto (que no utiliza los trenes o no bebe café mientras lee), pensando en una mejora estética, hizo que el saliente se inclinara ligeramente, con lo cual es imposible colocar la taza de café.

Esto explica algunos de los problemas más graves de la arquitectura y el paisajismo actual: hoy los arquitectos construyen para impresionar a otros arquitectos, y al final acabamos con estructuras extrañas —e irreversibles— que no satisfacen el bienestar de sus residentes; lleva tiempo acomodarse a ellas. Ahora bien, algunos especialistas del Ministerio de Urbanismo que no viven en la comunidad producirán el equivalente al saliente plano, como mejora, pero a una escala mucho mayor.

Como no dejaré de insistir, la especialización produce efectos secundarios: uno de ellos es la separación del trabajo de sus propios frutos.

Sencillez

Jugándonos la piel generamos algo sencillo, la sencillez de las cosas bien hechas. Las personas que solo conciben soluciones complicadas no tienen incentivos para implementar soluciones sencillas. Como hemos visto, un sistema burocratizado aumentará su complejidad a medida que intervengan individuos que venden soluciones complejas, porque eso es lo que su posición y su educación les incita a hacer.

> *Las cosas diseñadas por personas que no se juegan la piel tienden a ser más complicadas (antes de su colapso final).*

Si alguien en esa posición propone algo sencillo no obtiene ningún beneficio: cuando se te recompensa por tu percepción, y no por los resultados, debes demostrar una cierta sofisticación. Cualquiera que haya enviado un artículo «académico» a una publicación sabe que normalmente hay más posibilidades de que se lo acepten si su texto es más complejo de lo necesario. Además, los problemas que se plantean de forma no lineal en estas ramificadas complicaciones tienen efectos secundarios. Y aún peor:

Las personas que no se juegan la piel no entienden la sencillez.

Soy un bobo que no se juega la piel

Volvamos al *pathemata mathemata* (el aprendizaje a través del dolor) y consideremos su reverso: el aprendizaje por medio del placer y el entusiasmo. Las personas tienen dos cerebros: uno actúa cuando asumen riesgos, y el otro cuando no corren ninguno. Asumir riesgos puede hacer que las cosas aburridas lo sean menos. Cuando te juegas la piel, cuestiones tediosas como la comprobación de la seguridad de un avión porque vas a ser uno de sus pasajeros deja de ser algo aburrido. Si eres uno de los inversores de una empresa, cumplir con tareas ultratediosas como leer las notas al pie de una declaración financiera (que es donde hay que buscar la verdadera información) llega a ser algo casi casi no aburrido.

Sin embargo, hay una dimensión aún más vital. Muchos adictos con un intelecto adormecido y la agilidad mental de una coliflor —o de un experto en política exterior— son capaces de concebir los trucos más ingeniosos para procurarse su dosis. Cuando se someten a rehabilitación se les suele decir que si hubieran empleado la mitad de la energía mental que han utilizado en conseguir la droga en ganar algún dinero, habrían llegado a ser millonarios. Pero es inútil. Sin la adicción, sus milagrosos poderes se desvanecen. Es como una poción mágica que otorga notables poderes a quienes la buscan, pero no a quienes la beben.

Una confesión. Cuando no me juego la piel, soy un bobo. Mis primeros conocimientos de cuestiones técnicas como el riesgo y la probabilidad, no procedían de los libros. No me vinieron de filósofos excelsos ni de mi ansia de saber científico. Ni siquiera de la curiosidad. Surgieron del entusiasmo y del estallido hormonal que uno siente al asumir riesgos en los mercados bursátiles. Nunca pensé que las matemáticas fueran interesantes hasta que, estando en la Wharton, un amigo me habló de las opciones financieras que he descrito anteriormente (y su generalización, los derivados complejos). Decidí estudiarlos enseguida. Se trataba de una combinación de operaciones financieras y probabilidad compleja, un campo que era entonces nuevo y completamente desconocido. Intuía que había errores en las teorías que recurrían a la curva de campana convencional e ignoraban el impacto de las colas (los acontecimientos extremos). Intuía además que los académicos no tenían la menor idea de los riesgos. Por lo tanto, para descubrir los errores que había en estas cuestiones, tuve que estudiar probabilidad, lo cual resultó ser, de una manera misteriosa e instantánea, algo muy divertido, diría que hasta apasionante.

Cuando se presentaban indicios de riesgo, un segundo cerebro se activaba súbitamente en mí, y entonces me resultaba fácil analizar y registrar las probabilidades de unas secuencias bastante intrincadas. Si se declara un incendio, correrás más rápido que en una prueba de atletismo. Cuando bajas esquiando una ladera hay movimientos que puedes realizar sin ningún esfuerzo. Yo me quedaba entumecido cuando mis miembros no se movían de verdad. Por otra parte, como operador de mercado, utilizo unas matemáticas que se ajustan a nuestros problemas como un guante, mientras que los académicos han de bregar con una teoría que busca su aplicación: a veces teníamos que inventarnos modelos de la nada y, de hecho, no podíamos permitirnos ecuaciones erróneas. Aplicar las matemáticas a problemas prácticos era algo muy distinto; implicaba una profunda comprensión del problema antes de poner las ecuaciones por escrito.

Pero si eres capaz de levantar un coche para salvar a un niño, superando con creces tus propias capacidades, la fuerza obtenida en ese instante seguirá presente cuando todo se haya calmado. Por lo tanto, a diferencia del drogadicto que pierde su inventiva, lo que has aprendido de la intensidad y la concentración que te inundaban bajo la influencia del riesgo se queda contigo. Puede que pierdas agudeza, pero nadie podrá arrebatarte lo que has aprendido. Esta es la razón principal por la que ahora combato el sistema educativo convencional, hecho por y para bobos. Muchos chicos aprenderían a adorar las matemáticas si se involucraran en ellas y, más importante aún, si desarrollaran un cierto instinto para descubrir cómo se aplican de manera incorrecta.

Regulaciones frente a sistemas legales

Hay dos formas de proteger a los ciudadanos de los grandes depredadores, es decir, de las grandes y poderosas corporaciones. La primera es aprobar regulaciones, pero estas, aparte de restringir la libertad individual, provocan una depredación adicional: la del Estado, apoyado por sus agentes y sus compinches. En un sentido más peliagudo, los individuos que disponen de buenos abogados pueden embarcarse en el juego de las regulaciones (o, como luego veremos, contratar a antiguos reguladores y pagarles muchísimo dinero, lo cual marca el futuro soborno de quienes detentan el poder en la actualidad). Y, evidentemente, cuando se aprueban tales regulaciones, estas se imponen durante algún tiempo; y si se demuestran absurdas, los políticos temen derogarlas, debido a la presión que sobre ellos ejercen quienes se benefician de estas normas. Como las regulaciones no son más que agregados, acabamos enmarañados en una red de complejas reglas que asfixian a las empresas. Y que también asfixian la vida.

Siempre hay parásitos que se benefician de la regulación en marcha, situaciones en las que los empresarios utilizan al Gobierno para obtener beneficios, generalmente por medio de franquicias y de regulaciones proteccionistas. Este mecanismo se conoce como «captura del regulador», ya que anula el efecto que supuestamente iba a provocar la regulación.

La otra solución es jugarse la piel en esta situación, asumiendo una responsabilidad personal así como la posibilidad de un proceso legal eficaz. El mundo anglosajón siempre ha sentido predilección por el enfoque legal en vez de por el regulador: «Si me haces daño, te demando». Esto ha desembocado en un derecho común muy sofisticado, adaptativo y equilibrado, que se ha construido de abajo arriba con el método del ensayo y el error. Cuando la gente negocia, casi siempre prefiere hacerlo en un enclave autónomo de la Commonwealth (dominada antes por los británicos), para que actúe como foro en caso de disputa: Hong Kong y Singapur son los favoritos en Asia, Londres y Nueva York en Occidente. El derecho común apela al espíritu de la ley, mientras que la regulación, debido a su misma rigidez, se centra en la letra.

Si una gran empresa contamina tu barrio, puedes unirte a tus vecinos y llevarla a los tribunales. Algún abogado avaricioso se encargará del papeleo. Los enemigos de la empresa os ayudarán con gusto. Y los costes potenciales del acuerdo serán lo suficientemente disuasorios como para que la empresa se comporte debidamente.

Esto no quiere decir que no haya que aprobar regulaciones. Algunos efectos sistémicos pueden requerir regulación (por ejemplo, riesgos de cola ocultos que provocan efectos medioambientales desastrosos y que se conocen demasiado tarde). Si no puedes pleitear con eficacia, regula.*

* El Ralph Nader a quien dedico este libro es el que ayudó a establecer el mecanismo legal para proteger a los consumidores y ciudadanos de los depredadores; y no tanto el Ralph Nader que en ocasiones pedía regulaciones.

Ahora bien, aunque las regulaciones han demostrado tener algún que otro beneficio para la sociedad, prefiero ser tan libre como sea posible, pero asumir mi responsabilidad social, afrontar mi destino y pagar la multa que proceda cuando causo perjuicios a otras personas. Esta actitud recibe el nombre de «libertarismo deóntico» (el término *deóntico* proviene de «deberes»): mediante la regulación privas a la gente de su libertad. Algunos creemos que la libertad es uno de nuestros bienes más preciados. Y esto incluye la libertad para cometer errores (los errores que solo nos perjudican a nosotros); se trata de algo sagrado, hasta el punto de que nunca debería canjearse por beneficios económicos o de cualquier otro tipo.

IV. Jugarse el alma

Por último, y de manera fundamental, jugarse la piel tiene que ver con el honor en tanto compromiso existencial y con la asunción de riesgos (cierta clase de riesgos) como entidad que diferencia al ser humano de la máquina y que (por mucho que disguste a algunos) permite clasificar a los seres humanos.

Si no asumes riesgos por tus propias opiniones, no eres nada.

Y no me cansaré de decir que para mí el éxito consiste en llevar una vida honorable. Permitir por ejemplo que otro muera en nuestro lugar no tiene nada de honorable.

El honor implica que hay determinadas acciones que no emprenderás *jamás*, independientemente de las recompensas materiales que obtengas por ello. Una mujer no acepta un pacto faústico, no vendería su cuerpo por quinientos dólares; pero tampoco lo haría por un millón, ni por mil millones, ni por un billón. Y no se trata solo de una actitud por *via negativa*: el honor implica que hay ciertas cosas que *harías* incondicionalmente, al margen de sus consecuencias. Pensemos en los duelos, esas disputas que nos arrebataron al gran poeta ruso Aleksandr Pushkin, al matemático francés Évariste Galois y, por supuesto, a muchas otras personas bastante jóvenes (en el caso de Galois, a una edad realmente temprana): la gente se arriesgaba a exponerse a una significativa probabilidad de morir para salvar su reputación. Vivir como unos cobardes no era para ellos una opción; era preferible morir, aun cuando uno —como era el caso de Galois— hubiera inventado una nueva y trascendental rama de las matemáticas en su adolescencia.* Como le dice una madre espartana a su hijo justo antes de marcharse: «Vuelve con él o sobre él», con lo cual le estaba diciendo que volviese con su escudo o que no regresase vivo (era costumbre transportar a los guerreros muertos tumbados sobre su escudo); solo los cobardes se desprenden de su escudo para correr más rápido.

Si queremos ver cómo la modernidad ha destruido algunos de los fundamentos más esenciales de los valores humanos, comparemos las anteriores admoniciones incondicionales con sus adaptaciones modernas: las personas que, por ejemplo, trabajan para grupos de presión repugnantes (que representan los intereses de, digamos, Arabia Saudí en Washington) o que juegan deliberadamente al juego académico, normalmente falto de ética, responden a su actitud planteando argumentos como «tengo que llevar a mis hijos a la universidad». Las personas que no son independientes en términos morales tienden a ajustar su ética a su profesión (sin darle muchas vueltas) en lugar de encontrar una profesión que se ajuste a su ética.

Existe además otra dimensión del honor: la de implicarse en acciones que vayan más allá de la mera asunción de riesgos para ponernos nosotros mismos en riesgo por los demás, para arriesgarnos nosotros mismos por los demás; es decir, sacrificar algo significativo en beneficio de la colectividad.

* De hecho hay un argumento a favor de los duelos: evitan que los conflictos impliquen a más personas y se conviertan en guerras, confinando el problema a aquellos que se la juegan directamente.

Sin embargo, hay actividades en las que uno se ve imbuido de una sensación de orgullo y honor sin necesidad de hacer grandes sacrificios: son las actividades artesanales.

Artesanos

Cualquier cosa que hagas para optimizar tu trabajo, tomar atajos o lograr ser más «eficaz» (en el trabajo y en tu vida) al final te acabará disgustando.

Los artesanos ponen el alma en su trabajo.

Primo, los artesanos hacen las cosas fundamentalmente por razones existenciales, y solo en segundo lugar por razones financieras y comerciales. Sus decisiones nunca son plenamente económicas, aunque no dejan de serlo. *Secundo*, en su profesión hay una cierta clase de «arte»; permanecen al margen de la mayor parte de los aspectos de la industrialización; combinan arte y negocio. *Tertio*, ponen el alma en su trabajo: no venderían algo defectuoso o de calidad dudosa porque heriría su orgullo. Por último, tienen tabúes sagrados, cosas que no harían aunque ello aumentara notablemente sus beneficios.

Compendiaria res improbitas, virtusque tarda: el malvado toma el camino corto, el virtuoso el largo. En otras palabras: tomar atajos es deshonesto.

Voy a ilustrarlo con mi propia profesión. Es fácil comprender que un escritor es realmente un artesano: la venta de libros no es el motivo final de su actividad, sino solo un objetivo secundario (cuando lo es). Preservas la santidad del producto imponiéndole fuertes prohibiciones. Por ejemplo, a principios del siglo XXI, la cadena de joyerías Bulgari pagó a la escritora Fay Weldon para que anunciara su marca introduciendo recomendaciones de sus costosísimos productos en el argumento de una de sus novelas. Fue una auténtica pesadilla; en la comunidad literaria había una sensación generalizada de disgusto.

También recuerdo que a mediados de la década de 1980 hubo quien intentó ofrecer libros gratuitos con publicidad incrustada en el texto, como en las revistas. Un proyecto que fracasó.

Los escritores no convertimos la escritura en una industria. Tú te sentirías engañado si yo contratara a un grupo de escritores para que me «ayudara» y todo fuera más eficiente. Algunos autores, como por ejemplo Jerzy Kosinski, han intentado escribir libros subcontratando personal para ciertas secciones, lo cual le ha condenado a un completo ostracismo. Pocos de estos escritores-contratistas han visto sobrevivir sus obras. Sin embargo, hay excepciones, como es el caso de Alejandro Dumas *père*, de quien se decía que gestionaba todo un taller de negros (cuarenta y cinco, concretamente), lo que le permitió aumentar su producción hasta llegar a las ciento cincuenta novelas e, incluso, leer *algunos* de sus libros. Sin embargo, en líneas generales, no es algo que pueda aplicarse a otros casos. Dumas podría ser la excepción que confirma la regla.

Ahora vamos a abordar algo muy práctico. Uno de los mejores consejos que he recibido nunca me lo dio un emprendedor de cierta edad y mucho éxito (y feliz), Yossi Vardi, quien me recomendó que no tuviese nunca ningún ayudante. La mera presencia de un ayudante suspende tu filtro natural, y ello te obliga a hacer solamente lo que te hace disfrutar y con el tiempo acabas encauzando tu vida en ese sentido. (Al decir ayudante excluyo aquí a los empleados contratados para una tarea específica, como corregir exámenes, ayudar con la contabilidad o regar las plantas; me refiero más bien a un ángel de la guarda que supervisa todas tus actividades.) Es un planteamiento por la *via negativa*: prefieres tener el máximo de tiempo libre en lugar de una actividad máxima, y puedes evaluar tu propio «éxito» conforme a esa medida. De otro modo acabarás ayudando a tus ayudantes o te verás obligado a «explicar» cómo deben hacer las cosas, lo que requiere más esfuerzo mental que hacerlas uno mismo. De hecho, más allá de mi escritura y de mi vida como investigador, este ha resultado ser un gran consejo financiero, ya que soy más libre y más ágil y tengo unos referentes muy elevados a la hora de emprender cualquier actividad, mientras que mis compañeros tienen su agenda repleta de «reuniones» y cartas innecesarias.

> *Cuando se tiene un ayudante (salvo para lo estrictamente necesario) todo pierde su alma.*

Piensa en las consecuencias que tendría utilizar un traductor portátil en tu próximo viaje a México en lugar de adquirir un sólido vocabulario en español mediante el contacto con sus habitantes. La asistencia te aleja de la autenticidad.

Los académicos también pueden ser artesanos. Incluso los economistas que afirman que los seres humanos solo quieren «maximizar» sus beneficios, tergiversando así a Adam Smith, expresan estas ideas de forma gratuita y alardean de que ellos no buscan el beneficio comercial, sin percatarse de la contradicción en que incurren.

Aviso a emprendedores

Los emprendedores son unos héroes en nuestra sociedad. Fracasan por el resto de nosotros. Pero como dependen de la financiación y de los mecanismos actuales de capital empresarial, muchas personas erróneamente consideradas como emprendedores no se juegan la piel ya que su objetivo es hacer dinero vendiendo la empresa que ellos mismos ayudaron a crear o «salir a la luz» sacando acciones a bolsa. Para ellos, el verdadero valor de la empresa, lo que realmente significa, y su supervivencia a largo plazo tienen una relevancia ínfima. Se trata de un puro esquema financiero, y por eso vamos a excluir a este tipo de personas de nuestra clase «emprendedora» y siempre dispuesta a asumir riesgos (esta forma de espíritu empresarial es algo así como criar niños hermosos y comercializables con el único objetivo de venderlos a los cuatro años). Podemos identificar fácilmente a estos supuestos emprendedores por su capacidad para redactar un plan de negocio convincente.

Las empresas que van más allá de la esfera emprendedora empiezan a pudrirse. Una de las razones por las que estas empresas presentan la misma mortalidad que los pacientes con cáncer reside en la asignación de deberes definidos por el tiempo. Una vez que cambias de asignación —o, mejor, de empresa—, podrás decir que esos emergentes y profundos riesgos semejantes a los de Bob Rubin ya no son tu problema. Y lo mismo ocurre cuando se vende algo, así que recuerda:

> *La destreza para hacer cosas es diferente de la destreza para venderlas.*

Con ser arrogante basta

Los productos o empresas que ostentan el nombre del propietario transmiten mensajes muy valiosos. Están diciéndonos que tienen algo que perder. La eponimia indica compromiso con la empresa pero también confianza en el producto. Uno de mis amigos, Paul Wilmott, suele ser tildado de ególatra porque su nombre aparece en una publicación financiera y matemática (*Wil-mott*) que en este momento es indudablemente la mejor en su campo. El término *ególatra* es bueno para el producto. Pero si no puedes ser «ególatra», con «arrogante» bastará.

Ciudadanos de Plaisance

Muchas personas acomodadas que vienen a vivir a Estados Unidos no quieren convertirse en ciudadanos aunque vivan aquí indefinidamente. Disponen de un permiso de residencia permanente como opción libre, ya que es un derecho de la persona, pero no una obligación, y pueden conseguirlo mediante un procedimiento sencillo. Cuando les preguntas por qué no realizan el juramento prescrito y celebran una fiesta en un club del paseo marítimo, la respuesta típica es: por los *impuestos*. Cuando te conviertes en ciudadano de Estados Unidos, tienes que pagar impuestos en cualquier parte, aun cuando vivas en el extranjero. Y no es algo fácilmente reversible, por lo que pierdes la opcionalidad. Sin embargo, otros países occidentales, como Francia y Reino Unido, permiten considerables exenciones a sus ciudadanos si residen en determinados paraísos fiscales. Esto incita a muchas personas a «comprar» la ciudadanía por medio de inversiones y de una residencia mínima, obteniendo así el pasaporte y marchándose luego a vivir a un lugar libre de impuestos.

Ningún país debería tolerar amigos de conveniencia. Hay algo ofensivo en el hecho de tener una nacionalidad sin asumir ningún riesgo, en disfrutar de ella para poder viajar y cruzar fronteras sin las desventajas derivadas del pasaporte.

Mis padres son ciudadanos franceses, lo cual me habría permitido naturalizarme sin ningún problema hace unas décadas. Pero no me parecía bien; para mí era algo terriblemente ofensivo. Y a menos que desarrollara un cierto apego emocional a Francia a través de la asunción de riesgos, no podía hacerlo. Me hubiera sentido falso si hubiera visto mi rostro barbudo en un pasaporte francés. El único pasaporte que habría considerado es el griego (o el chipriota), ya que siento un profundo vínculo ancestral y sociocultural con el mundo helenístico.

Sin embargo, vine a Estados Unidos, me establecí aquí y asumí el pasaporte como un compromiso: se convirtió en mi identidad, para lo bueno y para lo malo, con o sin impuestos. Muchas personas se burlan de mi decisión, ya que buena parte de mis ingresos proceden del extranjero y, si tuviera mi residencia oficial en Chipre o en Malta, por ejemplo, ganaría mucho más. Si quiero tener menos impuestos para mí mismo, estoy obligado a luchar por ello, tanto por mí mismo como por la colectividad, por el resto de los contribuyentes, y no debo huir.

Eso es jugarse la piel.

Los héroes no eran ratones de biblioteca

Si quieres estudiar valores clásicos como la valentía o aprender algo sobre el estoicismo, no necesitas especialistas en la Antigüedad. Uno no es académico profesional porque sí. Lee los textos originales —Séneca, César o Marco Aurelio— siempre que sea posible. O lee a autores que comentan a los clásicos pero también fueron hombres de acción, como Montaigne, personas que en un determinado momento asumieron sus responsabilidades y luego se retiraron a escribir libros. Si es posible, evita a los intermediarios. O bien olvídate de los textos y muestra actitudes valientes.

Estudiar el valor en los libros no te hará más valiente, de la misma manera que comer ternera no te hará más bovino.

Por algún misterioso mecanismo mental, la gente no logra comprender que un profesor te enseña sobre todo a ser profesor, y que lo primero que puedes aprender de un mentor personal o de un orador inspirado es a ser un mentor o un orador inspirado. Por lo tanto, recuerda que los héroes de la historia no eran especialistas en estudios clásicos ni ratones de biblioteca, esos seres que solo viven en los libros. Eran personas de acción y estaban dotados de un espíritu audaz que les hacía jugarse la piel. Para comprender cómo piensan necesitarás algo más que un profesor universitario que te enseñe estoicismo.* Ellos no lo entienden casi nunca (en realidad, nunca). Yo mismo he experimentado en algunas disputas

* Mi comprensión de Séneca, tal como se expresa en *Antifrágil*, tiene que ver con la asimetría (y la opcionalidad), tanto financiera como emocional. Como soy un individuo que asume riesgos, consigo transmitir a los especialistas en estudios clásicos algo en principio imposible, lo cual hace que para mí sea frustrante leer análisis de este filósofo que se pierden lo esencial.

personales cómo estos especialistas en estudios clásicos, que conocen al detalle lo que individuos tan valientes como Alejandro, Cleopatra, César, Aníbal, Juliano, Leónidas y Zenobia tomaron para desayunar, son incapaces de demostrar el más mínimo valor intelectual. ¿Acaso la academia (y el periodismo en general) no es más que un refugio para *mindundis* estocastófobos, para *voyeurs* que solo quieren mirar y no asumir ningún riesgo? Eso parece. El capítulo más importante del libro, «La lógica de la adopción de riesgos», situado ex profeso en último lugar, demuestra que algunos elementos centrales de los riesgos pueden resultar obvios para quienes los acometen, pero han escapado al escrutinio de los teóricos durante más de dos siglos.

Jugarse el alma y un poco de proteccionismo (no mucho)

Apliquemos estas ideas a los tiempos modernos. Recordemos la historia de los arquitectos separados de los usuarios de sus proyectos. Esto se extiende a efectos sistémicos más generales como el proteccionismo y la globalización. Desde esta perspectiva, el auge del proteccionismo puede tener un poderoso fundamento racional y económico.

He dejado a un lado el argumento de que la globalización nos conduce a una cacofonía al estilo de la Torre de Babel, debido al desequilibrio existente en la relación ruido-señal. La cuestión aquí es que los trabajadores, las personas que hacen cosas, albergan un artesano en su interior. Contrariamente a lo que los cabilderos pagados por grandes corporaciones internacionales quieren hacernos creer, este proteccionismo no entra en conflicto con el pensamiento *económico*, con eso que llamamos economía neoclásica. Comportarse de manera que no se saque el máximo partido de nuestro balance contable a expensas de otras cosas no es algo incompatible con los axiomas *matemáticos* de la toma de decisiones financieras, en los cuales se basa la economía. Como he dicho antes en este mismo capítulo, según la teoría económica no es irracional que uno quiera perder dinero; si limitamos la idea de incentivos a las ganancias financieras no podremos explicar la propia existencia de una economía académica que fomenta la idea del interés personal.*

Si exportamos trabajos, estaremos mejor desde el punto de vista de una contabilidad definida (en su conjunto) en términos muy limitados. Pero quizás eso no es lo que la gente quiere hacer realmente. Yo escribo porque es lo que estoy destinado a hacer, de la misma manera que un cuchillo corta porque esa es su misión, su *areté*, como diría Aristóteles; y subcontratar mi investigación y escribir en China o en Túnez (quizás) aumentaría mi productividad, pero me despojaría de mi identidad.

A la gente le gusta *hacer* cosas. Simplemente hacerlas, porque sienten que forma parte de su identidad. Un zapatero del condado de Westchester quiere ser zapatero para disfrutar del fruto de su trabajo y para sentir el orgullo de ver su mercancía en los establecimientos comerciales, aunque posiblemente gozaría de una mejor situación «económica» si dejara que los zapatos los produjera una fábrica china y él se dedicara a otra profesión. Aunque este nuevo sistema le permitiera comprarse un televisor de pantalla plana, mayor cantidad de camisas de algodón y unas bicicletas más baratas, se estaría perdiendo algo. Sería cruel engañar a la gente respecto a su profesión. Todo el mundo quiere poner el alma en lo que hace.

Por tanto, la descentralización y la fragmentación, además de estabilizar el sistema, mejoran el vínculo de la gente con su trabajo.

* Durante mucho tiempo, algunos cantones suizos prohibieron —de manera democrática— la venta de propiedades a extranjeros, para evitar que los ricos que no se juegan la piel y suben los precios acaben perjudicando a jóvenes compradores que se ven siempre expulsados del mercado. ¿Es algo absurdo en términos económicos? En absoluto, aunque algunos promotores inmobiliarios estarán en profundo desacuerdo.

Dejarse la piel por romper las reglas

Acabemos con una anécdota histórica.

Alguien podría plantearse que la ley es magnífica, ciertamente, pero ¿qué se puede hacer ante un juez corrupto o incompetente? Este podría cometer errores con total impunidad. Podría ser el eslabón débil. No tanto como pensamos, o al menos no ha sido así a lo largo de la historia. Una vez un amigo me mostró una pintura holandesa que representaba el juicio de Cambises. La escena procede del relato de Heródoto sobre el corrupto juez persa Sisamnes, que fue desollado vivo por orden del rey Cambises como castigo por haber quebrantado las reglas de la justicia. En el cuadro vemos al hijo de Sisamnes dispensando justicia desde el sillón de su padre, tapizado con la piel desollada de su progenitor para recordarnos que la justicia implica, literalmente, dejarse la piel.

PRÓLOGO
(TERCERA PARTE)

Las costillas de *Incerto*

Siete páginas cada vez y siete páginas por año es la cantidad perfecta — Los lectores compulsivos necesitan reseñadores compulsivos

Ahora que hemos delineado las ideas principales, veamos cómo encaja esta argumentación con el resto del proyecto de *Incerto*. Así como Eva salió de las costillas de Adán, cada libro de *Incerto* emerge de las costillas del anterior. *El cisne negro* salió de un debate apenas desarrollado en *¿Existe la suerte?*; el tema de la convexidad de los sucesos complejos, expuesto en *Antifrágil*, fue esbozado en *El cisne negro*; y, por último, *Jugarse la piel* era una sección de *Antifrágil* que se titulaba «No deberías convertirte en antifrágil a expensas de otros». En otras palabras, la asimetría en el riesgo provoca desequilibrios y, en teoría, la ruina sistémica.

La idea del *comercio a lo Bob Rubin* enlaza con mi trabajo de agente bursátil (como hemos visto, cuando estos individuos ganan dinero en bolsa, se quedan con los beneficios; cuando pierden, alguien soporta los costes mientras que ellos invocan el cisne negro). Sus manifestaciones son tan omnipresentes que constituyen la espina dorsal de *Incerto*. Cuando un periodo de bonanza (anual) no se corresponde con la aparición de un crac (que, estadísticamente, aparece cada diez años), el agente tiene un incentivo importante para implicarse en la transferencia de riesgos a lo Bob Rubin. Dado el gran número de personas que pretenden subirse al tren del dinero fácil, en estos sistemas existe una progresiva acumulación de cisnes negros. Hasta que, de pronto, *bum,* el sistema se hunde.*

El camino

Vamos a dejarnos guiar por lo más candente. El aspecto ético es sencillo, porque forma parte de la asimetría general entre Tony el Gordo e Isócrates, y de hecho ya he ahondado en él gracias a mi estrecha colaboración con el filósofo (y compañero de paseos) Constantine Sandis. El derecho de responsabilidad civil es igualmente claro; en un principio creí que ocuparía una amplia sección en este volumen, pero al final va a ser mínima, afortunadamente. ¿Por qué?

El derecho de responsabilidad civil resulta insípido para quienes no tienen el temperamento de un estudiante de Derecho. Estimulado por el impávido Ralph Nader, mi mesa de estudio llegó a acumular veinte volúmenes de derecho contractual y responsabilidad civil. Pero la materia me resultaba tan aburrida que leer más de siete líneas seguidas era para mí una tarea hercúlea (razón por la cual Dios inventó, piadosamente, las redes sociales y las peleas de Twitter); a diferencia de la ciencia y de las matemáticas, el derecho, aunque riguroso, no ofrece sorpresas. El derecho no puede ser juguetón. La mera visión de esos libros me recuerda un almuerzo que mantuve con un antiguo miembro del Consejo de la Reserva Federal, una de esas situaciones por las que uno no debería pasar más que una sola vez en la vida. Por lo tanto, voy a despachar la cuestión de la responsabilidad civil en unas pocas líneas.

Como dimos a entender en los primeros párrafos de la intro-

* La transferencia de riesgo oculto no se limita a banqueros y empresas. Algunos sectores de la población se implican en este juego de forma muy eficaz. Por ejemplo, las personas que viven en zonas costeras con riesgo de sufrir huracanes e inundaciones están en realidad subvencionadas por el Estado y, por lo tanto, por los contribuyentes. Aunque en el momento de la catástrofe aparezcan en la televisión como víctimas, tanto ellas como los promotores inmobiliarios obtienen beneficios a partir de lo que otros pagan.

ducción, algunos temas nada soporíferos (la teología pagana, las prácticas religiosas, la teoría de la complejidad, la historia antigua y medieval y, por supuesto, la probabilidad y la asunción de riesgos) coinciden con el filtro natural de este autor. Es muy sencillo: si no puedes poner el alma en algo, es mejor que lo abandones y dejes esa materia en manos de otros.

Hablando de poner el alma, yo mismo tuve que superar una situación que me provocaba vergüenza. Cuando me hallaba en el Louvre viendo el código de Hammurabi, al detenerme junto a la imponente estela de basalto (en la sala llena de coreanos provistos de palos de *selfie*), me incomodó no ser capaz de leer por mí mismo la inscripción y tener que depender de expertos. ¿Qué clase de expertos? Eso estaría bien si se tratase de un viaje cultural, pero yo estoy escribiendo un libro que pretende ahondar mucho en la cuestión. Me pareció que era un fraude por mi parte no conocer el texto antiguo tal y como era leído y recitado en su época. Además, una de mis aficiones episódicas es la filología semítica, así que no tenía excusa. Por lo tanto, bastó mi obsesión por aprender el suficiente acadio como para recitar la ley de Hammurabi con la fonética semítica, para que pusiese el alma en lo que hacía. Puede que haya retrasado la conclusión de este libro, pero al menos mi conciencia no percibe que incurro en un fraude cuando hablo de Hammurabi.

Un detector mejorado

Este libro surgió después de un flirteo con las matemáticas que nada tenía que ver con los estudios académicos. Al concluir *Antifrágil*, pensé en dejar descansar mi pluma durante algún tiempo y asumir la cómoda vida de un profesor universitario con docencia trimestral que disfruta de la pasta en tinta de calamar con otros *bon vivants*, levanta pesas con sus compañeros de profesión y juega al *bridge* todas las tardes; vamos, el tipo de vida tranquila y despreocupada que llevaba la alta burguesía en el siglo XIX.

Lo que no pude prever es que mi sueño de una vida tranquila solo iba a durar unas semanas. No demostré la menor habilidad en actividades recreativas como el *bridge*, el ajedrez, la lotería, los viajes turísticos para conocer las pirámides de México, etcétera. En una ocasión intenté resolver un juego matemático y al final me pasé cinco años haciendo ejercicios matemáticos como un poseso, con los consabidos brotes que acosan a las personas obsesivas. Como es habitual en estos casos, no utilicé las matemáticas para resolver un problema, sino para satisfacer una fijación personal. Pero jamás esperé que tuviesen el siguiente efecto: mi detector de mierda se hizo tan sensible que cuando oía las tonterías que nos vende alguna gente (individuos con una gran verborrea, sobre todo, académicos), me sentía como si estuviera encerrado en una habitación en la que resuenan aleatoriamente ruidos agudos y discordantes como esos que matan a los animales. No me molesta la gente normal; lo que me molesta es el apestoso que se dice «intelectual». Para mí ver al psicólogo Steven Pinker hacer declaraciones sobre cuestiones intelectuales es como toparme con un Burger King con servicio para vehículos mientras practico senderismo en un parque nacional.

He escrito este libro contando con este detector hipersensible de porquería.

Los reseñistas del libro

Y como estamos hablando de libros, concluyo esta sección introductoria con algo que he aprendido en el tiempo pasado en este negocio. Muchos reseñistas son personas intelectualmente honradas y francas, pero la industria editorial tiene problemas con los lectores, aun cuando se presente a sí misma como representante de sus intereses. En el caso de los libros escritos por autores que asumen riesgos, el lector común (y algunos editores, pero muy pocos) es capaz de identificar lo más interesante de cada materia, algo que quienes ocupan un espacio falseado de producción de discurso (en otras palabras, los que no actúan) no logran hacer nunca, y de ahí que sean incapaces de entender qué es lo que se les escapa, ya que no llevan una vida activa y transaccional.

Los reseñistas —por la propia definición de su función— tampoco pueden juzgar libros que se *releen*. Quienes estén familiarizados con la idea de los efectos no lineales, desarrollada en mi *Antifrágil*, recordarán que el aprendizaje se basa en la repetición y en el principio de convexidad, lo cual significa que leer dos veces el mismo libro es más útil que leer dos libros distintos una sola vez, siempre y cuando tenga cierta profundidad en su contenido. La convexidad está implantada en el vocabulario semítico: *mishnah*, que en hebreo alude a la compilación pretalmúdica de la tradición oral, significa «duplicación»; y *midrash*, el acto reiterado de moldear y pegar sellos, tiene su contrapartida en la *madrasa* de los hijos de Ismael.

Los libros deberían estar organizados tal y como los lectores leen, o quieren leer, y en función de la profundidad pretendida por el autor, no para facilitar la vida a los críticos que quieren escribir reseñas. Los reseñistas son malos intermediarios; pero ahora están sometidos a un proceso de desintermediación, como las compañías de taxis (lo que algunos llaman *uberización*).

¿Que cómo lo hacen? Una vez más, aquí se nos plantea un problema de asunción de riesgos: existe un conflicto de intereses entre los reseñistas profesionales que creen que son ellos quienen deben decidir cuáles son los buenos libros y los lectores genuinos que leen por placer. De hecho, los reseñistas tienen un poder arbitrario sobre los autores que no hay forma de controlar: para advertir que un reseñista dice disparates sobre un libro hay que habérselo leído antes, de modo que si no existe una clara asunción de riesgos, reseñistas como Michiko Kakutani de *The New York Times* (ahora retirada) o David Runciman, de *The Guardian*, pueden seguir ejerciendo su labor sin que nadie se percate de que están falseando las cosas o simplemente borrachos como una cuba (o, en el caso de Kakutani, según me han dicho, ambas cosas a la vez). Las reseñas de libros son evaluadas en función de lo *plausibles* que resulten y lo bien escritas que estén, no en función de cómo cartografíen un libro (a menos, claro está, que el comentarista haya malinterpretado la obra en cuestión).*

Pues bien, casi dos décadas después de la primera entrega de *Incerto*, he conseguido interactuar directamente contigo, mi querido lector.

Organización del libro

El libro I es la introducción que acabamos de ver, con sus tres partes.

En el libro II, «Una aproximación a la agencia», se expone de una forma más profunda la asimetría y la agencia en materia de adopción de riesgos, al tiempo que se tienden puentes entre los conflictos de intereses y la ética en general. También nos presenta brevemente la noción de escala y la diferencia entre lo individual y lo colectivo, y, por extensión, las limitaciones de la globalización y el universalismo.

El libro III, «Esa enorme asimetría», trata la regla de las minorías, conforme a la cual un pequeño porcentaje de la población puede imponer sus preferencias a la mayoría. Su (breve) apéndice demuestra: 1) cómo un grupo no se comporta como una suma de unidades sino como algo con mente propia, y 2) las consecuencias de eso que se ha dado en llamar «ciencia» social.

El libro IV, «Lobos entre perros», aborda la dependencia y, para decirlo claramente, la *esclavitud* en la vida moderna, esto es, por qué los empleados tienen mucho más que perder que los empresarios. También muestra cómo, siendo independiente y *jodidamente rico*, puedes llegar a ser igualmente vulnerable porque la

* A la gente le llevó más de tres años entender que el tema de mi libro *¿Existe la suerte?: las trampas del azar* era que «hay más suerte de la que crees» en lugar del mensaje que solían recibir de los críticos, que «todo es un azar absurdo». No está mal: la mayoría de los libros se olvidan a los tres meses.

gente que te importa es víctima de grupos y corporaciones perversas.

El libro V, «Estar vivo significa asumir algunos riesgos», muestra, en el capítulo 5, cómo asumir riesgos te hace parecer menos atractivo, pero mucho más convincente. Para explicitar la diferencia entre la vida real y la vida imaginada en una máquina de simulación, se analiza por qué Jesús tuvo que ser más hombre que dios y cómo Donald *ganó* las elecciones gracias a sus imperfecciones. El capítulo 6, «Intelectual pero idiota», presenta al IPI, tipos que no saben que jugándonos la piel podemos comprender el mundo (y pasear en bicicleta) mucho mejor que en una conferencia. El capítulo 7 presenta la diferencia entre la desigualdad de riesgos y la desigualdad de salarios: puede que llegues a ser más rico, pero entonces debes ser una persona auténtica y asumir ciertos riesgos. También presenta una visión dinámica de la desigualdad, en contraposición a la visión estática que sostiene el IPI. Pues quien más contribuye a la desigualdad es el funcionario de alto rango o el académico universitario, no el emprendedor. El capítulo 8 explica el efecto Lindy, ese experto de expertos que puede decirnos por qué los fontaneros son unos expertos, pero en cambio no lo son los psicólogos clínicos, o por qué los colaboradores del *New Yorker* que analizan a los expertos no son ellos mismos unos expertos. El efecto Lindy separa las cosas que ganan con el tiempo de aquellas otras que el tiempo destruye.

El libro VI, «Profundizando en la agencia», busca asimetrías indirectas que permanecen ocultas. El capítulo 9 muestra que, en términos prácticos, el mundo es mucho más sencillo de lo que creemos y que los expertos sólidos no parecen actores interpretando un papel. Por otra parte presenta la detección heurística de la mierda. El capítulo 10 muestra cómo los ricos no son más que unos imbéciles que han caído presos de unos individuos que pretenden complicar su estilo de vida vendiéndoles cualquier cosa. El capítulo 11 explica la diferencia entre las amenazas supuestas y las amenazas de verdad, mostrando de paso cómo se puede acabar con el enemigo sin necesidad de matarlo. El capítulo 12 presenta el problema de la agencia de los periodistas, que sacrifican la verdad y construyen un relato erróneo simplemente para complacer a sus colegas. El capítulo 13 explica por qué es mejor asumir riesgos en nuestra reputación y no reducirlos a base de hacernos los caballeros en internet o expidiendo un cheque a una ONG que quizás contribuya a destruir el mundo. El capítulo 14 aborda el problema de la agencia en quienes participan en la geopolítica así como en los historiadores que tienden a contar las guerras y no las épocas de paz, legándonos así una visión deformada del pasado. La historia está también sembrada de confusiones probabilistas. Si nos liberásemos de los expertos en «paz», el mundo sería mucho más seguro y muchos problemas se resolverían dentro de la propia organización.

El libro VII, «Religión, creencias y jugarse la piel», explica las creencias religiosas sobre la base de la asunción de riesgos y las preferencias personales; cómo los ateos son en términos prácticos indistinguibles de los cristianos, aunque no de los musulmanes salafitas. Seamos precisos: las «religiones» no son solo religiones; algunas son también una filosofía, otras, un sistema legal.

El libro VIII, «Riesgo y racionalidad», consta de dos capítulos que he dejado ex profeso para el final. Toda definición rigurosa de la racionalidad está relacionada con la idea de jugarse la piel; tiene que ver con actos, no con palabras, pensamientos y cháchara. El capítulo 19, «La lógica de asumir riesgos», resume todas mis teorías sobre el riesgo y además expone los errores relativos a los acontecimientos de baja probabilidad. También clasifica el riesgo en capas (desde lo individual hasta lo colectivo) e intenta demostrar que la valentía y la prudencia no son valores contradictorios, siempre y cuando se actúe en beneficio de la comunidad. Explica además la ergodicidad, un concepto que habíamos dejado atrás. Por último, el capítulo esboza lo que nosotros llamamos el *principio de precaución*.

Apéndice: Asimetrías en la vida y en las cosas

Cuadro 2. Asimetrías en la sociedad
Dónde lo dejamos en *Antifrágil*

QUIENES NO SE JUEGAN LA PIEL	QUIENES SE JUEGAN LA PIEL	QUIENES SE JUEGAN LA PIEL POR OTROS O PONEN SU ALMA EN JUEGO
(Conservan los beneficios, transfieren los perjuicios a otros y poseen una opción oculta a costa de los demás)	*(Conservan sus beneficios y asumen su propio riesgo)*	*(Asumen las desventajas en beneficio de los demás o por valores universales)*
Burócratas y analistas políticos	Ciudadanos	Santos, caballeros, guerreros y soldados
Consultores y sofistas	Comerciantes y empresarios	Profetas y filósofos (en un sentido premoderno)
Grandes empresas con acceso al Estado	Artesanos	Artistas y ciertos artesanos
Ejecutivos corporativos (con traje)	Emprendedores	Emprendedores/innovadores
Científicos que mantienen el sistema, teóricos, buscadores de datos, estudiosos de lo observacional	Experimentadores de campo y de laboratorio	Científicos inconformistas que asumen riesgos al formular conjeturas alejadas de la creencia establecida
Gobierno centralizado	Gobiernos de ciudades-estado	Gobierno municipal
Editores	Escritores y (algunos) editores	Escritores de verdad
Periodistas que «analizan» y predicen	Especuladores	Periodistas que asumen riesgos y *revelan* fraudes (sobre regímenes poderosos, empresas) y personas rebeldes
Políticos	Activistas	Disidentes y revolucionarios
Banqueros	Operadores de fondos de cobertura	(No intervendrían en algo tan vulgar como el comercio)

QUIENES NO SE JUEGAN LA PIEL	QUIENES SE JUEGAN LA PIEL	QUIENES SE JUEGAN LA PIEL POR OTROS O PONEN SU ALMA EN JUEGO
Personas que buscan recompensas, premios, honores, ceremonias, medallas, tomar el té con la reina de Inglaterra, reconocimientos académicos, saludar a Obama		La recompensa más elevada que uno puede obtener, y quizás la única, es morir por sus ideas o por su actitud; caso de Sócrates, Jesús, Santa Catalina, Hipatia, Juana de Arco

LIBRO II

Una aproximación a la agencia

CAPÍTULO 1

Por qué cada cual debería comerse sus propias tortugas: igualdad e incertidumbre

El sabor de la tortuga — ¿Dónde están los nuevos clientes? — «Sharía» y asimetría — Primero están los suizos y luego los demás — Rav Safra y los suizos (otros suizos)

Quien atrapa las tortugas debe comérselas, dice un refrán de la Antigüedad.*

El origen de la expresión es el siguiente. Se dice que un grupo de pescadores atrapó una gran cantidad de tortugas. Una vez cocinadas, descubrieron que estos animales marinos eran bastante menos comestibles de lo que creían: pocos miembros del grupo estaban dispuestos a comérselas. Pero quiso la casualidad que Mercurio pasara en ese momento por allí: Mercurio era un dios polifacético, el que todo lo unía, pues era el dios del comercio y de la abundancia, de los mensajeros y del inframundo, amén de ser el patrón de los ladrones y los forajidos y, por supuesto, el dios de la suerte. Los pescadores lo invitaron a comer tortuga con ellos. Pero Mercurio, sabiendo que lo invitaban a comer para liberarse de un alimento no deseado, los obligó a ingerir las tortugas, estableciendo así el principio según el cual tenemos que comernos aquello que suministramos a los demás.

* *Ipsi testudines edite, qui cepistis.*

Cada día nace un nuevo cliente

He aprendido una lección de mis propias e ingenuas experiencias:

> *Ten cuidado con la persona que te ofrece su consejo diciéndote que tienes que emprender cierta acción «buena para ti» cuando en realidad también redundará en su beneficio, toda vez que el perjuicio que tú sufras no le afectará a él.*

Evidentemente, este consejo suele llegar sin que lo pidamos. La asimetría se presenta cuando el consejo se te aplica a ti pero no a él: puede que te esté vendiendo algo, o intentando que te cases con su hija o que contrates a su yerno.

Hace años recibí una carta de un gestor de conferencias. La misiva era muy clara; contenía diez preguntas del tipo «¿Tendrás tiempo para responder preguntas?», «¿Puedes ocuparte de la organización del viaje?». La cuestión aquí es que un gestor de conferencias es alguien que debía facilitarme la vida y dejarme tiempo para la búsqueda de conocimiento o lo que quiera que yo estuviera buscando en ese momento (una comprensión más profunda de la jardinería, mis colecciones de sellos, la genética mediterránea o unas recetas de platos con tinta de calamar), dejando la carga más pesada para él mismo. Yo no era gestor de conferencias, solo él podía hacer todas esas cosas; era él quien leía los libros y penetraba en la mente de los intelectuales (en esa época no me sentía insultado si me llamaban intelectual). Como había visto ya tantas personas que te ofrecen consejos no solicitados, comprendí enseguida de qué iba todo aquello, y es que a lo largo de su exposición aquel hombre me repetía una y otra vez que aquello «me convenía».

Aunque no me convenció su argumento, me comporté como un imbécil y al final llegué a un acuerdo con él, permitiéndole gestionar unos actos en el país en donde él estaba radicado en aquel entonces. Las cosas fueron bien hasta que seis años después recibí una carta de las autoridades fiscales de ese país. Contacté rápidamente con él para preguntarle si otros ciudadanos de Estados Unidos habían tenido un conflicto fiscal como el mío, o si tenía conocimiento de alguna situación similar. Su respuesta, muy cortante, me llegó *ipso facto*: «No soy tu asesor fiscal», y acto seguido se negaba a facilitarme información sobre otros clientes estadounidenses que hubieran contratado sus servicios porque les «convenía» y que se encontraran con el mismo problema.

De hecho, en los pocos casos que soy capaz de recordar, siempre resulta que lo que te presentan como algo bueno para ti en realidad solo es bueno para la otra parte. Como agente, aprendes a identificar a las personas íntegras y a tratar con ellas; son las que te informan de que tienen algo que vender, aclarando que la transacción se efectúa en su propio beneficio, y que lo hacen con preguntas como «¿Te llama la atención?» (una pregunta que pretende detectar si realmente interesa lo que ofrecen). Deshazte como sea de esos individuos que quieren ofrecerte un producto disfrazado de consejo. El relato de la tortuga es, en realidad, el arquetipo de las transacciones humanas a lo largo de la historia.

Una vez trabajé para un banco de inversiones de Estados Unidos, una de esas entidades a las que se llama «zapatitos blancos» porque sus socios eran miembros de selectos clubs de golf en donde aquellos protoaristócratas jugaban con calzado de color blanco. En todas esas empresas se daba una imagen de ética y profesionalidad que se fomentaba y protegía a toda costa. Pero el trabajo de los agentes (o profesionales de las ventas) en los días en que llevaban zapatos negros era «descargar» mercancías para «cargárselas» a los comerciantes, es decir, valores que poseían en exceso y de los que necesitaban liberarse para reducir su perfil de riesgo. Vender a otros distribuidores estaba totalmente descartado, ya que los agentes profesionales, que normalmente no jugaban al golf, se olerían el exceso de oferta y harían caer los precios. De manera que los agentes tenían que vender su material a unos clientes concretos, que serían lo que usualmente se llama la «parte compradora». Algunos agentes pagaban al personal de ventas con «puntos» (porcentuales), una compensación variable que crecía a medida que aumentaba nuestro deseo de deshacernos de esos valores. Los agentes llevaban a cenar a los clientes, les ofrecían vino caro (a menudo, y de forma ostentosa, el más caro de la carta) y obtenían un enorme rendimiento de los miles de dólares gastados en restaurantes al descargar sobre aquellos el material no deseado. Un experto agente me explicó con toda franqueza: «Si le regalo una botella de vino de dos mil dólares a uno de mis clientes, a alguien que trabaja para el departamento de economía de un ayuntamiento y que compra sus trajes en unos grandes almacenes de Nueva Jersey, le tendré atrapado durante los próximos meses. Puedo obtener cien mil dólares de beneficio. No hay nada en el mercado que te ofrezca esas ganancias».

Los agentes aseguran a su cliente que hay un bono perfecto para su cartera, que están seguros de que su valor aumentará y que el cliente lo lamentará si pierde «esta oportunidad»: ese es el discurso más común. Ellos son expertos en el arte de la manipulación psicológica, y al final logran que el cliente negocie, a veces contra sus propios intereses, mientras está feliz y contento disfrutando de su compañía. En una ocasión le preguntaron a uno de los comerciales de mayor rango de una empresa, un hombre muy carismático que iba a trabajar en un Rolls Royce con chófer, si los clientes no se molestaban cuando solo obtenían migajas. «Estáfalos, no los cabrees», fue su respuesta. Luego añadió: «Recuerda que cada día nace un nuevo cliente».

Como bien sabían los romanos, uno elogia alegremente una mercancía cuando quiere librarse de ella.*

El precio del maíz en Rodas

Así pues, «dar consejos» como argumento de venta es fundamentalmente poco ético: la venta no puede equipararse a un consejo.

* *Plenius aequo laudat venalis qui vult extrudere merces* (Horacio).

Podemos decirlo con toda seguridad. Se pueden dar consejos y se puede vender (proclamando la calidad del producto), pero lo uno ha de mantenerse separado de lo otro.

Pero en el curso de la transacción se nos presenta otro problema: ¿cuánto ha de contarle el vendedor a su posible comprador?

La pregunta «¿Es ético vender algo sabiendo que va a bajar de precio?» es ya muy antigua, pero nada fácil de responder. El debate se remonta al mantenido entre los filósofos estoicos Diógenes de Babilonia y Antípatro de Tarso, discípulo del anterior, los cuales nos han aportado la base moral más elevada sobre la información asimétrica y además avalan la ética defendida por este autor. No se ha conservado ningún fragmento de estos autores, pero sabemos un poco gracias a fuentes secundarias y, en el caso de Cicerón, de tercer orden. La historia, planteada por Cicerón en *De officiis*, dice así: supongamos que un hombre transporta un gran cargamento de maíz desde Alejandría hasta Rodas en una época en que el maíz tiene un precio elevado en Rodas debido a la escasez y a la hambruna. Supongamos que ese hombre sabe además que han zarpado muchos barcos de Alejandría en dirección a Rodas cargados con una mercancía similar. ¿Debe informar a los habitantes de Rodas? ¿Cómo puede uno actuar de una manera honrosa o deshonrosa en tales circunstancias?

Los operadores de ventas teníamos una respuesta clara. Una vez más, se trata de «cargar»: hay que vender el producto sin informar a los potenciales compradores de que tenemos grandes existencias de esta mercancía esperando a ser vendidas. Un operador como debe ser no le haría eso a otros colegas; era el enfoque del «no-no». Algo que se castigaba con el ostracismo. Pero sí que se podía hacer con un mercado anónimo y con individuos anónimos no comerciantes, o con esos a los que llamamos «los suizos», imbéciles escogidos al azar en lugares remotos. Hay personas a las que estamos unidos por un vínculo *relacional*, mientras que con otras mantenemos un vínculo *transaccional*. Ambas estaban separadas por un muro ético, de la misma manera que no dañamos a los animales domésticos porque consideramos que es algo cruel pero no aplicamos la misma regla a las cucarachas.

Diógenes afirmaba que el vendedor debería revelar tanto como exigiera la ley civil. Antípatro, en cambio, creía que había que contarlo todo —con independencia de lo que marcara la ley—, para que el comprador supiera tanto como el vendedor.

Resulta evidente que la postura de Antípatro es más sólida, y que es válida para todo tiempo, lugar, situación y color de ojos de los intervinientes. Pensemos que

Lo ético siempre es más sólido que lo legal. Con el tiempo, lo legal acaba convergiendo con lo ético, nunca a la inversa.

Por lo tanto:

Las leyes vienen y van; la ética permanece.

Y es que la noción de «ley» es ambigua y muy dependiente de la jurisdicción: en Estados Unidos, la ley civil, gracias a las asociaciones de defensa del consumidor y a otros movimientos similares, integra esta idea de la revelación de información, mientras que otros países tienen leyes diferentes. Esto es especialmente visible en las leyes del mercado de valores, ya que existen regulaciones contra las inversiones «ventajistas» y contra el uso de información privilegiada que hacen que esa revelación sea obligatoria en Estados Unidos, aunque durante mucho tiempo no fue así en Europa.

De hecho, los bancos de inversión de mi época se dedicaban sobre todo a jugar con las regulaciones, a buscar lagunas en las leyes. Pero resulta que, al contrario de lo que nos dice la lógica, cuantas más regulaciones hay, más fácil es hacer dinero.

Igualdad en la incertidumbre

Esto nos lleva a la asimetría, el concepto fundamental que subyace a la idea de jugarse la piel. La cuestión es la siguiente: ¿hasta qué punto pueden disponer de información diferente el vendedor y el comprador de un producto? El Mediterráneo antiguo y, en cierto modo, el mundo moderno parecen haberse inclinado hacia la postura de Antípatro. Aunque en el mundo anglosajón tenemos «advertencias al consumidor» (*caveat emptor*), se trata de una idea bastante nueva, y no generalizada, a menudo mitigada por leyes limón (en un principio se decía que un coche era un «limón» si venía lastrado por algún defecto permanente, por ejemplo, mi Mini descapotable, que no había forma de sacar del taller; ahora la palabra se ha generalizado y se aplica a cualquier bicho viviente).

Por lo tanto, ante la pregunta planteada por Cicerón en el debate entre los dos antiguos estoicos: «¿Debe un hombre decirle a sus clientes que les está vendiendo un vino en mal estado?», todo el mundo se inclina por la transparencia, pero no necesariamente a través de regulaciones sino merced al derecho de responsabilidad civil y a la posible demanda por daños y perjuicios. Recordemos que el derecho de responsabilidad civil obliga al vendedor a asumir ciertos riesgos, razón por la cual es tan injuriado como detestado por las empresas. Sin embargo, el derecho de responsabilidad civil tiene también efectos secundarios; y es que solo se debería aplicar de una forma sensata, es decir, de manera que no pueda ser burlado. Pero, como veremos en la visita al médico que describimos más adelante, es socavado muy a menudo.

La *sharía*, la ley que regula las transacciones y las finanzas en el mundo islámico, tiene interés porque preserva algunos de los métodos y prácticas mediterráneas y babilónicas que se han perdido, no porque apuntale el ego de los príncipes saudíes. Es algo así como una conjunción de la ley grecorromana (tal como se refleja en el contacto de los pueblos semíticos con la escuela de leyes de Beirut), las leyes comerciales fenicias, la legislación babilónica y las costumbres comerciales de las tribus árabes; y, en este sentido, nos permite acercarnos a antiguas tradiciones mediterráneas y semíticas. Por lo tanto, concibo la *sharía* como un museo de la historia de las ideas en el que podemos observar la simetría en las transacciones. La *sharía* establece la prohibición de *gharar*, y lo hace de una forma muy drástica para que esta pueda ser desterrada de cualquier transacción comercial. Es un término extremadamente sofisticado de la teoría de decisiones que no existe en nuestra lengua: implica tanto la incertidumbre como la decepción; desde mi punto de vista, su significado va más allá de la asimetría de información entre agentes, pues apunta más bien a la *desigualdad de la incertidumbre*. Dicho de otro modo: como en una transacción se trata de que ambas partes sufran la misma incertidumbre al afrontar acontecimientos aleatorios, la asimetría equivale al robo. O más enérgicamente:

> *Ninguno de los participantes en una transacción debe tener certidumbre alguna sobre su resultado cuando la otra parte solo tiene incertidumbre.*

Como todo concepto legal, el *gharar* tiene también sus defectos; de hecho, es una idea bastante más débil que la de Antípatro. Si en una transacción comercial solo una de las partes tiene certidumbres, se está violando la *sharía*. Pero si se da una leve asimetría, por ejemplo, si alguien posee información privilegiada que le permite mejorar sus resultados en el mercado, no hay *gharar*, pues ambas partes están en la misma incertidumbre, dado que el premio está en el futuro y solo Dios conoce lo que este nos depara. Por otra parte, vender un producto defectuoso (teniendo la certeza de que existe tal defecto) es ilegal. Por tanto, el vendedor de maíz de mi primer ejemplo no incurre en *gharar*, cosa que sí ocurre en el segundo caso, el del vendedor de vino en mal estado.

Como veremos, el problema de la asimetría es tan complicado que algunas escuelas ofrecen soluciones éticas de distinto cariz; veamos primero el planteamiento del Talmud.

Rav Safra y los suizos

En esta cuestión, la ética judía está más cerca de Antípatro que de Diógenes por su tendencia a la transparencia. Considera que no solo debe haber transparencia en lo que respecta a la mercancía, sino también en las intenciones del vendedor, en lo que piensa en su *fuero interno*. El rabino medieval Shlomo Yizhaki (o Salomón Isaacides), conocido como «Rashi», cuenta la siguiente historia. A Rav Safra, un erudito babilonio del siglo III que era además un comerciante muy activo, le ofrecieron unos bienes para que los vendiese. Un día se presentó un comprador mientras él estaba rezando e intentó comprarle la mercancía por un precio determinado, pero como el rabino no respondió, subió su oferta. El caso es que Rav Safra no tenía intención de vender su mercancía a un precio superior a la primera oferta, pues sentía que debía honrar la *intención* inicial. La pregunta que se nos plantea entonces es si Rav Safra está obligado a vender al precio inicial o debe aceptar la segunda oferta, la que es mejor.

La transparencia total no es algo absurdo; de hecho es bastante frecuente en el implacable mundo de las transacciones comerciales, en el mercado de valores que era antes mi mundo. Como agente bursátil me he enfrentado con frecuencia a este problema, y yo me sitúo del lado de Rav Safra. Vamos a aplicar la lógica. Recordemos a los operadores codiciosos que han aparecido en este mismo capítulo. A veces, yo ofrecía una opción por cinco dólares, pero tras comunicarse con su cliente un agente me proponía una «mejora» de 5,10 dólares. Algo no iba bien en esos diez céntimos extra. Simplemente, no era una forma sostenible de hacer negocios. ¿Y si el cliente descubría que mi oferta inicial era de cinco dólares? No hay compensación económica que pueda cubrir esa vergüenza. La sobrecarga en el precio cae en la misma categoría que el acto de «cargar» a la gente con malas mercancías. ¿Qué sucedería si —siguiendo la historia de Rav Safra— vendiera mi producto a un cliente por el precio extra y a otro se lo ofreciera por el inicial y resulta que los dos se conocen? ¿Y si fueran agentes del mismo cliente?

Puede que no sea algo exigible desde el punto de vista ético, pero la política más eficaz y más libre de vergüenza es la transparencia máxima, la cual incluye la transparencia de intenciones.

Ahora bien, no sabemos si el comprador de nuestra historia era un «suizo», una de esas criaturas marginales a las que no se aplican nuestras reglas éticas. Sospecho que se trataría de alguien que aplica nuestras reglas éticas de un modo más relajado o que no las aplica en absoluto. Recordemos nuestro análisis de Kant: la teoría es demasiado teórica para los seres humanos. Cuanto más circunscrita esté nuestra ética, cuanto menos abstracta sea, mejor funcionará. Es la única forma de que el sistema funcione correctamente, tal como veremos más adelante con el caso de Elinor Ostrom. Aunque fue nuestro viejo y querido amigo Friedrich Nietzsche quien apuntó la cuestión mucho antes que Ostrom:

Sentir simpatía hacia todos será tiranía para ti, mi buen vecino.

Nietzsche, por cierto, es la única persona con la que Tony el Gordo dijo que nunca debatiría (después de haber oído sus citas).

Miembros y no miembros

La exclusión de los «suizos» de nuestro reino ético no es trivial. Yo creo que la magnitud de las cosas no «crece» ni se generaliza, razón por la cual tengo problemas con los intelectuales que hablan de nociones abstractas. Un país no es una gran ciudad, una ciudad no es una gran familia y el mundo, por más que digan, no es una gran aldea. Aquí discutiremos algunas transformaciones de escala y dejaremos otras para el apéndice del libro III.

Cuando los atenienses sostienen que debe tratarse a todas las opiniones por igual porque eso es la «democracia», solo lo aplican a sus ciudadanos, no a los esclavos ni a los metecos (equivalentes en nuestra época a las personas que disfrutan de un permiso de trabajo o de residencia permanente). En efecto, el código de Teodosio despojaba de sus derechos legales a los ciudadanos romanos casados con «bárbaros» y, por lo tanto, les privaba de la igualdad legal. Estas personas ya no pertenecían al club. La ética judía, en cambio, distingue entre relaciones estrechas de parentesco y relaciones diluidas: todos somos hermanos, pero algunos son más hermanos que otros.

En las sociedades antiguas y posteriores a las clásicas, los ciudadanos libres solían formar parte de asociaciones campestres, con reglas y conductas similares a las actuales y una clara delimitación entre miembros y no miembros. Como bien saben los miembros de cualquier club, toda asociación se constituye con el fin de excluir a otras personas y limitar su tamaño. Los espartanos podían atrapar y matar a los ilotas, a los no ciudadanos con estatus de esclavos, *en el curso de su entrenamiento*, pero en cualquier otro sentido estos eran iguales a los demás espartanos y se esperaba que murieran por Esparta. Las grandes ciudades del mundo precristiano, especialmente en el Levante y en Asia Menor, bullían de fraternidades y clubes, de sociedades abiertas y (a menudo) secretas, había incluso asociaciones funerarias, cuyos miembros compartían los costes del sepelio y participaban en las ceremonias.

En la actualidad, el pueblo romaní (los gitanos) mantiene unas estrictas reglas de conducta para los gitanos y otras muy distintas para los *impuros* no gitanos a los que ellos llaman *payos*. Como ha observado el antropólogo David Graeber, incluso el banco de inversiones Goldman Sachs, conocido por su agresiva avaricia, actúa como una asociación comunista de puertas para adentro, gracias al sistema de cooperación imperante en su estructura de gobierno.

Así pues, todos aplicamos nuestras propias reglas éticas pero existe un límite más allá del cual las reglas dejan de tener validez. Es lamentable, pero la verdad es que lo general mata a lo particular. La cuestión que reexaminaremos más adelante, una vez hayamos analizado con más detalle la teoría de la complejidad, es si resulta posible ser al mismo tiempo una persona ética y universalista. En teoría, sí, pero desgraciadamente en la práctica no sucede lo mismo. Pues cuando en un club el «nosotros» llega a ser muy numeroso, la situación se degrada y cada cual empieza a luchar por sus propios intereses. Lo abstracto es demasiado abstracto para nosotros. Por eso defiendo los sistemas políticos que actúan primero en los municipios y luego van subiendo de nivel (irónicamente, como los «suizos» de Suiza), en vez de la situación contraria, que desemboca en Estados de mayor tamaño. Ser en cierto modo tribales no es algo malo: debemos aplicar un enfoque fractal a las relaciones armoniosas y organizadas entre las tribus, en lugar de fusionar todas las tribus en un gran conjunto. Aquí el sistema ideal es el federalismo al estilo americano.

Esta transformación de escala desde lo particular a lo general es lo que explica mi escepticismo con respecto a la globalización desenfrenada y a los grandes Estados centralizados y multiétnicos. El físico e investigador de la complejidad Yaneer Bar-Yam ha demostrado de forma muy convincente que «unas mejores vallas hacen mejores vecinos», algo que los «políticos» y los Gobiernos locales no logran entender cuando se trata de Oriente Próximo. La escala importa, nunca me cansaré de repetirlo. Se ha demostrado que poner a los chiitas, los cristianos y los suníes en un lugar y pedirles que canten el «Kumbayá» en torno al fuego mientras se dan la mano en nombre de la unidad y la fraternidad es una estrategia condenada al fracaso. (Los intervencionistas no han entendido aún que el «deber» no es una declaración lo suficientemente válida desde el punto de vista empírico como para «construir naciones».) Tildar a la gente de «sectaria» —en lugar de sacar el mejor partido de esa tendencia natural— es una de las estupideces de los intervencionistas. Separa a las tribus por razones administrativas (como hicieron los otomanos) o coloca postes indicadores en algún lugar y verás como, de pronto, las tribus se hacen amigas de una manera espontánea.* El Levante ha sufrido (y sigue sufriendo) la interven-

* Ni siquiera entonces fueron los otomanos lo suficientemente lejos al conceder autonomía. Algunos dicen que si los armenios hubieran respondido a la llamada del novelista Raffi en

ción de unos arabistas occidentales (normalmente anglosajones) enamorados de su objeto de estudio, pero que no se jugaban la piel en él, y que en cierto modo tienen la perversa misión de destruir las lenguas y las culturas indígenas locales, al tiempo que separan al Levante de sus raíces mediterráneas.*

Pero no hace falta ir tan lejos para comprender la importancia de la escala. Sabemos por instinto que uno se lleva mejor con sus vecinos que con su compañero de habitación.

Si pensamos en ello, resulta algo obvio, banal incluso, si comparamos la bien conocida conducta de las multitudes en el «anonimato» de las grandes ciudades con la de los grupos humanos en pueblos pequeños. Suelo pasar algún tiempo en mi pueblo natal, donde todos parecen formar parte de la misma familia. Toda persona acude al funeral de los demás (las asociaciones funerarias existían sobre todo en las grandes ciudades), ayuda a sus vecinos y se preocupa por ellos, aunque odie a su perro. No hay forma de lograr la misma cohesión en una gran ciudad, porque aquí el «otro» es una entidad teórica y nuestro comportamiento hacia él o ella viene dado por una regla ética general, no por alguien de carne y hueso. Es algo fácilmente comprensible si lo observamos desde esta perspectiva, pero nunca lograremos generalizar que la ética es algo fundamentalmente local.

¿Por qué razón? Pues porque la modernidad ha introducido

---

pro de una mayor autonomía, las trágicos acontecimientos de la década de 1890 y de 1915 no habrían sido tan graves.

* Al responsable de la Liga Árabe, Amr Moussa, le horrorizó oír en una de mis conferencias que «unas vallas mejores hacen mejores vecinos». Es algo que le ofendió porque, según él, «fomenta el sectarismo». La estrategia común de la mayoría suní dominante en los países de lengua árabe ha sido tachar de «sectario» cualquier intento de establecer una cierta autonomía (irónicamente, esta gente, cuando es rica, suele tener casas en Suiza). Siempre resulta muy conveniente invocar el universalismo cuando se forma parte de la mayoría. Como son buenos poniendo etiquetas, también te acusan de «racismo» cuando haces la más leve reivindicación del autogobierno, como en su momento hicieron los kurdos, los maronitas y los coptos. El término «racismo» ha sufrido una cierta devaluación, pues, curiosamente, los iraquíes y los kurdos se acusan mutuamente de racistas por su posición respecto a la autodeterminación kurda.

en nuestra mente la idea de que existen dos unidades distintas: lo individual y lo colectivo universal; y en ese sentido, la idea de jugarse la piel se te aplica a ti como unidad individual. Nuestra responsabilidad, sin embargo, se extiende a un conjunto mayor de personas, en el cual encontramos una familia, una comunidad, una tribu, una fraternidad. Pero es muy probable que no extienda hasta lo universal.

«Non mihi non tibi, sed nobis» (ni tuyo ni mío: nuestro)

Entremos en los entresijos de la idea de Ostrom. La «tragedia de los bienes comunes», tal como la exponen los economistas, se explica como sigue: los bienes comunes conforman una propiedad colectiva, por ejemplo, un bosque, unas aguas para pescar o el parque público de una ciudad. Desde el punto de vista colectivo, los granjeros, en tanto comunidad, prefieren evitar el sobrepastoreo, y los pescadores prefieren no caer en la sobrepesca, porque, si no, su preciado recurso se degrada. Sin embargo, cada granjero o pescador individual se beneficiaría personalmente si sobreexplotara los pastos o la pesca, siempre y cuando los otros no hicieran lo mismo. Esto es justamente lo que molesta al socialismo, que los intereses de los individuos no vayan muy bien en un régimen de colectivización. Pero es un error pensar que las personas solamente puedan funcionar bajo un sistema de propiedad privada.

Lo que Ostrom descubrió empíricamente es que existe un cierto tamaño de comunidad por debajo del cual la gente actúa en términos colectivos, protegiendo los bienes comunes, como si toda la unidad fuera racional. Esos bienes comunes no pueden ser muy grandes. Son algo así como un club. Aquí los grupos se comportan de forma diferente pero en una escala diferente. Esto explica por qué lo municipal es diferente a lo nacional. Y también explica cómo operan las tribus: uno forma parte de un grupo mucho mayor que su estrecha *individualidad*, pero más limitado que la humanidad en general. Ahora bien, la gente que forma parte de un grupo comparte algunas cosas, *pero no todas*. Y además sus relaciones con el exterior están reguladas por ciertas normas. Las tribus de pastores árabes, por ejemplo, tienen firmes reglas de hospitalidad para los extranjeros pacíficos que no supongan una amenaza para sus bienes comunes, pero son muy violentas cuando el extranjero representa un peligro.

> *Definición de un bien común en el que se asumen riesgos: espacio en el que los demás te tratan como tú los tratas a ellos, donde todo el mundo aplica la regla de plata.*

El término «bien público» es muy abstracto, no es más que un concepto extraído de un manual. En el capítulo 19 veremos que un «individuo» es una entidad mal definida. Es más probable que «yo» sea un grupo que una sola persona.

¿Estás en la diagonal?

Hay unas palabras de los hermanos Geoff y Vince Graham que resumen perfectamente el carácter ridículo del universalismo político libre de escalas.

> A escala federal, soy liberal;
> a escala estatal, republicano;
> a escala local, demócrata;
> y con mi familia y mis amigos, socialista.

Si estas palabras no te convencen de la necedad de las etiquetas izquierda-derecha, nada lo hará.

Los suizos están obsesionados con la gestión, y de hecho su sistema político no es de «izquierdas» ni de «derechas», sino que se basa en la gestión. En una ocasión, el meticuloso matemático Hans

Gersbach organizó en Zúrich un seminario sobre asunción de riesgos, en el que se analizaba la manera de recompensar (y castigar) adecuadamente a aquellos políticos cuyos intereses no estuvieran alineados con los de las personas a las cuales representaban. Me sorprendió comprobar que si en Suiza y en otros países germánicos las cosas funcionan bien no es por la rendición de cuentas sino por su tamaño, que los predispone a rendir cuentas; por eso, Alemania es una federación.

Ahora vamos a aplicar esto al reparto de riesgos.

Todos (literalmente) en el mismo barco

El griego es una lengua tan precisa que dispone de una palabra para describir lo opuesto a la transferencia de riesgos: el reparto del riesgo. Se dice *synkyndineo* y significa «asumir riesgos juntos», lo cual era algo obligatorio en las transacciones marítimas.*

En los Hechos de los Apóstoles se describe un viaje de san Pablo en un barco de carga desde Sidonia hasta Creta y Malta. Por el camino los sorprende una tormenta, y «cuando comieron lo que quisieron aligeraron el barco arrojando el maíz por la borda».

Aunque la tripulación entera se había desprendido de algún bien *particular*, todos tuvieron que asumir su parte en las mercancías perdidas, y no solo los propietarios específicos. Seguían una práctica que databa del 800 a. C. y que estaba registrada en la Lex Rhodia, la Ley de Rodas, así llamada por la isla egea de Rodas; el código no se ha conservado pero ha sido citado desde la Antigüedad. Según él, en toda contingencia se han de repartir equitativamente los riesgos y los costes, sin tener en cuenta la responsabilidad. El Código de Justiniano lo resume así:

* «Porque el que hoy derrame su sangre conmigo será mi hermano» (Shakespeare, *Enrique V*).

> La Ley de Rodas establece que si se tira mercancía para aligerar la carga del barco, lo que se ha perdido para beneficio de todos debe recuperarse mediante la contribución de todos.

El mismo mecanismo de reparto de riesgos se aplicaba a las caravanas que atravesaban las rutas del desierto. Si la mercancía se perdía o era robada, todos los mercaderes tenían que sufragar los costes, no solo su propietario.

El erudito en lenguas clásicas Armand D'Angour tradujo *synkyndineo* al latín como *compericlitor*; por lo tanto, si hay que traducirlo al español, debería ser *compericlidad*, y su opuesto, la transferencia de riesgos a lo Bob Rubin, sería *incompericlidad*. Pero creo que por el momento podemos decir, simplemente, «reparto de riesgos».

Ahora abordaremos algunas distorsiones derivadas de la introducción de la idea de jugarse la piel.

Es una buena compra

Una vez fui a la televisión para publicitar un libro recién publicado y quedé atrapado en el estudio, condenado a formar parte de una mesa redonda con dos periodistas y el presentador del programa. El tema del día era Microsoft, una empresa que ya existía en aquella época. Todo el mundo intervino, incluido el presentador. Cuando llegó mi turno dije: «No poseo acciones de Microsoft, no puedo beneficiarme de sus pérdidas, por lo tanto no puedo hablar de ello». Al decir esto estaba repitiendo una de las frases de la primera parte del prólogo: «No me digas lo que piensas, dime lo que hay en tu cartera». Una inconmensurable confusión se traslució en el rostro de los presentes: se supone que un periodista no puede hablar de las acciones que posee, y lo que es peor, se supone que siempre ha de opinar sobre cosas que apenas sabe situar en un mapa. Un periodista ha de ser un «juez» imparcial, pero, a diferencia del caso de Sisamnes, no sufre la amenaza de ver su piel destinada a otro uso.

Hay dos formas de decir que algo «es una buena compra». Una consiste en comprar unas acciones porque nos gustan, y *luego* comentarlo (y revelar nuestra propiedad): el defensor más fiable de un producto es su usuario.* Otra es comprar las acciones para hacer alarde de las virtudes de la empresa, y *luego* venderlas, beneficiándonos de este alardeo; es lo que se conoce como manipulación del mercado y, evidentemente, implica un conflicto de intereses. Eliminamos la asunción de riesgos en los periodistas para evitar la manipulación del mercado, creyendo que esto supondrá un beneficio para la sociedad. En este libro sostenemos que tanto esto (la manipulación del mercado) como los conflictos de interés son menos dañinos para la sociedad que la impunidad ante un mal consejo. Como luego veremos, la razón principal es que, si no hay asunción de riesgos, los periodistas, para sentirse a salvo, imitarán la opinión de otros periodistas, creando así una monocultura y hasta espejismos colectivos.

En general, jugarse la piel implica entrar en un conflicto de interés. Espero que este libro contribuya a demostrar que lo primero es más importante que lo segundo. No hay problema en que la gente tenga un conflicto de interés, siempre que este sea coherente con la asunción del riesgo de pérdidas.

Una breve visita a la consulta del médico

El médico no tiene el problema de Anteo: la medicina, aunque envuelta en los ropajes de la ciencia, se basa fundamentalmente en el aprendizaje y, como la ingeniería, actúa sobre la base de la experiencia, y no solo a partir de teorías y pruebas experimentales. Si

* Los usuarios de un producto son más fiables debido a que en ellos actúa un filtro natural. Yo me compré un coche eléctrico, un Tesla, porque mi vecino se mostró entusiasmado con el suyo (se jugó la piel), y luego comprobé que es un vehículo que se mantiene en buen estado durante años. Ninguna publicidad supera la credibilidad de un usuario genuino.

los economistas dicen «asumamos que...» para luego producir alguna extraña teoría, los médicos en cambio recurren a algo diferente. Se juegan la piel en diversos grados, aunque quizás no lo hagan del todo en el efecto de agencia que separa al cliente del proveedor. Y los intentos de colocar la asunción de riesgos en este campo han provocado algunos efectos adversos, ya que se traspasa la incertidumbre del médico al paciente.

El sistema legal y las medidas reguladoras probablemente pondrán la responsabilidad del médico en el lugar equivocado.

¿Cómo? El problema reside en la dependencia de los parámetros. Cada parámetro es manipulable: la bajada de colesterol que mencionamos en la primera parte del prólogo es una técnica de manipulación de parámetros llevada al límite. De forma más realista, a un oncólogo o a un hospital se los juzga por la tasa de supervivencia de sus pacientes a los cinco años del tratamiento, que adopta modalidades distintas en cada nuevo paciente. La cirugía láser (un procedimiento quirúrgico muy preciso) y la terapia de radiación, que resulta tóxica tanto para el paciente como para el propio cáncer, se compensan entre sí. Desde el punto de vista estadístico, la cirugía láser puede arrojar peores resultados a los cinco años en comparación con la radiación, pero esta tiende a crear tumores secundarios a largo plazo y, en términos comparativos, ofrece una supervivencia limitada a los veinte años del tratamiento. Dado que la ventana de oportunidad utilizada para el cálculo de la supervivencia del paciente es de cinco años y no de veinte, el mayor incentivo reside en la radiación.

Por lo tanto, es probable que el médico aleje la incertidumbre de sí eligiendo la segunda mejor opción.

El sistema obliga al médico a transferir el riesgo de sí mismo al paciente, del presente al futuro y del futuro inmediato a un futuro más lejano.

Cuando visites una consulta médica has de recordar que el doctor, a pesar de su aspecto autoritario, es alguien que se encuentra en una situación delicada. Él no es tú, ni es un familiar tuyo, por lo que no experimenta una pérdida emocional directa si tu salud se degrada. Pero, como es natural, quiere evitar que le demandes, porque eso podría resultar desastroso para su carrera.

Algunos parámetros pueden matarte. Imagina que visitas a un cardiólogo y resulta que te encuentras en la categoría de riesgo moderado, una situación que en realidad no aumenta tu riesgo de sufrir una dolencia cardiovascular pero que es la antesala de una fase preocupante. (Aquí hay una fuerte no linealidad: una persona clasificada como prediabética o prehipertensa se encuentra, en términos probabilísticos, un 90 % más cerca de una persona normal que alguien que presente esas dolencias.) Sin embargo, al médico se le presiona para que se proteja a sí mismo. Si el paciente muriese unas semanas después de la visita, algo poco probable, el médico podría ser acusado de negligencia por no haberle recetado el medicamento que en ese momento se consideraba más útil (como sucedió con las estatinas), pero que ahora, conforme a lo que sabemos, estuvo respaldado por estudios sospechosos o incompletos. Puede que el médico sepa, en su fuero interno, que las estatinas son perjudiciales por los efectos secundarios que tienen a largo plazo. Sin embargo, las empresas farmacéuticas han logrado convencer a todo el mundo de que estas consecuencias todavía no detectadas son inocuas, cuando lo más correcto y previsor es considerarlas potencialmente dañinas. De hecho, salvo en los casos de pacientes graves, los riesgos de este fármaco superan a sus beneficios. Aquí los riesgos médicos a largo plazo son invisibles, solo se manifestarán con el tiempo, pero el riesgo legal es inmediato. Sucede lo mismo que con el comercio a lo Bob Rubin: los riesgos se difieren y se hacen invisibles.

¿Y podemos conseguir que la medicina sea menos asimétrica? Sí, pero no de una manera directa; como ya discutí en *Antifrágil* y, más técnicamente, en otro lugar, el paciente debería evitar el tratamiento cuando su dolencia sea leve y recurrir a la medicina solamente en «situaciones extremas», es decir, para solucionar dolencias severas y muy ocasionales. El problema es que los enfermos leves constituyen un segmento de la población mucho mayor que el de los enfermos graves (y además se espera que estas personas vivan más tiempo y consuman más medicinas); por lo tanto, las empresas farmacéuticas tienen un claro incentivo para centrarse en ellas. (Los fallecidos, según me dicen, dejan de tomar medicinas.)

En suma, tanto el doctor como el paciente se juegan la piel, aunque no de una forma perfecta, mientras que los administradores no se juegan nada, y esta parece ser la causa del mal funcionamiento del sistema. En todos los lugares del planeta, en todas las épocas y en todos los negocios y empresas, los administradores han sido siempre una lacra.

A continuación

Este capítulo nos ha presentado el problema de la agencia y del reparto de riesgos desde un punto de vista comercial y ético, asumiendo que ambas facetas no pueden disociarse. También hemos presentado el problema de la escala. A continuación intentaremos ahondar en las asimetrías ocultas que convierten a los agregados en unos extraños animales.

LIBRO III

Esa enorme asimetría

CAPÍTULO 2

Gana el más intolerante: el dominio de la minoría tozuda

Por qué no tienes que fumar en la sección de fumadores — Tus opciones alimentarias cuando cae derrocado el rey saudí — Cómo evitar que un amigo trabaje muy duro — La conversión de Omar Sharif — Cómo producir un colapso del mercado

La idea principal que subyace tras los sistemas complejos es que el conjunto se comporta de una forma no prevista por sus componentes. Las interacciones son más importantes que el carácter de las unidades. Estudiar a las hormigas por separado difícilmente nos brindará una clara indicación de cómo opera una colonia de hormigas. Para entenderlo basta con considerar toda colonia de hormigas como una colonia, no como un conjunto de hormigas. Es lo que se denomina «propiedad "emergente" del conjunto», en la que las *partes* difieren del *todo* porque aquí lo importante son las interacciones entre las partes. Y las interacciones pueden obedecer a reglas muy simples.

La regla que estudiamos en este capítulo es la regla de la *minoría*, la madre de todas las asimetrías. Basta con que una minoría intransigente —un cierto tipo de minoría intransigente— con una significativa inclinación a jugarse la piel (o incluso a poner el alma en juego) alcance a un nivel muy reducido de la población, digamos al 3 o 4 % del total, para que toda la población tenga que someterse a sus preferencias. Además, la minoría se impone merced a una ilusión óptica: un observador ingenuo (que observara la media estándar) tendría la impresión de que las decisiones y preferencias imperantes son las de la mayoría. Si esto parece absurdo es porque nuestras intuiciones científicas no han sido calibradas para ello. (Olvídate de las intuiciones científicas y académicas y de los juicios apresurados; no funcionan, y tu intelectualización habitual fracasa cuando se enfrenta a los sistemas complejos, aunque la sabiduría de tu abuela no lo hace.)

Entre otras muchas cosas, la regla de la minoría nos demostrará cómo para que la sociedad funcione correctamente basta que exista un pequeño grupo de personas intolerantes y virtuosas que se juegan la piel.

Estaba ayudando a hacer la barbacoa de verano del Instituto de Sistemas Complejos de Nueva Inglaterra cuando me encontré con el siguiente ejemplo de complejidad. Mientras los invitados disponían la mesa y desempaquetaban las bebidas, un amigo judío y que solo comía *kósher* se acercó a saludarme. Le ofrecí un vaso de esa

Figura 1. El envase de limonada con la U dentro de un círculo indica que es (literalmente) *kósher*.

agua azucarada y amarilla que la gente a veces llama limonada, sabiendo que la rechazaría debido a sus leyes dietéticas. Pero no lo hizo. Se bebió el líquido, y luego otra persona *kósher* comentó: «Aquí la bebida es *kósher*». Miramos el envase: tenía una indicación impresa, una *U* diminuta inscrita dentro de un círculo indicaba que aquello era *kósher*. Y como el personaje de Molière en *El burgués gentilhombre* que de pronto descubre que ha llevado durante años una vida prosaica sin saberlo, yo me di cuenta de que había estado ingiriendo líquidos *kósher* sin ser consciente de ello.

Delincuentes con alergia a los cacahuetes

Me asaltó una idea extraña. La población *kósher* no llega a las tres décimas partes del total de residentes en Estados Unidos. Sin embargo, parece que todas las bebidas son *kósher*. ¿Por qué? Sencillamente porque hacerlo todo *kósher* permite a productores, tiendas y restaurantes no tener que distinguir entre líquidos *kósher* y no *kósher*, con indicadores especiales, estanterías y stocks separados e instalaciones de almacenamiento diferentes. Y la simple regla que cambia el total puede enunciarse así:

Un comensal kósher (o halal) jamás puede comer alimentos no kósher (o no halal), pero un comensal no kósher no tiene prohibido comer alimentos kósher.

O, replanteado en otro ámbito:

Una persona discapacitada no puede usar un baño normal, pero una persona no discapacitada utilizará el baño para personas discapacitadas.

Cierto, a veces, dudamos a la hora de usar el baño señalado para discapacitados, lo que nos provoca un cierto despiste, pues se confunde esta señal con la de los aparcamientos, al creer que se trata de un baño reservado única y exclusivamente para personas con discapacidad.

Alguien con alergia a los cacahuetes no tomará productos que hayan estado en contacto con cacahuetes, pero una persona sin esa alergia puede tomar alimentos con trazas de cacahuete.

Lo cual explica por qué es tan difícil encontrar cacahuetes en los aviones estadounidenses y por qué las escuelas suelen prohibirlos (lo que en todo caso aumenta el número de personas alérgicas a los cacahuetes, ya que la exposición reducida es una de las causas que provocan estas alergias).

Apliquemos esta misma regla a ámbitos en los que puede resultar más entretenida:

Un hombre honrado jamás cometerá actos delictivos, pero un criminal puede participar en actos legales.

Vamos a llamar a esta minoría «grupo intransigente» y a la mayoría «grupo flexible». Son grupos cuya relación se apoya en la asimetría de sus decisiones.

Una vez gasté una broma a un amigo. Hace años, cuando las grandes tabacaleras ocultaban las pruebas de los daños que sufrían los fumadores pasivos, Nueva York tenía zonas para fumadores y para no fumadores en los restaurantes (incluso los aviones tenían, absurdamente, una zona de fumadores). Una vez fui a comer con un compañero que venía de Europa: en el restaurante solo había mesa en la zona de fumadores. Convencí a mi amigo de que teníamos que comprar cigarrillos porque en la zona de fumadores *había que fumar*. Él obedeció.

Dos cosas más. Primero, la geografía del terreno, es decir, la estructura espacial, tiene su importancia; si los intransigentes viven en su propio distrito no provocan el mismo efecto que si se encuentran mezclados con el resto de la población. Si esas minorías viven en guetos económicamente independientes, no pueden aplicárseles la regla de la minoría que acabamos de describir. Pero cuando una población está distribuida en términos espaciales, es decir, cuando la proporción de esa minoría en un barrio es la misma que en la ciudad entera, es la misma en la ciudad que en el condado, en el condado que en el estado y en el estado que en la nación, entonces la mayoría (flexible) tendrá que someterse a la regla de la minoría. Y segundo, la estructura de costes también tiene cierta importancia. En nuestro primer ejemplo, elaborar una limonada compatible con las reglas *kósher* no es mucho más caro; solo hay que eliminar algunos aditivos estándar. Pero si la producción de limonada *kósher* fuera más cara, la regla de la minoría se debilitaría en una proporción que no se corresponde con la diferencia de costes. Si elaborar comida *kósher* cuesta diez veces más, entonces la regla de la minoría no tiene validez, excepto en algunos barrios muy ricos.

Los musulmanes tienen leyes *kósher,* por así decirlo, pero son mucho más limitadas y solo se aplican a la comida. Musulmanes y judíos tienen reglas casi idénticas respecto al sacrificio de animales (todo lo *kósher* es halal para la mayoría de los musulmanes suníes, o así fue en los siglos pasados, pero lo contrario no siempre es cierto). Todas estas reglas sobre el sacrificio se basan en la asunción de riesgos y proceden de las prácticas adoptadas en el Mediterráneo oriental, tanto en Grecia como en el Levante, donde se sacrifica a los animales de una manera onerosa y se dejan los rezos a los dioses para aquellas ocasiones en que uno se juega verdaderamente la piel. Y es que a los dioses no les gustan las señales baratas.

Ahora consideremos esta otra manifestación de la dictadura de la minoría. En el Reino Unido, donde la población musulmana (practicante) solo constituye el 3 o 4 % del total, gran parte de la carne es halal. En Nueva Zelanda, cerca del 70 % de sus importaciones de cordero son halal. El 10 % de los restaurantes de comida rápida Subway venden únicamente carne halal (sin cerdo), a pesar del elevado coste que entraña perder a los clientes que comen carne (como yo mismo). Y algo similar ocurre en Sudáfrica, un país que tiene casi la misma proporción de musulmanes que el Reino Unido. Allí, un porcentaje desproporcionadamente alto de pollo tiene el certificado halal. Pero en el Reino Unido y en otros países nominalmente cristianos, el término *halal* no es lo bastante neutral para alcanzar a gran parte de la población, ya que la gente puede rebelarse contra la obligación de atenerse a los valores sagrados de los demás; aceptar y respetar los valores sagrados de otras religiones puede suponer una violación de los tuyos propios, siempre que seas un monoteísta de verdad. El poeta árabe del siglo VII Al-Akhtal, por ejemplo, ya planteó la opción de no comer carne en un célebre y desafiante poema en el que alardea de su cristianismo: «No como carne sacrificial» («*Wa lastu bi'akuli lahmal adahi*»).

Aquí Al-Akhtal se estaba refiriendo a una práctica cristiana muy habitual tres o cuatro siglos antes: en la época pagana, a los cristianos se los obligaba a tomar carne sacrificial, lo cual era para ellos sacrílego. Muchos mártires cristianos adoptaron la actitud heroica de morir de hambre antes que ingerir algo impuro.

En Occidente puede darse ese mismo rechazo a las normas de otras religiones dado que está creciendo la población musulmana que reside en Europa.

Por lo tanto, la regla de la minoría puede provocar que haya disponible más comida halal de la que vendría justificada por la proporción de comensales halal existente en la población, pero esto tendrá un efecto adverso, ya que mucha gente acabará desarrollando un tabú hacia esta práctica. Sin embargo, en algunas reglas alimentarias que no son religiosas, como por ejemplo el *kashrut,* el porcentaje de seguidores puede acercarse al cien por cien (o a un número muy alto). En Estados Unidos y en Europa, las empresas de comida «ecológica» venden cada vez más productos precisamente a causa de la regla de la minoría, y porque algunas personas consideran que los alimentos más comunes que

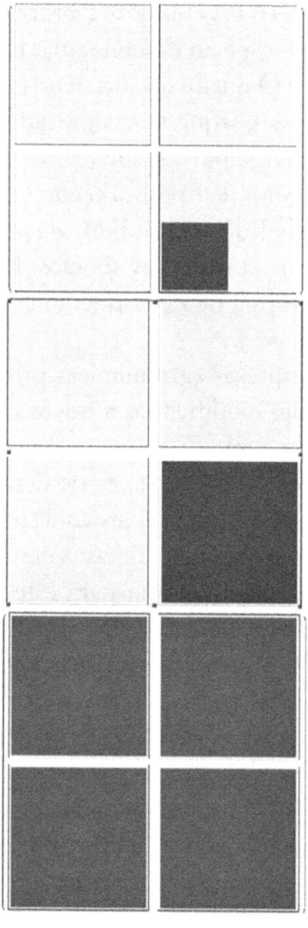

Figura 2. Grupo de renormalización, del primer paso al tercero (empezando por arriba): cuatro cajas que a su vez contienen otras cuatro, con una de las cajas oscuras en el paso 1 y sus sucesivas aplicaciones de la regla de la minoría.

van sin etiquetar contienen pesticidas, herbicidas y organismos genéticamente modificados (OGM), lo que en su opinión implica riesgos desconocidos. (En este contexto llamamos OGM a los alimentos transgénicos, en los cuales se da una transferencia de genes a un organismo o especie desconocida que no habría ocurrido de modo natural.) O puede que las tiendas «ecológicas» hayan aumentado sus ventas porque sus compradores actúan guiados por razones existenciales, porque son cautelosos o porque practican un conservadurismo de tipo burkeano (es decir, el que sigue las prudentes ideas de Edmund Burke): algunos prefieren no alejarse mucho de lo que comían sus abuelos. Etiquetar algo como «ecológico» es una forma de decir que no contiene OGM transgénicos.

Si las grandes empresas agroquímicas promocionaron los alimentos genéticamente modificados a través de todo tipo de grupos de presión, de la compra de congresistas y de una clarísima propaganda científica (con campañas de desprestigio incluidas), es porque las muy estúpidas estaban convencidas de que tenían que conquistar a la mayoría. No, idiotas. Vuestro apresurado juicio «científico» es demasiado ingenuo para este tipo de decisiones. Los consumidores de OGM transgénicos estarán dispuestos a comer alimentos sin OGM, pero no sucede lo mismo a la inversa. Por lo tanto, basta con un pequeño porcentaje de personas que comen alimentos genéticamente no modificados —digamos en torno al 5 %— y que se hallan distribuidas de manera uniforme para que *toda* la población tenga que consumir alimentos sin OGM. ¿Cómo? Imagina que tienes que organizar un acto empresarial, una boda o una fiesta suntuosa en el que se celebre la caída del régimen saudí, la bancarrota de Goldman Sachs o el ultraje público de Ray Kotcher, el presidente de Ketchum, esa despreciable empresa de relaciones públicas que dirige el archienemigo de los científicos y de los periodistas de ciencia. ¿Vas a enviar un cuestionario a tus invitados para preguntarles si comen o no OGM transgénicos y reservar comidas especiales en función de su respuesta? No. Elegirás alimentos sin OGM porque la diferencia de precio entre ambos es insustancial. Por lo visto, es lo suficientemente pequeña como para resultar desdeñable, ya que en Estados Unidos el coste de los alimentos (perecederos) viene determinado en gran medida —hasta en un 80 o 90 %— por los costes de distribución y de almacenamiento, no por el coste del producto en el campo. Y como los alimentos ecológicos tienen gracias a la regla de la minoría una demanda mayor, los costes de distribución decrecen y la regla de la minoría acaba acelerando su efecto.

Las grandes empresas agrícolas no se percatan de que esta situación es como jugar a un juego en el que para estar a salvo no solo se necesita obtener más puntos que el adversario sino ganar el 97 % de los puntos totales. Es extraño que una industria que gasta cientos de millones de dólares en campañas de investigación y de desprestigio, con cientos de científicos que se consideran más inteligentes que el resto de los mortales, ignore un aspecto tan elemental de las decisiones asimétricas.

Otro ejemplo: no hay que pensar que la proliferación de coches con cambio automático se debe necesariamente a una preferencia mayoritaria; podría deberse al hecho de que quienes saben conducir con el cambio manual siempre pueden conducir en automático, pero no al revés.

El método de análisis empleado aquí se denomina *grupo de renormalización*, un poderoso dispositivo de la física matemática que nos permite comprender cómo las cosas crecen (o disminuyen). Vamos a examinarlo, pero sin necesidad de matemáticas.

Grupo de renormalización

La figura 2 muestra cuatro cajas que presentan lo que llamamos una autosimilaridad fractal. Cada caja contiene cuatro cajas más pequeñas. Cada una de estas cuatro cajas contendrá a su vez cuatro cajas, y así sucesivamente en todas las cajas de la figura hasta que se alcance un determinado nivel. Hay en ellas dos sombreados: uno ligero para indicar la decisión de la mayoría, y uno oscuro para las decisiones de la minoría.

Supongamos que la unidad más pequeña está formada por cuatro personas, por una familia de cuatro miembros. Uno de ellos pertenece a una minoría intransigente y solo toma alimentos sin OGM (incluidos los ecológicos). El color de esta caja es oscuro, mientras que los otros están levemente sombreados. «Renormalizamos una vez» mientras avanzamos: la hija tozuda logra imponer su regla a los demás y ahora toda la unidad es oscura, es decir, toda la familia ingerirá alimentos sin OGM. Pasamos ahora al paso 3: la familia acude a una barbacoa con otras tres familias. Como saben que esta solo toma alimentos sin OGM, los anfitriones cocinan únicamente productos ecológicos. La tienda local, consciente de que el vecindario toma alimentos sin OGM, pasa a vender exclusivamente estos productos para simplificarse las cosas, lo que influye en el mayorista de la zona, y así el sistema continúa «renormalizándose».

Por una curiosa casualidad, el día anterior a la barbacoa de Boston yo estaba paseando por Nueva York y decidí pasarme por la oficina de Raphael Douady, un amigo al que quería alejar del trabajo, es decir, esa clase de actividad que, si se abusa de ella, provoca pérdida de claridad mental, además de malas posturas y una clara indefinición en los gestos faciales. El físico francés Serge Galam estaba de visita en la ciudad y había elegido la oficina de mi amigo para matar el tiempo y probar su pésimo expreso. Galam fue el primero que aplicó las técnicas de la renormalización a los asuntos sociales y la ciencia política; a mí su nombre me era conocido, ya que es el autor de uno de los libros principales sobre la materia, que por aquel entonces llevaba meses en mi sótano, en una caja de Amazon que no había abierto siquiera. Galam me explicó su investigación y me mostró un modelo informático de las elecciones según el cual basta con que una determinada minoría supere cierto nivel para que sus opciones prevalezcan.

La misma ilusión existe en los análisis políticos que difunden los «politólogos»: creemos que porque cierto partido de extrema derecha o de extrema izquierda tiene el apoyo del 10 % de la población, su candidato obtendrá el 10 % de los votos. Y no es así: esos votantes deberían considerarse votantes «inflexibles» porque siempre votarán a su propio partido. Pero de la misma manera que las personas no *kósher* pueden comer alimentos *kósher*, es posible que algunos votantes flexibles se inclinen *también* por ese partido extremo. Son estas las personas a las que hay que estar atento, ya que podrían aumentar el número de votos del partido extremo. Los modelos de Galam han provocado en la ciencia política algunos efectos ilógicos, pero sus predicciones se han acercado más a la realidad que el consenso ingenuamente establecido.

El veto

Lo que hemos visto en el grupo de renormalización es lo que se conoce como «efecto veto», ya que uno de los individuos del grupo puede orientar las decisiones tomadas por este. El ejecutivo publicitario (y gran vividor) Rory Sutherland me ha sugerido que ahí se encuentra la explicación del éxito de las cadenas de comida rápida como McDonald's. No prosperan porque ofrezcan un gran producto, sino porque no son vetadas por un grupo socioeconómico al completo, sino solamente por una pequeña proporción de individuos de dicho grupo.*

Cuando hay pocas opciones, McDonald's parece ser siempre la apuesta más segura. También es la apuesta más segura en zonas cerradas y con pocos clientes fijos donde la variedad alimentaria que se nos presente puede ser relevante: escribo esto en la estación de tren de Milán y, por ofensivo que pueda parecer a quien se haya gastado todos sus ahorros en su viaje a Italia, McDonald's es uno de los pocos restaurantes que hay en la estación. Y está abarrotado. Curiosamente, los italianos se meten ahí para no correr ningún

* Expresado en términos técnicos, es una divergencia de las expectativas en el mejor y el peor de los casos: una variación más baja y un promedio inferior.

riesgo con la comida. Puede que odien McDonald's, pero sin duda odian aún más la incertidumbre.

Otro tanto ocurre con la pizza: se trata de un alimento muy aceptado y, salvo esos seudoizquierdistas aficionados al caviar, ninguna persona se avergonzará de pedir algo así en un restaurante.

Rory me escribió lo siguiente acerca de la asimetría que existe entre la cerveza y el vino y las decisiones que se toman en las fiestas: «Si en una fiesta tienes un 10 % o más de mujeres, solo puedes servir cerveza. Pero la mayoría de los hombres beberá vino. De manera que si sirves únicamente vino no tendrás que usar más que una sola cristalería, pues ese será el donante universal, por usar el lenguaje de los grupos sanguíneos».

La estrategia de buscar la mejor opción en una selección de opciones no necesariamente interesantes pudo desempeñar un papel importante en el caso de los jázaros, cuando tuvieron que elegir entre el islam, el judaísmo y el cristianismo. La leyenda dice que tres delegaciones de cada una de esas religiones (formadas por obispos, rabinos y jeques) se presentaron ante ellos para ofrecerles sus argumentos. Los señores jázaros preguntaron a los cristianos: «Si os obligaran a elegir entre el judaísmo y el islam, ¿qué elegiríais?». «El judaísmo», respondieron ellos. A continuación les preguntaron a los musulmanes: «¿Y vosotros qué elegiríais, el cristianismo o el judaísmo?». «El judaísmo», dijeron los musulmanes. Y así fue como la tribu de los jázaros se convirtió al judaísmo.

Lengua franca

Si se celebra una reunión en Alemania, en una de esas salas de conferencias de aspecto teutónico de las que dispone toda empresa con la suficiente proyección europea e internacional, y uno de los presentes no habla alemán, la reunión se hace en... inglés, en ese inglés tan poco elegante que se utiliza en las empresas de todo el mundo. De ese modo pueden ofender tanto a sus antepasados germánicos como a la propia lengua inglesa. Todo esto empezó con una regla asimétrica según la cual quienes no tienen el inglés como idioma nativo hablan (un mal) inglés, pero lo contrario —que los angloparlantes conozcan otras lenguas— es menos probable. El francés fue durante mucho tiempo la lengua de la diplomacia, ya que era la que utilizaban los funcionarios de orígenes aristocráticos, mientras que sus compatriotas más vulgares y más comerciantes recurrían a la lengua inglesa. Había rivalidad entre una y otra lengua, pero el inglés se impuso cuando el comercio llegó a dominar la vida moderna; la victoria no tiene nada que ver con el prestigio de Francia ni con los esfuerzos de sus funcionarios por difundir esa lengua suya tan hermosamente latinizada y lógicamente deletreada para imponerla sobre la lengua tan confusa en términos ortográficos que utilizaban los comedores de empanadas de carne del otro lado del Canal de la Mancha.

A partir de aquí podemos hacernos una idea de cómo la aparición de una lengua franca es producto de las reglas de la minoría, algo que los lingüistas no suelen ver. El arameo es una lengua semítica que apareció en el Levante después de la lengua cananea (es decir, el fenicio-hebreo) y que se asemeja al árabe; es la lengua que hablaba Jesucristo. La razón por la que llegó a dominar Egipto y el Levante no tiene nada que ver con el poder imperial de los semitas ni con el hecho de que tuvieran unas narices de lo más interesantes. Fueron los persas, un pueblo que hablaba una lengua indoeuropea, quienes difundieron el arameo, la lengua de Asiria, Siria y Babilonia. Los persas enseñaron a los egipcios una lengua que no era la suya. Y es que cuando invadieron Babilonia se encontraron con una administración llena de escribas que solo sabían el arameo, nada de persa, así es que el arameo se convirtió en la lengua del Estado. Si tu secretario solo puede transcribir dictados en arameo, esa es la lengua que usarás. Y de este modo se dio algo tan curioso como que el arameo se utilizase en Mongolia, en sus documentos y registros históricos, que se escribían con el alfabeto siríaco (el siríaco es el dialecto oriental del arameo). Unos siglos más tarde, sucedería lo mismo pero a la inversa; y es que los árabes usaron el griego en los primeros años de su administración, durante los siglos VII y VIII, pero en la época helenística, el griego sustituyó al arameo como lengua franca del Levante, y los escribas de Damasco utilizaban esta lengua en sus documentos. Sin embargo, no fueron los griegos sino los romanos quienes extendieron el griego por el Mediterráneo, ya que lo utilizaron en todo el Imperio oriental, así como en el Levante de la costa; el Nuevo Testamento se escribió en el griego de Siria.

Jean-Louis Rheault, un amigo franco-canadiense natural de Montreal que lamentaba la pérdida general del francés entre sus compatriotas, me comentó en una ocasión: «Cuando en Canadá decimos que alguien es bilingüe nos referimos a que habla inglés, y cuando decimos que es de habla francesa lo estamos convirtiendo en bilingüe».

Genes frente a lenguas

Estudiando los datos genéticos del Mediterráneo oriental junto a mi colaborador, el genetista Pierre Zalloua, descubrimos que tanto los turcos como los árabes dejaron pocos genes en las poblaciones invadidas, mientras que las tribus de Asia central y oriental se trajeron consigo una nueva lengua, que se implantó en Turquía. Sorprendentemente, Turquía sigue habitada por las mismas poblaciones de Asia Menor que encontramos en los libros de historia, pero que ahora adoptan otros nombres. Según Zalloua y sus colegas, en los cananeos de hace tres mil setecientos años se encuentran más de nueve décimas partes de los genes presentes en los libaneses de ahora, con muy pocos genes añadidos, a pesar de que no hubo ejército en el mundo que no se introdujese en la zona para practicar el turismo y el saqueo.* Si los turcos son un pueblo mediterrá-

* En la actualidad hay una controversia en Reino Unido según la cual los normandos dejaron más textos e imágenes en los libros de historia que genes en esa región.

neo que habla una lengua de Asia oriental, podría decirse que los franceses (al norte de Aviñón) son en gran medida europeos del norte, y sin embargo hablan una lengua mediterránea.

Por lo tanto:

Los genes siguen la regla de la mayoría; las lenguas, la regla de la minoría.

Las lenguas viajan; los genes no tanto.

Esto nos demuestra que construir teorías raciales sobre la base de la lengua, dividiendo a los pueblos en «arios» y «semitas» siguiendo consideraciones lingüísticas, es un error. Aunque fue más importante en la época nazi, es una práctica que, de una u otra forma, sigue vigente hoy en día, a veces con una apariencia benigna. La gran ironía es que los supremacistas del norte de Europa (los «arios»), antisemitas por naturaleza, utilizaron a los antiguos griegos para dotarse de pedigrí y vincularse a una civilización gloriosa, pero no se dieron cuenta de que los griegos y sus vecinos «semitas» del área mediterránea están genéticamente muy cerca unos de otros. Hace poco se ha demostrado que los antiguos griegos y los levantinos de la Edad de Bronce son pueblos que tienen su origen en Anatolia. Pero con el tiempo sus lenguas se separaron.

La calle de un solo sentido de las religiones

Del mismo modo, la difusión del islam en Oriente Próximo, donde el cristianismo estaba fuertemente arraigado (recordemos que nació allí), puede atribuirse a dos sencillas asimetrías. Los gobernantes islámicos de los primeros tiempos no estaban especialmente interesados en convertir a los cristianos, ya que estos les aportaban ingresos fiscales; el islam no quería entonces atraer a los llamados «pueblos del Libro», entre los cuales estaban los creyentes en la fe de Abraham. De hecho, mis antepasados, que sobrevivieron a trece siglos de dominio musulmán, vieron claras ventajas en la práctica del islam: en especial, la exclusión del servicio militar.

He aquí las dos reglas asimétricas que operan en el islam. En primer lugar, si un hombre no musulmán desposa a una mujer musulmana bajo la ley islámica tiene que convertirse al islam, y si *uno* de los progenitores de un niño es musulmán, el niño será también musulmán.* En segundo lugar, convertirse en musulmán es algo irreversible, ya que la apostasía es en el islam el mayor delito que puede cometerse y está sancionada con la pena de muerte. El famoso actor egipcio Omar Sharif, cuyo nombre de nacimiento era Mikhael Demetri Shalhoub, provenía de una familia cristiana oriunda del Líbano. Se hizo musulmán para casarse con una célebre actriz egipcia y luego adoptó un nombre árabe. Al cabo de un tiempo se divorció, pero nunca volvió a la fe de sus ancestros.

Basándonos en estas dos reglas asimétricas, podemos hacer unas simples simulaciones y comprobar cómo un pequeño grupo islámico que ocupa el Egipto cristiano (copto) puede conseguir que siglos después los coptos lleguen a ser una pequeña minoría. Todo lo que necesitamos es una pequeña tasa de matrimonios interreligiosos. Por otra parte, vemos que el judaísmo no se extiende y que tiende a ser minoritario, porque esta religión tiene unas reglas más suaves: solo la madre debe ser judía. Una asimetría aún más fuerte que la del judaísmo es lo que explica el ocaso en Oriente Próximo de las tres confesiones gnósticas: las de los drusos, los ezidíes y los mandeos (son religiones gnósticas las que incluyen *misterios* y *conocimientos* solo accesibles a una minoría de ancianos, mientras que el resto de los creyentes desconoce los detalles de su religión). A diferencia del islam, que solo exige que uno de

* Hay algunas variaciones mínimas en función de las regiones y de las corrientes islámicas. La regla original estipulaba que si una mujer musulmana se casaba con un hombre no musulmán, él tenía que convertirse. Pero en la práctica ambos tienen que hacerlo en muchos países.

los progenitores sea musulmán, y el judaísmo, en donde es la madre quien transmite la fe, en estas tres últimas religiones se exige que ambos progenitores practiquen la creencia en cuestión; si no, el hijo y los padres mismos quedan excluidos de la comunidad.

Los cristianos y los creyentes musulmanes no suníes se concentraron en lugares como Líbano, Galilea y las montañas del norte de Siria. Como no mantenían contacto entre ellos, no se registraron matrimonios entre creyentes de una y otra religión. Egipto en cambio era un territorio llano, y aquí la distribución de la población presenta mezclas homogéneas, lo cual hace posible la renormalización (permite por ejemplo que prevalezca la regla asimétrica).

Los coptos de Egipto sufrieron un problema adicional: el carácter irreversible de las conversiones islámicas. En la época del dominio islámico muchos coptos se convirtieron a la religión de Mahoma, cosa que entonces no era más que un simple procedimiento administrativo, algo que les ayudaba a obtener un trabajo o a resolver un problema con la ayuda de la jurisprudencia islámica. No había que creer realmente en el islam, pues a fin de cuentas este no entra en conflicto con el cristianismo ortodoxo. Poco a poco, una familia cristiana o una judía convertida al estilo de los marranos acababa por convertirse de verdad, ya que un par de generaciones después sus descendientes han olvidado ya la creencia de sus antepasados.

Pues bien, todo lo que hizo el islam fue volver menos obstinado al cristianismo, que por su parte se impuso gracias a su propia obstinación. Antes de que apareciese el islam, la difusión del cristianismo en el Imperio romano fue en gran medida obra de... la ciega intolerancia de los cristianos; de su proselitismo incondicional, tan agresivo como recalcitrante. Los paganos romanos fueron inicialmente tolerantes con los cristianos, pues solían compartir dioses con otros miembros del Imperio. Pero no podían entender por qué aquellos nazarenos no querían intercambiar sus dioses con ellos y ofrecer al panteón romano a ese que llamaban Jesús a cambio de otras divinidades. ¿Por qué no son nuestros dioses lo bastante buenos para ellos? Los cristianos, en cambio, eran intolerantes con el paganismo de los romanos. La «persecución» que sufrieron fue más obra de su propia intolerancia hacia los dioses locales que a la inversa. Lo que sucede es que nosotros leemos la historia escrita por los cristianos, no la que escribieron los grecorromanos.

Sabemos muy poco de los romanos en la época en que apareció el cristianismo, pues el discurso ha estado dominado por las hagiografías: tenemos, por ejemplo, el relato de santa Catalina, que no cejó en la conversión de sus carceleros hasta que fue decapitada; pero puede que... quizás no existiera. Sin embargo, la decapitación de san Cipriano, el obispo de Cartago, bajo el gobierno del emperador Valeriano, fue real. Existen infinidad de historias sobre los mártires y santos cristianos, pero se sabe muy poco de los héroes paganos. Incluso los antiguos cristianos de la tradición gnóstica han sido expurgados de los documentos históricos. Cuando Juliano el Apóstata intentó volver al antiguo paganismo estaba actuando como quien intenta vender alimentos franceses en el sur de Nueva Jersey: simplemente, no había mercado para su producto. Era como intentar mantener un globo bajo el agua. Y no porque los paganos tuvieran un déficit intelectual: de hecho, mi heurística me sugiere que cuanto más pagano sea alguien, más brillante es su mente, y mayor capacidad tiene para gestionar matices y ambigüedades. Las religiones estrictamente monoteístas como el cristianismo protestante y el islam salafita, o incluso el ateísmo fundamentalista, se adaptan a mentes mediocres y literales, incapaces de tratar con la ambigüedad.*

De hecho, en la historia de las «religiones» mediterráneas o, más bien, en los rituales y los sistemas de conducta y creencia, podemos observar una deriva impuesta por los intolerantes y que

* Es un hecho que ahí donde el cristianismo erradicó lós registros previos, también podría haber erradicado... su propia historia. Ahora descubrimos que ramas como los gnósticos conservaron un registro muy diferente de la religión primitiva. Pero el gnosticismo era en gran medida una religión secreta, cerrada a los extraños y hermética en cuanto a su historia. Y es sabido que las religiones secretas entierran siempre sus secretos.

acerca a dichos sistemas a eso que llamamos religión. El judaísmo podría haber perdido este combate debido a la regla de la preeminencia de la madre y a su dependencia de una base tribal, pero el caso es que el cristianismo triunfó, y el islam se impuso por las mismas razones. ¿El islam? A lo largo de la historia ha habido muchos islams, el último de los cuales es diferente al de los inicios. Al final ha terminado controlado por los puristas (de la rama suní) simplemente porque son más intolerantes que el resto: los wahabíes (o salafitas), pueblo fundador de Arabia Saudí, destruyeron durante el siglo XIX casi todos los santuarios que había en el territorio que ahora es su país. Llegaron a imponer la línea más intolerante, que más tarde sería imitada por el Dáesh. Si el salafismo crece es porque alberga en su seno la corriente más intolerante del islam.

La descentralización, una vez más

Otro de los rasgos característicos de la descentralización y que no comprenden los «intelectuales» contrarios a la salida del Reino Unido de la Unión Europea (el Brexit), es que si en una unidad política se necesita un umbral del 3 % para que la regla de la minoría cumpla sus efectos, y la minoría tozuda constituye *por término medio* el 3 % de la población total, entonces habrá algunos Estados que quedarán sometidos a dicha regla, pero no sucederá lo mismo en otros. Por otro lado, si fusionamos todos los Estados en uno solo, la regla de la minoría prevalecerá en todos ellos. Esta es la razón por la que Estados Unidos funciona tan bien. Como vengo repitiendo a cualquiera que quiera oírme, somos una federación, no una república. Utilizando el lenguaje de *Antifrágil*, podría decirse que la descentralización es *convexa* con respecto a las variaciones.

Imponer la virtud a los demás

El concepto de unilateralidad puede ayudarnos a refutar algunas ideas erróneas. ¿Por qué se prohíben los libros? Ciertamente no porque ofendan al ciudadano medio: la mayoría de las personas son pasivas y no les importan nada los libros, o no tanto como para pedir su prohibición. A juzgar por lo que ha sucedido en otros casos da la impresión de que, para prohibir un libro o para poner en la lista negra a ciertas personas, solo hace falta que haya unos cuantos (y motivados) activistas trabajando por ello. El gran filósofo y lógico matemático Bertrand Russell perdió su trabajo en la ciudad universitaria de Nueva York porque una madre airada —y tozuda— envió una carta al rector: no quería que su hija compartiera aula con aquel docente disoluto y de ideas rebeldes.

Lo mismo parece aplicarse a las prohibiciones, al menos a la prohibición del alcohol en Estados Unidos, que tan interesantes historias sobre la mafia nos ha dado.

Podemos conjeturar que los valores morales de la sociedad no se forman merced a una evolución del consenso. Al contrario: la persona más intolerante es la que impone la virtud en los demás precisamente por su propia intolerancia. Y lo mismo se aplica a los derechos civiles.

Detengámonos un momento en la idea de que los mecanismos de la religión y de la transmisión de la moral obedecen a la misma dinámica de renormalización que las reglas alimentarias, y así veremos cómo la moralidad es algo que probablemente viene forzado por una determinada minoría. Antes hemos visto la asimetría que existe entre la obediencia y la ruptura de una norma: un individuo respetuoso con la ley (o con las reglas instituidas) siempre cumplirá las normas, pero un delincuente o una persona de moral laxa no *siempre* las rompe. Hemos analizado además los fuertes efectos asimétricos que se observan en las normas alimentarias de lo halal. Ahora vamos a mezclar estos dos casos. Resulta que en árabe clásico, el término *halal* tiene su reverso en el *haram*. Violar normas legales y normas morales —esto es, cualquier regla— recibe el nombre de *haram*. Es la misma prohibición que gobierna la ingesta de alimentos y *todas* las demás conductas humanas, como acostarse con la mujer del prójimo, prestar con interés (sin participar de las contrapartidas del deudor) o matar a nuestro arrendador por placer. El *haram* es *haram* y es asimétrico.

Cuando se ha establecido una determinada regla moral en la sociedad, basta con que haya una pequeña minoría de intransigentes extendidos geográficamente para que estos impongan la suya. Por desgracia, todos los que conciban la humanidad como un agregado creerán erróneamente que los seres humanos se están trocando espontáneamente en personas más morales, más amables y con un espíritu más elevado, cuando en realidad eso solo sucede en una pequeña proporción de la humanidad.

Pero se da la circunstancia de que esto funciona en los dos sentidos, tanto en lo bueno como en lo malo. Algunos creen, por ejemplo, que los polacos fueron cómplices en el exterminio de los judíos, pero cuando al historiador Peter Fritsche le preguntaban «¿Por qué los polacos de Varsovia no prestaron más ayuda a sus vecinos judíos?», él respondía que, en términos generales, sí que lo hicieron. Solo que para ayudar a un judío hacían falta siete u ocho polacos. En cambio, bastaba un solo polaco delator para entregar a una docena de judíos. Aunque este antisemitismo selecto sea discutible, podemos imaginar fácilmente las pésimas consecuencias que una minoría de agentes perversos provocaría.

La estabilidad de la regla de la minoría, un argumento probabilista

Al estudiar las sociedades y su historia, vemos cómo prevalecen las mismas leyes morales generales, aunque con algunas variaciones muy poco significativas: «no robarás» (al menos, no en tu propia tribu); «no cazarás huérfanos por distracción»; «no golpearás injustificadamente a especialistas en gramática española para entrenarte, en lugar de usar sacos de boxeo» (a menos que seas espartano, en cuyo caso solo podrás matar a un número limitado de ilotas como parte de tu entrenamiento), y otras prohibiciones similares. Y ya hemos visto cómo estas normas evolucionaron con el tiempo para llegar a ser más universales y extenderse a un conjunto más amplio de la población hasta incluir progresivamente a esclavos, a otras tribus, a otras especies (animales, economistas), etc. Y también hemos visto una propiedad de estas leyes: que son binarias, discretas y ajenas a las graduaciones. No se puede robar «un poco» o asesinar «moderadamente», de la misma manera que no se puede llevar una alimentación *kósher* y comer «solo un poquito» de cerdo en la barbacoa de los domingos.

Si acaricias los pechos de la novia o la mujer de un levantador de pesas en su presencia, no creo que te vaya bien durante el subsiguiente y atronador estallido de este, ni que puedas convencerlo de que solo se los has tocado «un poquito».

Ahora bien, sería mucho más probable que esos valores surjan de una minoría antes que de una mayoría. ¿Por qué? Sigamos estas dos tesis:

> *Los resultados son paradójicamente más estables bajo el gobierno de la minoría; la variación de los resultados es más baja y es más probable que la regla emerja de manera independiente en poblaciones independientes.*

> *Lo que surge de la regla de la minoría tiene más probabilidades de ser una regla binaria: o blanco o negro.*

Un ejemplo. Imaginemos que un ser perverso, por ejemplo un profesor de economía, decide envenenar a una comunidad vertiendo algo dañino en las latas de refrescos. Tiene dos opciones a su alcance. La primera es el cianuro, que obedece a la regla de la minoría: una gota de veneno (superior a un umbral mínimo) hace que *todo* el líquido sea venenoso. La segunda es un veneno «de estilo mayoritario»: hace falta ingerir más de la mitad del líquido para que este sea venenoso y provoque la muerte. Ahora observemos el problema inverso: un grupo de personas que han fallecido después de asistir a la misma fiesta. El Sherlock Holmes de la ciudad afirmaría que, dado que «todos los que han bebido refrescos han resultado muertos», el malvado optó por el primer veneno, y no por el segundo. Lo que sucede es que la regla de la mayoría provoca fluctuaciones en torno a la media, lo que da lugar a una elevada tasa de supervivencia. Pero no ocurre lo mismo con la regla de la minoría, que produce una baja varianza en los resultados.

La paradoja de Popper-Gödel

Estaba una noche en una elegante cena de gala, uno de esos ágapes en los que puedes elegir entre el *risotto* vegetariano y la opción no vegetariana, cuando advertí que a mi compañero de mesa le habían servido la comida (y hasta los cubiertos) en una bandeja como las que se emplean en los aviones. Los platos iban cubiertos con papel de aluminio. Se trataba, evidentemente, de un tipo *ultrakósher*. Pero no le molestaba compartir mesa con personas que comían jamón y que además ponían la carne y la mantequilla en el mismo plato. Él solo quería que lo dejaran en paz y comer conforme a sus preferencias personales.

Para los judíos y para las minorías musulmanas de los chiitas, los sufíes y de religiones (vagamente) asociadas al gnosticismo de los drusos y los alauitas, el objetivo prioritario es que los dejen en paz, salvo excepciones históricas ocasionales. Pero si mi compañero de mesa hubiera sido un salafita suní habría exigido que toda la sala comiera halal. Puede que hasta el edificio entero. La ciudad entera, incluso. Con suerte, el país en su conjunto. Idealmente, todo el planeta. De hecho, dada la falta de separación entre Iglesia y Estado, y entre lo sagrado y lo profano, que se da en su religión, para él *haram* (lo opuesto a halal) quiere decir ilegal. Por lo tanto, toda la sala estaba violando la ley.

Mientras escribo estas líneas, la gente debate si la libertad del Occidente ilustrado puede ser socavada por las políticas intrusivas que tan necesarias son para combatir a los fundamentalistas.

¿Puede la democracia —por definición, la mayoría— ser tolerante con sus enemigos? Dicho de otro modo: «¿Estarías de acuerdo en negar la libertad de expresión a todo partido político que en su programa defienda la prohibición de la libertad de expresión?». Es más: «¿Puede una sociedad que ha decidido ser tolerante mostrarse intolerante con la intolerancia?».

Esta es justamente la incoherencia que Kurt Gödel (el gran maestro del rigor lógico) detectó en la Constitución de Estados Unidos durante su examen de nacionalización. Dice la leyenda que Gödel se enzarzó en una discusión con el juez por este motivo, y que Einstein testificó a su favor y lo salvó. El filósofo de la ciencia Karl Popper descubrió por su parte, y de una forma completamente independiente, la misma inconsistencia en los sistemas democráticos.

He escrito antes que algunas personas con errores lógicos en su razonamiento me preguntaban si hemos de ser «escépticos con el escepticismo»; pero cuando me preguntaban si «se puede falsear una falsificación» yo respondía tal como lo hizo Popper. Me marchaba y punto.

Podemos responder a las preguntas planteadas más arriba aplicando la regla de la minoría. Y es que una minoría intolerante puede, efectivamente, controlar y destruir la democracia. En realidad, *acabará destruyendo* nuestro mundo.

Por lo tanto, debemos ser más intolerantes con *algunas* de esas minorías intolerantes. No podemos permitir que se utilicen los «valores estadounidenses» o los «principios occidentales» en nuestras relaciones con el intolerante salafismo (que niega el derecho a practicar otras creencias que no sean la suya). Porque eso solo lleva a Occidente al suicidio.

La irreverencia de los mercados y la ciencia

Centrémonos ahora en los mercados. Podemos afirmar sin ningún género de dudas que los mercados no son la suma de sus participantes, pero que los cambios en los precios son un reflejo de la actividad de los compradores y vendedores más *motivados*. Sí, la motivación también incide en las reglas. De hecho, es algo que solo los agentes de bolsa parecen entender: por qué una acción puede caer un 10 % debido a la intervención de un solo operador. Lo único que hace falta es un operador obstinado. Los mercados no reaccionan de una manera proporcional. En la actualidad, el mercado bursátil mundial mueve más de treinta billones de dólares, pero en 2008 una sola orden de compra por valor de cincuenta mil millones, es decir, menos de dos décimas porcentuales del total, provocó una caída del 10 %, lo que se tradujo en unas pérdidas de tres billones de dólares. Como ya conté en *Antifrágil*, la orden partió de un banco de París, la Société Générale, que descubrió que un inversor deshonesto estaba comprando acciones en secreto y quiso frenarlo. ¿Por qué el mercado reacciona de una forma tan desproporcionada? Porque aquí había una orden unidireccional, algo fruto de una obcecación: aquel banco tenía que vender y no había forma de convencer a sus directivos para que actuaran de otro modo. Mi máxima personal es:

El mercado es como un cine con una puerta diminuta.

Y la mejor manera de detectar a un cretino es descubrir si le preocupa más el tamaño del cine que el de la puerta. En los cines se producen estampidas —por ejemplo, cuando alguien grita «¡fuego!»— porque los que quieren salir no desean quedarse en el interior, que es exactamente el mismo principio de incondicionalidad que hemos visto en la observancia de lo *kósher* o en las ventas motivadas por el pánico.

La ciencia actúa de un modo similar. Como hemos visto anteriormente, el pensamiento de Karl Popper se basa en la regla de la minoría. Pero Popper es un pensador arduo, así que vamos a dejarlo para más adelante; ahora vamos a centrarnos en alguien más entretenido y mucho más jovial, Richard Feynman, el científico más irreverente y más divertido de nuestros días. Su libro *¿Qué te importa lo que piensen los demás?* transmite la idea de que la ciencia es en esencia irreverente y que actúa guiándose por un mecanismo similar al de la asimetría *kósher*. ¿Por qué? Pues porque no es una simple recopilación de lo que le pasa por la mente a los científicos, sino que en ella ocurre lo mismo que en los mercados: son procesos terriblemente sesgados. Una vez que se refuta un principio, se convierte en algo erróneo. Pensemos que si la ciencia se hubiera guiado por el consenso de la mayoría, aún seguiríamos atrapados en la Edad Media, y sin duda Einstein habría acabado como empezó: como un simple empleado de patentes con unas aficiones que no llevaban a ninguna parte.

«Unus sed leo»: solo uno, pero león

Decía Alejandro Magno que era preferible tener un ejército de ovejas dirigido por un león que un ejército de leones dirigido por una oveja. Alejandro (o quien pronunciara esta máxima, porque seguro que es apócrifa) comprendía el valor que representa una minoría activa, intolerante y valiente. Aníbal aterrorizó a los romanos durante quince años sin más ayuda que su pequeño ejército de mercenarios, con los cuales ganó a Roma en veintidós batallas, pese a combatir siempre con muchos menos hombres. Actuaba guiado por una versión de esta misma máxima. En la batalla de Cannas, Giscón, el general al mando de sus tropas, estaba preocupado por la superioridad numérica de los romanos, así que para tranquilizarlo le dijo: «Hay algo más extraordinario aún que su número, y es que en todo ese enorme ejército no hay un solo hombre llamado Giscón».*

El reconocimiento de la valentía no se limita a los militares. «No me cabe la menor duda de que un pequeño grupo de ciudadanos resueltos puede llegar a cambiar el mundo. De hecho, siempre ha sido así», escribió Margaret Mead. Las revoluciones son indiscutiblemente obra de una minoría obsesiva. Y todo el progreso de la sociedad, tanto económico como moral, es obra de un pequeño grupo de personas.

Resumen y continuación

Llega el momento de resumir este capítulo y de relacionarlo con las asimetrías ocultas del subtítulo de nuestro libro. La sociedad no evoluciona por consenso, porque haya en ella votaciones, mayorías, comités, reuniones ampulosas, conferencias académicas, actos con té y sándwiches de pepino, elecciones continuas...; ya que un pequeño grupo de personas puede influir de una manera desproporcionada. Todo lo que hace falta es una regla asimétrica y alguien que ponga en juego su alma. Pero no olvidemos que la asimetría está presente en casi todas las cosas.†

* Los cartagineses no parecen haber tenido una gran variedad de nombres: hay muchos Amílcar y Asdrúbal que confunden a los historiadores. Del mismo modo, parece haber muchos Giscones, entre los cuales destaca el personaje que Flaubert nos presenta en *Salambó*.

† Solo hace falta una minoría del 3 % para convertir el consabido «Feliz Navidad» en «felices fiestas». Pero sospecho que si la minoría crece, el efecto se disipará, ya que las sociedades diversas son más sincréticas. Yo me crié en el Líbano, en una época en que la mitad de la población era cristiana: la gente se saludaba según la forma romana y pagana, haciendo así suya la celebración ajena. Hoy los chiitas (y algunos suníes a los que Arabia Saudí aún no ha lavado el cerebro) desearían «Feliz Navidad» a un cristiano.

APÉNDICE AL LIBRO III

Algunos aspectos contradictorios de lo colectivo

Antifrágil destacaba cómo la media no puede representar nada cuando tenemos sistemas no lineales y asimetrías similares a la regla de la minoría. De modo que aquí vamos a ir más allá:

> *La conducta «media» de quien interviene en los mercados no nos permite comprender el comportamiento general de los mercados.*

Podemos examinar los mercados como mercados y los individuos como individuos, pero los mercados no son la suma de los individuos promedio (una suma es una media multiplicada por una constante, de modo que ambas variables se vean afectadas igualmente). Estos aspectos ahora nos parecen obvios debido a nuestro análisis de la renormalización. Pero si queremos demostrar en qué sentido las afirmaciones del campo de la ciencia social pueden caer hechas pedazos, tendremos que dar un paso más:

> *Los experimentos psicológicos con individuos que muestran «sesgos» no nos permiten comprender automáticamente el comportamiento de los elementos agregados ni el de la totalidad, y tampoco nos iluminan sobre la conducta de los grupos.*

No se puede definir la naturaleza humana sin hacer mención a las relaciones que implican a otros seres humanos. Recordemos que no vivimos solos, sino en grupo, y que nada relevante afecta a una persona aislada, la cual es, en esencia, materia de estudio de los trabajos experimentales.*

Los grupos son unidades en sí mismos. Como es natural, existen diferencias cualitativas entre un grupo formado por diez miembros y otro que por ejemplo tiene 395.435. Cada uno es, literalmente, un animal diferente, tan distinto como un libro pueda serlo con respecto a un edificio de oficinas. Cuando hablamos de coincidencias, caemos en la confusión, pero a cierta escala las cosas son diferentes. Matemáticamente diferentes. En otras palabras, cuanto mayor dimensión tiene un fenómeno, mayor es el número de interacciones posibles, y por eso resulta desproporcionadamente más difícil entender lo macro a partir de lo micro, lo general a partir de lo simple. Este crecimiento excesivo de las exigencias computacionales recibe el nombre de *maldición de la dimensionalidad*. (Me he encontrado con situaciones en que, ante pequeños errores aleatorios, una sola dimensión adicional podía disparar la complejidad del fenómeno. Pasar de 1.000 a 1.001 unidades puede multiplicar la complejidad del conjunto mil millones de veces.)

Ahora bien, a pesar de la gran excitación que nos provoca nuestra capacidad para ver el interior del cerebro gracias a eso que llamamos neurociencia,

> *comprender cómo funcionan las diversas subpartes del cerebro (es decir, las neuronas) nunca nos permitirá comprender cómo funciona el cerebro en sí mismo.*

* Lo que acabo de decir explica el fracaso de la «economía conductual» a la hora de ofrecernos más explicaciones que la economía ortodoxa (bastante pobre) sobre cómo funciona el mercado o la economía o cómo se pueden generar ciertas políticas.

Un grupo de neuronas o de genes, como un grupo de personas, es distinto de los elementos que lo componen, porque las interacciones existentes entre ellos no son necesariamente lineales. El cerebro del gusano *Caenorhabditis elegans* tiene unas trescientas neuronas, pero todavía no sabemos cómo funciona. *C. elegans* fue la primera unidad viviente cuyos genes fueron secuenciados. Pues bien, el cerebro humano tiene muchas neuronas más, unos cien mil millones de neuronas aproximadamente, y por eso aquí, en virtud de la maldición de la dimensionalidad, pasar de 300 a 301 neuronas podría duplicar la complejidad. En este caso, por tanto, podemos usar con toda propiedad la palabra *nunca.* Y si queremos comprender por qué, a pesar de los anunciados «avances» en la secuenciación del ADN, somos en buena medida incapaces de obtener información acerca de determinadas enfermedades salvo en pequeños paquetes aislados, veremos que estamos ante la misma historia. Las enfermedades monogénicas, aquellas en las que interviene un solo gen, son en gran medida tratables, pero no sucede lo mismo con todas las que implican a una dimensión mayor de genes.

Comprender la composición genética de una unidad jamás nos permitirá comprender el comportamiento de la propia unidad.

Lo cual nos recuerda que esto no es una opinión. Es una propiedad matemática obvia.

El enfoque del campo medio se aplica, por ejemplo, cuando observamos la interacción promedio entre dos personas y la generalizamos al grupo, cosa que solo es posible si no existen asimetrías. Yaneer Bar-Yam considera que el enfoque del campo medio no puede aplicarse a la teoría evolutiva del *gen egoísta* preconizada por mentes periodísticas tan agresivas como las de Richard Dawkins y Steven Pinker, los cuales dominan mejor la lengua inglesa que la teoría de probabilidades. Él demuestra que no se cumplen las propiedades locales, y que las presuntas matemáticas utilizadas para demostrar la existencia del gen egoísta son, lamentablemente, ingenuas y hasta falaces. Por otro lado, Martin Nowack y sus colegas (entre los cuales se encuentra el biólogo E. O. Wilson) han levantado una polémica extraordinaria con su trabajo sobre los grandes defectos de la teoría del gen egoísta.*

Aquí la cuestión sería la siguiente: ¿es posible que buena parte de lo que hemos leído sobre los avances en las ciencias del comportamiento no tenga sentido? Es probable que así sea. Mucha gente ha sido tildada de racista, de segregacionista y de muchas otras cosas sin fundamento alguno. Utilizando un entorno de simulación basado en autómatas celulares, una técnica parecida a la renormalización, Thomas Schelling demostró hace unas décadas cómo un barrio puede ser segregado sin que haya un solo segregacionista entre sus habitantes.

Mercados de inteligencia cero

La estructura subyacente de la realidad es más importante que sus actores, algo que los legisladores no logran entender.

> *Si existe una estructura de mercado adecuada, un puñado de idiotas puede crear un mercado perfectamente operativo.*

En 1993, los investigadores Dhananjay Gode y Shyam Sunder descubrieron algo sorprendente. Pongamos que todos los mercados se llenan de agentes de inteligencia *cero* que compran y venden aleatoriamente y que esto sucede en un marco en que los procesos de adquisición cubren normalmente la oferta y la demanda existentes. ¿Adivinas qué pasa? Pues que el mercado presenta la misma eficiencia distributiva que si estuviera gobernado por actores inte-

* Vale la pena mencionar todos estos nombres, ya que estas personas se han lanzado como perros de presa contra todos los que descartaron la teoría del gen egoísta, pero sin abordar las matemáticas ahí planteadas (porque no pueden), y sin embargo han seguido ladrando.

ligentes. Estamos, una vez más, ante uno de los argumentos defendidos por Friedrich Hayek. Pero, curiosamente, una de las ideas más citadas de la historia, la idea de la mano invisible, es la que parece estar menos integrada en el pensamiento moderno.

Además:

Es posible que sea necesaria cierta conducta idiosincrásica por parte del individuo (considerado «irracional» en primera instancia) para que haya un funcionamiento eficiente a escala colectiva.

Y, de forma más apremiante para la multitud de «racionalistas»:

Los individuos no necesitan saber adónde van; los mercados sí.

Deja a la gente sola y al amparo de una buena estructura y verás cómo se hace cargo de todo.

LIBRO IV

Lobos entre perros

CAPÍTULO 3

Cómo adueñarse legalmente de otra persona

Hasta la Iglesia tiene sus hippies — Coase no necesita las matemáticas — Evita a los abogados durante el Oktoberfest — La vida de expatriado acaba en algún momento — Todos los asalariados dan en algún momento muestras de domesticación

Cuando la Iglesia estaba empezando a establecerse en Europa, había un grupo de individuos itinerantes a los que se conocía como los giróvagos. Eran monjes nómadas que daban tantas vueltas por el mundo como sobre sí mismos, sin adscribirse a ninguna institución. El suyo era un monacato *freelance* (y ambulante), y si su orden era sostenible es porque vivían de las limosnas y dávidas de los ciudadanos de buena voluntad que se interesaban en ellos. Era una sostenibilidad bastante débil, pues difícilmente puede llegar a ser sostenible un grupo de personas que han hecho voto de celibato: no pueden crecer como congregación y además necesitan atraer continuamente a nuevos miembros. Pero lograron sobrevivir gracias a la ayuda de la población, que les ofrecía comida y cobijo temporal.

Sobrevivieron hasta el siglo v; a partir de entonces empezaron a desaparecer, y hoy en día ya no existe ninguna congregación de este tipo. Los giróvagos no eran bien vistos en la Iglesia católica, hasta el punto de que fueron prohibidos en el Concilio de Calcedonia, convocado en el siglo v, y más tarde se los proscribió una vez más, en el segundo Concilio de Nicea, organizado trescientos años después. San Benito de Nursia, su mayor detractor, fomentó un monacato más institucional y acabó imponiendo unas reglas que regulaban la actividad de los monjes, sometidos a una jerarquía y a la estrecha supervisión de un abad. Las reglas de san Benito, reunidas en una especie de manual, estipulan por ejemplo que todas las posesiones de los monjes deben estar en manos del abad (regla 33), y que un monje enfadado no debe golpear jamás a otro miembro de su congregación (regla 70).

¿Por qué fueron prohibidos los giróvagos en el seno de la Iglesia católica? Simplemente porque eran completamente libres. Desde el punto de vista económico, eran unos monjes libres y estables, pero no por los medios a su disposición sino por su falta de deseos. Irónicamente, al ser monjes mendicantes, tenían siempre el dinero necesario para sobrevivir, ese jodido dinero que en nuestra época es más fácil conseguir siendo un ejecutivo de baja estofa que un simple y mísero asalariado.

La libertad total es lo último con que uno desea lidiar cuando tiene que gestionar una religión organizada. Y el caso de una empresa, la libertad total de los empleados también es algo muy muy malo para quien tiene que administrarla, así que en este capítulo vamos a tratar el tema de los empleados, así como la naturaleza de la empresa e instituciones en las que estos trabajan.

El manual de san Benito pretende eliminar cualquier muestra de libertad entre los monjes, y para ello se ampara en los principios de *stabilitate sua et conversatione morum suorum et oboedientia*: «la estabilidad, el cambio de costumbres y la obediencia». Pero además los monjes están a prueba durante un año, para comprobar si son realmente tan obedientes como deberían.

En otras palabras: toda organización pretende que un determinado número de sus miembros se vean privados de una parte de su libertad. ¿Y cómo puede uno dominar a tales personas? Primero, mediante el condicionamiento y la manipulación psicológica; y segundo, obligándolos a jugarse la piel de manera que pierdan algo significativo cuando desobedezcan, algo que resultaba muy difícil de conseguir con los mendigos giróvagos, porque no sentían apego alguno por las posesiones materiales. En el caso de la mafia, es mucho más sencillo: los llamados *made men* (es decir, los que han sido elegidos para entrar en la organización) pueden ser *vapuleados* si el capo sospecha que no le son leales, y más tarde acaban dentro del maletero de un coche y, finalmente, en un ataúd, con la presencia garantizada del capo en el funeral. En otras profesiones el jugarse la piel adopta una forma más sutil.

Adueñándonos de un piloto

Imagina que tienes una pequeña compañía aérea. Tú eres una persona moderna, así que, después de asistir a un sinfín de conferencias y de hablar con tus asesores, llegas a la conclusión de que la empresa tradicional es cosa del pasado: ahora lo que importa es disponer de una buena red de proveedores. Es más *eficiente*, y no te falta razón.

Bob es uno de los pilotos con los que has firmado un contrato, un acuerdo legal perfectamente definido y prolongado en el tiempo, que estipula el número de vuelos y los compromisos adquiridos de antemano por este piloto, lo que incluye sanciones en caso de falta de rendimiento. Bob proporciona a la empresa un copiloto y un piloto alternativo en caso de que caiga enfermo. Mañana tienes un vuelo programado a Múnich que forma parte de vuestro plan especial para el Oktoberfest. El vuelo está lleno de pasajeros motivados y con bastante dinero para gastar, algunos de los cuales han adoptado ya una dieta preparatoria; llevan esperando todo un año esta titánica celebración cargada de cerveza, galletas saladas y salchichas servidas en hangares plagados de alegres comensales.

Bob te llama a las cinco de la tarde y te comunica que su copiloto y él, que ellos dos, bueno, están contigo... pero que no pilotarán el avión mañana. Han recibido una oferta de un jeque de Arabia Saudí, un hombre devoto que quiere celebrar una fiesta especial en Las Vegas, y claro, necesita que Bob *y todo su equipo* se encarguen del vuelo. El jeque ha quedado impresionado por los modales de Bob, por el hecho de que no haya tomado una gota de alcohol en toda su vida, por su buen conocimiento de las leches fermentadas, y le ha dicho que el dinero no es problema. Su oferta es tan generosa que cubre cualquier posible sanción por incumplimiento de contrato que se le imponga a Bob en su antigua compañía.

Estás jodido. En esos vuelos del Oktoberfest viajan muchos abogados y, lo que es peor, abogados jubilados y sin afición alguna a los que les encanta poner pleitos para matar el tiempo, independientemente de lo que consigan. Piensas en la reacción en cadena: si tu avión no despega, no tendrás el equipo necesario para traer a esas barrigas cerveceras desde Múnich, y sin duda perderás muchos otros vuelos. El desvío de pasajeros es caro y además no está garantizado.

Haces unas cuantas llamadas y nada: resulta más fácil encontrar un economista sensato que un nuevo piloto; es decir, estás ante un suceso de probabilidad cero. Has invertido todo tu dinero en una empresa que ahora se encuentra sometida a una grave amenaza económica. Y no te cabe duda de que vas a ir a la quiebra.

Empiezas a pensar: bueno, si Bob fuera un esclavo, alguien que fuera de tu propiedad, no pasarían este tipo de cosas. ¿Esclavo? Un momento... ¡Lo que ha hecho Bob no es algo que pueda hacer un empleado en una empresa! Los empleados que perciben un sueldo no pueden comportarse de una forma tan oportunista. Los empresarios son muy libres de hacer lo que quieran; aunque lo que más temen como personas que asumen riesgos es la aplicación de la ley. Los empleados, en cambio, tienen una reputación que proteger. Y pueden ser despedidos.

A los empleados les gusta recibir regularmente su paga, ese sobre que encuentran en su mesa el último día del mes y sin el cual reaccionarían como un bebé al que se le ha privado de la leche materna. Eres consciente de que si Bob hubiera sido un empleado en lugar de un proveedor, esa fórmula empresarial que a ti te había parecido más económica, no tendrías estos problemas.

Pero los empleados son caros. Tienes que pagarles incluso cuando no hay nada que hacer. Ahora estás empezando a perder tu flexibilidad. Puestos a comparar, resulta que los asalariados son mucho más caros para la empresa. Y además son perezosos... pero no te dejan tirado en un momento como ese.

Por tanto, tenemos empleados porque están dispuestos a jugarse la piel en nuestra empresa; y compartimos el riesgo con ellos, un riesgo que supone un freno y hasta un castigo en caso de que el empleado incurra en alguna falta de fiabilidad, como por ejemplo la impuntualidad en el trabajo. Es decir, tú estás comprando fiabilidad.

Y la fiabilidad es el impulso subyacente en muchas transacciones. La gente con posibles tiene una segunda residencia en su lugar de vacaciones —algo ineficiente si se compara con un hotel o con el alquiler de una vivienda— porque quieren asegurarse de que está a su disposición cuando se les ocurra usarla. Hay un dicho inglés muy común entre los vendedores que dice: «No se te ocurra comprar si puedes alquilar alguna de estas tres efes: algo que puedas hacer flotar (*float*), algo que puedas hacer volar (*fly*) y algo que puedas... (*esa otra cosa*)». Sin embargo, mucha gente posee barcos y aviones, y acaba atascada con esa otra cosa.

Un proveedor puede darnos también algún disgusto, pero en el contrato habrá una sanción económica estipulada para tales casos, además de la compensación por los daños ocasionados a nuestra reputación. Un empleado sin embargo correrá siempre más riesgos. Pero como está a tu sueldo, tratará de evitar cualquier tipo de riesgo. Todo asalariado está en cierta medida domesticado.

Quien ha sido empleado en algún momento de su vida presenta señales claras de sumisión.

Prueba de esta sumisión es que el empleado se pasa años privándose de su libertad durante nueve horas al día, llegando puntualmente a la oficina cada mañana, dejando de lado su propio horario, y pese a todo no ha golpeado a nadie cuando regresa a casa después de haber tenido un mal día en el trabajo. Es un perro adiestrado y muy obediente.

De hombre de empresa a sujeto empresarial

Aunque un empleado deje de ser empleado, siempre será diligente. Cuanto más tiempo permanece alguien en una empresa, mayor será su inversión emocional en pro de la permanencia, y por eso, al marcharse, se le garantiza una «salida honorable».*

Si los empleados disminuyen tu riesgo de cola, tú también rebajas el suyo. O al menos eso es lo que ellos creen.

Mientras escribo esto, las empresas que forman parte de la liga más alta (el índice S & P 500) solo están diez o quince años en ella. Salen del S & P 500 cuando se fusionan con otras compañías o disminuyen su volumen de negocio, y tanto lo uno como lo otro conlleva despidos. En cambio, en el siglo xx estaban al menos sesenta años en dicho índice. Las grandes empresas eran entonces más longevas; y la gente trabajaba toda su vida en la misma empresa. Era la época en que aún existía el concepto de «hombre de empresa» (aquí resulta apropiado restringir el género, ya que solían ser, precisamente, hombres los que trabajaban en grandes compañías).

Hombre de empresa es aquel que tiene su identidad impregnada de la imagen que su empresa quiere proyectar en él. Adopta el aspecto e incluso el lenguaje que la empresa espera. Su vida social está tan vinculada a la empresa que abandonarla le supone un gran castigo, como la condena al ostracismo para los atenienses. Los sábados por la noche sale con otros hombres de empresa y con sus

* El sistema académico supuestamente ofrece a los individuos la posibilidad de expresar libremente sus emociones. Sin embargo, la plaza de profesor titular se concede (en disciplinas ideológicas, como las «humanidades» y las ciencias sociales) a los sumisos que siguen el juego y han dado pruebas de domesticación. No es el trabajo lo que importa.

mujeres, y se cuentan chistes de empresa. IBM exigía a sus empleados que llevaran camisas blancas; nada de azul celeste ni de rayas discretas, simplemente unas camisas blancas. Y un traje azul oscuro. No se permitía nada que fuera divertido o indicio de una personalidad distinta. Tú eras parte de IBM y no había nada más que decir.

Nosotros preferimos esta otra definición:

Un hombre de empresa es aquel que cree que tiene mucho que perder si no se comporta como lo haría un hombre de empresa; es decir, jugándose la piel.

La empresa por su parte está obligada a mantener al empleado en nómina mientras sea viable, es decir, hasta la jubilación obligatoria, después de lo cual este podrá disfrutar de una pensión cómoda y jugar al golf con otros individuos que también formaban parte de la empresa. Este es el sistema que se impuso en la época en que las grandes empresas sobrevivían largo tiempo y parecían durar más que los propios Estados-nación.

Pero, en la década de 1990, la gente empezó a darse cuenta de que trabajar como hombre de empresa era algo seguro... siempre y cuando la empresa no se hundiera. Por aquel entonces estalló la revolución tecnológica en Silicon Valley y las empresas tradicionales se vieron bajo la amenaza de la quiebra. Tras el auge experimentado por Microsoft y por sus ordenadores personales, una compañía como IBM, que era el abrevadero principal de los hombres de empresa, tuvo que despedir a una parte de sus «veteranos», que de este modo se dieron cuenta de que su perfil de bajo riesgo en la empresa no tenía un riesgo tan bajo como pensaban. Estas personas no pudieron encontrar trabajo en ningún otro lugar; no eran útiles fuera de IBM. Incluso su sentido del humor estaba condenado al fracaso en otras culturas empresariales.

Si el hombre de empresa ha desaparecido prácticamente es porque ha sido sustituido por el sujeto empresarial. Las personas ya no son posesión de una empresa sino que están poseídas por algo peor: por la idea de que deben ser *empleables*. El sujeto empleable forma parte de una industria y por eso tiene miedo de molestar, no solo a su empleador sino a *otros* posibles empleadores.*

La teoría de la empresa de Coase

Es muy posible que los «sujetos empleables» no aparezcan ni una sola vez en los libros de historia, porque siempre se ha pensado que estas personas no dejan huella en el curso de los acontecimientos. Son, por su naturaleza, poco interesantes para el historiador. Pero veamos cómo se adecua todo esto a la teoría de la empresa y a las ideas de Ronald Coase.

> *Un empleado es —por naturaleza— más valioso dentro de una empresa que fuera de ella; es decir, es más valioso para el empresario que para el mercado.*

Coase fue un notable economista moderno que dio muestras de un pensamiento independiente, riguroso y creativo, que podía aplicarse a la realidad y explicar el mundo que nos rodea; o dicho de otro modo: tenía ideas que se podían aplicar al mundo real. Es un pensador tan preciso que ha dado su nombre a su propio principio, el teorema de Coase, un teorema sobre la inteligencia de los mercados a la hora de distribuir recursos y perjuicios como la contaminación y que pese a no usar ni una sola fórmula matemática, resulta fundamental para la ciencia de las matemáticas.

Coase fue además el primero en explicar por qué existen las empresas. Según él, la negociación de los contratos puede ser muy

* En algunos países, los ejecutivos y directivos de nivel medio reciben beneficios, por ejemplo, un coche (disfrazados de subvención fiscal), algo en lo que el empleado no invertiría su dinero si se lo hubieran entregado en mano (tal vez lo habría ahorrado); el empleado se torna así aún más dependiente.

onerosa debido a los costes que entraña esta transacción; la solución es integrar tu negocio y contratar empleados con tareas laborales bien definidas, porque no te puedes permitir el coste legal y organizativo que supondría negociar con cada uno de tus empleados. En un mercado libre, todas las fuerzas intervinientes actúan en pro de la especialización, y la información disponible se transmite por la vía de los precios; pero *dentro* de una empresa este efecto se disipa porque los costes que ocasiona gestionar todas esas fuerzas son muy superiores a los beneficios que pueden obtenerse. Por lo tanto, son las propias fuerzas del mercado las que obligan a la empresa a buscar la proporción óptima de empleados y proveedores externos en su organización.

Como vemos, Coase estuvo a punto de llegar a la idea de jugarse la piel. Pero nunca pensó en términos de riesgo y por eso no llegó a descubrir que un empleado es también una estrategia de gestión de riesgos.

Si economistas como Coase y Shmoase hubieran estudiado a los pensadores de la Antigüedad, habrían descubierto la estrategia de gestión de riesgos de las familias romanas, en las cuales había generalmente un esclavo que hacía las veces de tesorero, es decir, que se ocupaba de gestionar la economía doméstica y el patrimonio de la familia. ¿Por qué? Pues porque en aquella época se podía infligir un castigo mucho mayor a un esclavo que a un hombre libre o a un liberto, y sin necesidad de tener a la ley de nuestro lado. Un criado irresponsable o deshonesto podía llevarte a la bancarrota por haberse llevado parte de tu fortuna al reino de Bitinia. Pero un esclavo tiene más desventajas.

Complejidad

Bienvenidos al mundo moderno. Entramos ahora en un mundo en el que los productos son cada vez más obra de operarios subcontratados que presentan un grado creciente de especialización; los empleados son más necesarios que antes, pero solamente en algunas tareas específicas y muy delicadas. Si uno falla en una fase del proceso, todo se le derrumba, lo cual explica por qué en el mundo actual, supuestamente más eficiente con menos productos y más subcontratas, las cosas parecen funcionar bien y con suma eficiencia, pero en cambio los errores son bastante más costosos y los retrasos considerablemente más largos que antes. Basta un retraso en una pieza de la cadena para que se paralice todo el proceso.

Una curiosa forma de poseer esclavos

La posesión de esclavos por parte de las empresas ha adoptado tradicionalmente formas muy curiosas. El mejor esclavo es el individuo al que pagas más de lo que le corresponde: él es consciente de ello y por eso le aterra perder su estatus. En las empresas multinacionales se creó una categoría nueva de empleado, el *expatriado*, una especie de diplomático con un alto nivel de vida que representa a la empresa en otros países y se encarga de sus negocios en la zona. Todas las grandes corporaciones tenían (y algunas todavía los tienen) empleados expatriados, pues no en vano estamos ante una estrategia empresarial que, pese a su coste, es extremadamente eficaz. ¿Por qué? Pues porque cuanto más alejado esté un empleado de la sede central de su compañía, cuanto más autónoma sea esa unidad de la empresa, mayor será tu deseo de esclavizarla para que no actúe por su cuenta.

Un banco de Nueva York envía a un empleado casado y a su familia a un país extranjero, por ejemplo a un país tropical con mano de obra barata, donde va a gozar de beneficios y privilegios tales como la afiliación a un club de campo, un chófer particular, una preciosa casa de la empresa con jardinero incluido, un vuelo anual en primera clase para él y para toda su familia, para que puedan regresar a casa una vez al año... La compañía lo envía a aquel país y lo mantiene allí unos cuantos años, tiempo más que suficiente para que se haga adicto a sus nuevos privilegios. No en vano gana mucho más que los «locales», pues ha entrado en una jerarquía que recuerda a la época del colonialismo. Hace vida social con otros expatriados. Ahora quiere pasar más tiempo en su nuevo destino, pero como está lejos de la sede central no tiene idea de cuál es su posición exacta en la empresa, salvo lo que le llega por algún que otro indicio. Al final, pide otro destino, como si fuera un diplomático, pero en ese momento se está reestructurando la compañía. El regreso a la central implica perder privilegios, volver al salario base, volver a la vida de clase media baja en las afueras de Nueva York, desplazándose hasta el trabajo en el consabido tren de cercanías o, Dios no lo quiera, en autobús, y tomando solo un sándwich para almorzar. A este individuo le aterra que el gran jefe lo ignore. El 95 % de la mente del empleado estará volcada en la política empresarial... que es exactamente lo que la empresa desea. Si hay alguna intriga en la junta directiva, el gran jefe tendrá en él un buen apoyo.

La libertad nunca es libre

En el célebre cuento de Ahiqar, que más tarde retomaría Esopo (y luego La Fontaine), un perro alardea ante un lobo de todos los lujos y comodidades que tiene a su disposición, hasta el punto de que el lobo casi se anima a ser como él. Hasta que le pregunta por su collar y entonces se queda aterrado al comprender para qué se usa ese artilugio. «"No quiero ninguna de tus comidas", le dijo. Y acto seguido echó a correr y correr y aún sigue corriendo.»*

La pregunta es: ¿tú qué quieres ser, perro o lobo?

La versión aramea original presentaba a un asno loco, en lugar de un lobo, haciendo gala de su libertad. Pero el asno salvaje acaba

* *«Il importe si bien, que de tous vos repas / Je ne veux pas en aucune sorte, / Et ne voudrais pas même à ce prix un trésor. / Cela dit, maître Loup s'enfuit, et court encore»* (La Fontaine).

siendo devorado por el león. La libertad implica riesgos, uno se juega la piel de verdad. Porque la libertad nunca es libre.

Hagas lo que hagas, nunca seas un perro que dice ser un lobo. En una especie de gorriones conocida como los sabaneros de Harris, los machos desarrollan unos rasgos específicos para demostrar su habilidad en la lucha. Las plumas oscuras, por ejemplo, son símbolo de dominio. Sin embargo, el oscurecimiento artificial de los machos más claros no hace que aumente su estatus, porque no cambian de conducta. De hecho, estos pájaros más oscuros acaban muertos; como el investigador Terry Burnham me dijo una vez: «Los pájaros saben que hay que pasar a la acción».

Otro aspecto importante del dilema del perro y el lobo es la sensación de falsa estabilidad que nos transmite. Puede darnos la impresión de que todo perro lleva una vida tranquila y segura, pero resulta que es incapaz de sobrevivir sin su amo. Por otra parte, la mayoría de la gente prefiere adoptar cachorros en lugar de un perro crecido; y en muchos países se sacrifica a los perros no deseados. Un lobo, en cambio, está entrenado para sobrevivir. Y los empleados abandonados por sus empleadores, como hemos visto en el caso de IBM, no se recuperan.

Lobos entre perros

Hay algunos empleados que no son esclavos, pero estos constituyen una proporción ínfima. Podrás identificarlos porque les importa un comino su reputación, al menos su reputación dentro de la empresa.

Después de estudiar gestión empresarial en la universidad me pasé un año en un programa de formación bancaria, por una simple casualidad, y es que el banco no interpretó bien mi currículum ni mis deseos y quiso convertirme en un banquero internacional. Allí conocí a las personas más empleables del mundo (una de las experiencias más desagradables de mi vida), hasta que me pasé a la compraventa de opciones bursátiles (con otra empresa) y descubrí que había algunos lobos entre los perros.

Uno de los agentes era un tipo tan resignado que podía llegar a provocar la pérdida de un negocio o, lo que es peor, beneficiar a un competidor porque acababa llevando a los clientes hacia él. Los agentes se enfrentaban a la compañía cuando esta intentaba desligarles de sus cuentas a base de despersonalizar la relación con los clientes, aunque normalmente no lo lograban: a la gente le gusta la gente, y no suelen cerrar negocios cuando se encuentran que al otro lado del teléfono tienen a alguien cortés y aséptico en lugar del cálido y entusiasta agente que ellos quisieran. El otro tipo era un operador preocupado por una sola cosa: los beneficios y las pérdidas, o sea, B y P. Las empresas mantenían una relación de amor-odio con estos dos tipos de personas, debido a su rebeldía; solo los podían manejar cuando no eran rentables, porque entonces ya nadie los querría.

Los operadores que ganan dinero podían ser molestos para los demás, a tal punto que había que apartarlos del resto del equipo. Es el precio que hay que pagar por convertir a los individuos en centros de beneficios, es decir, que las ganancias son lo único que importa. Recuerdo que un operador amenazó en una ocasión a su aterrado contable diciéndole cosas tales como «soy yo quien se ocupa de ganar el dinero que paga tu sueldo» (con lo cual sugería que no era la contabilidad lo que ponía a la empresa en la cima). Pero no pasa nada; la gente que conoces cuando vuelas alto es la misma con la que te tropiezas cuando te arrastras por el suelo: al cabo de un tiempo, ese mismo tipo era humillado (de una forma más sutil) por su contable antes de ser despedido de la empresa; al final se le acabó la suerte. Uno es libre, pero tiene tanta libertad como los tratos que cierra. Como hemos visto con el asno de Ahiqar, la libertad nunca es libre.

Cuando dejé de ser el prototipo ideal de hombre de empresa que toda corporación desea, mis jefes me dijeron que si no alcanzaba los objetivos previstos de B y P, mi trabajo con ellos habría llegado a su fin. Me encontraba pues entre la espada y la pared, pero acepté el reto, y esto me obligó a participar en procesos de arbitraje, unas transacciones de bajo riesgo y leves contrapartidas que solían salir bien porque en aquella época los operadores de los mercados financieros no eran muy sofisticados.

Recuerdo que un día me preguntaron por qué no llevaba corbata, algo que en aquella época era algo tan inconcebible como pasear desnudo por la Quinta Avenida. «En parte por arrogancia, y en parte por estética y por comodidad», fue mi respuesta natural. Si eras rentable podías ofrecer a los jefes cualquier porquería; ellos se la tragaban porque te necesitaban y porque temían perder su puesto. Quienes asumen riesgos pueden ser personas socialmente impredecibles. La libertad va asociada siempre a la adopción de riesgos, ya sea porque los provoca o porque procede de ellos. Uno asume riesgos y se siente parte del negocio. Y quienes asumen riesgos actúan así porque son animales salvajes y no pueden ir contra su naturaleza.

Vamos a incidir ahora en la dimensión lingüística y en por qué los agentes de bolsa, consideraciones indumentarias al margen, tenían que mantenerse apartados del resto de los empleados, que ni eran libres ni asumían riesgos. En mi época, nadie soltaba tacos en público, salvo los miembros de bandas callejeras y quienes pretendían demostrar que no eran esclavos: los operadores maldecían como cosacos; yo mismo sigo utilizando un lenguaje estratégicamente grosero que solo empleo en ámbitos ajenos a mis libros y a mi vida familiar.* Quienes emplean un lenguaje grosero en las redes sociales (en Twitter, por ejemplo) están enviando una preciosa señal de que son libres e, irónicamente, competentes. Uno no se presenta como competente sin correr riesgos por ella: existen muy pocas estrategias de bajo riesgo. Por tanto, echar maldiciones es en

* No puedo evitar contar una anécdota. Una vez recibí una carta de una persona de la industria financiera con la siguiente petición: «Querido señor Taleb, sigo muy de cerca su trabajo, pero me siento obligado a darle un consejo. Un intelectual como usted ganaría mucho en influencia si dejara de emplear un lenguaje tan grosero». Mi respuesta fue muy breve: «Váyase a la mierda».

la actualidad señal de estatus, de la misma manera que en Moscú es señal de poder presentarse en algún acontecimiento especial vestido con vaqueros. Incluso en los bancos, los agentes son exhibidos ante los clientes que realizan un tour por la empresa como si fueran animales encerrados en un zoológico, y la visión de un agente soltando maldiciones a un bróker con el que habla por teléfono forma parte de la escena.

Aunque las maldiciones y el lenguaje soez pueden indicar servilismo y una completa ignorancia —es decir, que estamos ante un «canalla», término que relaciona etimológicamente a estas personas con los perros—, irónicamente, el estatus de hombre libre, que está muy por encima de aquel otro, normalmente viene indicado por la adopción de las costumbres de las clases bajas.* No es muy diferente de Diógenes (el filósofo aquel que vivía en un barril), que insulta a Alejandro Magno al pedirle que no le tape el sol (lo cual no es más que una leyenda, por supuesto). Pensemos que los «modales» ingleses se impusieron a la clase media como una forma de domesticarla, mientras al mismo tiempo se le infundía el miedo a romper las reglas y a violar las normas sociales.

Aversión a la pérdida

Ahora consideremos lo siguiente:

> *Lo importante no es lo que una persona tiene o no tiene; es lo que teme perder.*

Cuanto más tienes que perder, más frágil eres. Curiosamente, en mis debates he visto a muchos ganadores de eso que llaman el

* Mi amigo Rory Sutherland (el mismo Rory de antes) me explicó que algunos representantes empresariales se ponían a maldecir cuando hablaban con los periodistas para indicar de ese modo que estaban diciendo la verdad. Si hubieron recitado alguno de los mantras de su empresa nadie los hubiera creído.

Premio Nobel de Economía (el premio en Ciencias Económicas creado en honor de Alfred Nobel) preocupados por perder una argumentación. Hace años descubrí que a cuatro de ellos les angustiaba que yo, un mindundi y encima operador de bolsa, dijera públicamente que eran todos un fraude. ¿Por qué les importaba tanto? Bueno, porque cuanto más asciende uno en este mundillo, más inseguro se vuelve; y perder un debate frente a una persona inferior te deja más expuesto que si pierdes ante una celebridad.

Cuando en la vida se alcanza la cumbre siempre se paga un precio por ello. Quizá pienses que el director de la CIA es el hombre más poderoso de Estados Unidos, pero resulta que el venerado David Petraeus estaba más indefenso que un conductor de camiones. El tipo ni siquiera podía tener una relación extramatrimonial. Puede que tenga en sus manos la vida de los demás, pero sigue siendo un esclavo. Y toda la estructura de la administración pública se organiza sobre la base de este principio.

Esperando a Constantinopla

Lo contrario de esta celebridad pública devenida esclavo es el autócrata.

Mientras escribo estas líneas asistimos a una nueva confrontación entre una serie de actores políticos, entre los actuales se encuentran los «cabecillas» de los Estados miembros de la OTAN (los Estados modernos no suelen tener «cabezillas», solo individuos que hablan mucho), y el presidente ruso Vladimir Putin. Es evidente que, salvo en el caso de Putin, todos los demás jefes de Estado pasan obligatoriamente por unas elecciones democráticas, reciben ataques de su propio partido y calibran al milímetro sus declaraciones públicas para que no sean malinterpretadas por la prensa. Putin sin embargo posee eso que nosotros llamamos «el jodido dinero», así que proyecta una visible indiferencia hacia todo, que a cambio le proporciona más seguidores y más apoyo. En estas confrontaciones, Putin se nos presenta como un ciudadano libre que se enfrenta a unos esclavos siempre necesitados de comités y de aprobación y que, como es natural, creen que han de ajustar sus decisiones a la valoración recibida.

La actitud de Putin tiene a sus seguidores encandilados, sobre todo a los cristianos del Levante, concretamente a los cristianos ortodoxos, que aún recuerdan cómo la flota de Catalina la Grande acudió en su ayuda para que las campanas de la catedral de San Jorge volviesen a sonar por toda Beirut. Catalina la Grande fue «el último zar con pelotas». Fue ella quien arrebató Crimea a los otomanos. El caso es que, en aquella época, los suníes habían prohibido a los cristianos tañer las campanas de sus iglesias en las ciudades costeras que estaban bajo su control; solo las inaccesibles aldeas montañosas podían permitirse esa libertad. Estos cristianos perdieron la protección del zar ruso en 1917, y ahora esperan que vuelva la época de esplendor de Bizancio. Al fin y al cabo, siempre es mucho más fácil hacer negocios con el dueño y señor de la empresa que con un empleaducho que probablemente pierda su trabajo el próximo año; y del mismo modo, resulta mucho más fácil confiar en la palabra de un autócrata que en la de un frágil presidente electo.

Observar a Putin me hizo darme cuenta de que los animales domesticados (y esterilizados) no tienen ninguna oportunidad ante un depredador salvaje. Ni una sola. Olvídate de la potencia militar de un ejército: lo que importa es quién aprieta el gatillo.*

Históricamente, el autócrata ha sido siempre más libre —véase si no el caso de los monarcas de los principados pequeños—, y en algunos casos se jugaba la piel a la hora de mejorar la situación,

* El sufragio universal no cambió mucho las cosas: hasta hace poco, los individuos elegidos en una presunta democracia no eran más que una selección de sujetos de la clase superior a la que no le preocupaba mucho la prensa. Pero con el aumento de la movilidad social, se incrementó también el número de personas capaces de acceder a la política... y muchos perdieron su empleo. Con el tiempo se empezó a reunir a personas muy poco valientes, como se hace en las empresas, y se las elige precisamente por su falta de valor, al igual que en las empresas.

arriesgándose mucho más que un representante elegido democráticamente cuya función principal es mostrar informes de beneficios. Esto es algo que no ocurre en nuestra época, pues los dictadores, conscientes de que pueden perder el poder, se dedican a sacar provecho de la situación y a transferir su fortuna a las cuentas que tienen abiertas en bancos suizos, como hace por ejemplo la familia real saudí.

No desestabilices el reino de Burocristán

En líneas generales:

> *Cuando se trata de decisiones importantes no se puede confiar en personas cuya supervivencia en la empresa depende de la «evaluación laboral» realizada por alguien de rango superior.*

Aunque los empleados son por naturaleza personas de confianza, lo cierto es que no se puede confiar en ellos a la hora de tomar decisiones, sobre todo cuando se trata de decisiones difíciles, de decidir algo que implique grandes sacrificios. Tampoco pueden afrontar emergencias, salvo que estén en el propio negocio de las emergencias, por ejemplo, en el departamento de bomberos. El empleado tiene una función objetiva muy simple: debe cumplir con las tareas que su supervisor considere necesarias o con cualquier otro parámetro que se pueda controlar. Si al llegar al trabajo de buena mañana el empleado descubre que ese día puede haber grandes oportunidades a su alcance, por ejemplo, que puede vender productos contra la diabetes a visitantes de Arabia Saudí en fase prediabética, no podrá dedicarse a explotarlas si resulta que él no es más que un empleado del sector eléctrico que vende lámparas de candelabro a las anticuadas viudas de Park Avenue.

Aunque un empleado esté en la empresa para afrontar emergencias, queda neutralizado en el momento en que hay un cambio de planes. Esta situación puede presentarse porque la distribución de responsabilidades provoca un grave debilitamiento de la empresa, pero hay además otro problema: el de la escala.

Es algo que ya vimos en la guerra de Vietnam. La mayoría de la gente creía (en mayor o menor medida) que la estrategia desplegada era absurda, pero resultaba mucho más fácil seguir con eso que parar, pues a fin de cuentas siempre podemos elaborar un relato que explique por qué es más fácil continuar la guerra que pararla (es la trasnochada historia de las uvas ácidas, que ahora conocemos como disonancia cognitiva). Hemos observado el mismo problema en la actitud de Estados Unidos hacia Arabia Saudí. Sabemos que ese reino sin partidos estuvo implicado de algún modo en el ataque al World Trade Center (perpetrado sobre todo por terroristas saudíes). Pero los burócratas de Estados Unidos no querían tener problemas con el petróleo, y de ahí que no tomaran la decisión correcta; lejos de eso, acabaron apoyando la absurda invasión de Irak porque parecía algo más sencillo.

A partir de 2001, la política para combatir a los terroristas islámicos ha sido, por expresarlo cortésmente, la de no ver la viga en nuestro propio ojo, o por decirlo de otro modo, se tratan los síntomas pero no la enfermedad. Políticos y burócratas han permitido estúpidamente que el terrorismo crezca al ignorar sus raíces, porque atacarlo de raíz no era la estrategia más adecuada para conservar sus empleos, aunque sí lo fuera para el país. Así es como hemos perdido la oportunidad de atraer a toda una generación: alguien que haya hecho la secundaria en Arabia Saudí («aliado» nuestro, no lo olvidemos) después del 11 de Septiembre es ahora un adulto que ha sido adoctrinado para creer y apoyar la violencia salafita y, por lo tanto, cree que debe financiarla. Y lo que es peor, los wahabíes han acelerado el lavado de cerebro en Asia oriental y occidental a través de sus madrasas, gracias a los elevados ingresos que el petróleo les genera. En lugar de invadir Irak o hacer saltar por los aires a «John el Yihadista» y a algunos otros terroristas, provocando así la multiplicación de estos agentes del terror, habría sido mejor concentrarse en la fuente de los problemas: la educación en la ideología wahabí-salafita y la promoción de creencias intolerantes según las cuales un chiita, un yazidí o un cristiano son unos pervertidos. Pero, repito, esta no es una decisión que pueda ser adoptada por un grupo de burócratas atrapados en sus empleos.

Lo mismo ocurrió en 2009 con los bancos. En la primera parte del prólogo dije que la administración Obama fue cómplice del comercio a lo Bob Rubin. Tenemos muchas pruebas de que temían desestabilizar el barco y contrariar a sus compinches.

Ahora comparemos estas políticas con aquellas otras en las que las personas que toman las decisiones se juegan la piel, en lugar de limitarse a su consabida «evaluación laboral» anual, y veremos que se trata de un mundo muy distinto.

A continuación

Seguidamente vamos a hablar del talón de Aquiles que son en este asunto los individuos libres que no son tan libres como parece.

CAPÍTULO 4

Cuando los demás se juegan la piel por ti

Cómo ser un informante — James Bond no es un sacerdote jesuita, pero está soltero — El profesor Moriarty y Sherlock Holmes también están solteros — Inteligencia a raudales en la empresa de relaciones públicas Ketchum — Obliguemos a los terroristas a asumir riesgos

Una hipoteca y dos gatos

Imagina que trabajas para una empresa que produce un perjuicio (hasta ahora) invisible para la comunidad, porque ha ocultado una propiedad de su producto que provoca cáncer y mata a miles de personas en virtud de un efecto (aún) no del todo visible de este. Puedes alertar a la población, pero perderías tu trabajo. Corres además el riesgo de que los perversos científicos de la empresa refuten tus declaraciones, lo cual sería aún más humillante. No se te ha olvidado lo que Monsanto y sus cómplices le hicieron al científico francés Gilles-Éric Séralini, que vivió en un completo ostracismo científico, la leprosería de toda reputación, hasta que consiguió ganar el juicio por difamación. Pero como las noticias cambian enseguida, dejas de estar en el candelero. Sabes muy bien lo que les pasa a los informantes: que aunque finalmente resulten exculpados, la verdad tarda mucho tiempo en imponerse sobre el ruido creado por los individuos cómplices de las empresas. Y mientras tanto te va a tocar a ti pagar el pato. La campaña de desprestigio lanzada contra tu persona te impedirá encontrar un nuevo trabajo.

Tienes nueve hijos, un padre enfermo, y, como has tomado partido, el futuro de tus chicos puede verse comprometido. Sus esperanzas de ir a la universidad se evaporarán y quizá te cueste alimentarlos correctamente. Sufres un fuerte conflicto interior entre tu obligación ciudadana y tus obligaciones como padre. Sientes que has formado parte de aquella fechoría, y a menos que hagas algo, serás uno de sus agentes: van a morir miles de personas por el envenenamiento que está ocultando tu empresa. Ser ético supone asumir un enorme coste *por los demás.*

En *Spectre 007*, una de las películas de James Bond, el agente se enfrenta —a su manera, como un informante *sui generis*— a una conspiración de fuerzas oscuras que se han apoderado del servicio secreto británico, y hasta de sus propios supervisores. Cuando se le pide a Q, un científico que se encarga de construir un nuevo y sofisticado coche para Bond, además de otros artilugios secretos, que le ayude a combatir a los conspiradores, dice a modo de broma: «Tengo una hipoteca y dos gatos», aunque acaba arriesgando la vida de sus dos mininos para enfrentarse a los malos.

A la sociedad le gusta que los santos y los héroes morales sean célibes para que no se vean ante el dilema de tener que comprometer su sentido de la ética para alimentar a sus hijos. La raza humana, algo no deja de resultar muy abstracto, se convierte en su familia. Algunos mártires tenían hijos pequeños (caso de Sócrates, que los tuvo pasados los setenta) y superaron el dilema en perjuicio de ellos.* Otros no pueden.

La vulnerabilidad del cabeza de familia es algo que se ha explotado mucho a lo largo de la historia. Los samuráis tenían que dejar

* En la *Apología* de Platón, Sócrates actuó como un hombre de honor: «Yo, señor, también tengo familia, como bien sabéis, y no nací de un "roble ni de una piedra" [una expresión tomada de Homero], sino de seres humanos, así es que, atenienses, yo también tengo familia, y hasta hijos, tres en concreto, uno adolescente y otros dos más pequeños. Y sin embargo no los obligaré a venir aquí para suplicaros que no me condenéis».

a sus familias como rehenes, garantizando así a las autoridades que no se pasarían al bando contrario. Romanos y hunos compartían la práctica del intercambio de «visitantes», que no eran sino los propios hijos del jefe de cada bando, los cuales se criaban entre la corte de la nación extranjera en una especie de cautiverio dorado.

La vida de los otomanos dependía de los jenízaros, soldados que habían sido apartados de sus familias cristianas cuando eran unos chiquillos y jamás se casaban. Al no tener familia (o ningún contacto con ella) consagraban su vida a la defensa del sultán.

No es un secreto que las grandes empresas prefieren a empleados con hijos; quienes afrontan riesgos son más fáciles de dominar, especialmente quienes viven asfixiados bajo el peso de una hipoteca.

Pero, claro, los héroes ficticios como Sherlock Holmes o James Bond no tienen las trabas de una familia que pueda convertirse en objetivo del malvado de turno.

Vayamos ahora un paso más allá:

Para tomar decisiones éticas no puedes estar atrapado en un dilema entre lo particular (amigos, familia) y lo general.

El celibato era una forma de obligar a los hombres a asumir este heroísmo: la antigua secta de los esenios, por ejemplo, era célibe. Así que obviamente no se reproducían, a menos que consideremos que esta rebelde secta cambió de naturaleza para fundirse con lo que hoy en día se conoce como cristianismo. La exigencia del celibato puede ayudar a los movimientos rebeldes, pero no es la mejor manera de hacer crecer tales grupos a lo largo del tiempo.

La independencia económica es otra de las formas de resolver los dilemas éticos, pero es algo muy difícil de comprobar: muchas personas aparentemente independientes no lo son tanto. Aunque en la época de Aristóteles un individuo independiente era libre de seguir su conciencia, hoy en día no es algo tan habitual.

La libertad intelectual y ética exige una ausencia total de asunción de riesgos por parte de los demás, de ahí que sea algo tan difícil de conseguir. Me cuesta imaginar al activista Ralph Nader criando a dos hijos cuando era el objetivo de las grandes empresas automovilísticas.

Ahora bien, ni el celibato ni la independencia económica nos hacen completamente inmunes, como enseguida veremos.

Encontrando vulnerabilidades ocultas

Hasta ahora hemos visto que tradicionalmente, y de manera implícita, la sociedad ha castigado siempre a algún grupo de la comunidad por los actos cometidos por uno de sus miembros, como se puede apreciar en la propia exigencia del celibato que comentamos antes. Esto nunca se hace explícitamente: nadie nos dice: «Castigaré a tu familia porque estás criticando a la gran industria agroquímica», pero eso es exactamente lo que está ocurriendo cuando uno ve muchos menos regalos bajo su árbol de Navidad o alimentos de menor calidad en su despensa.

Yo tengo dinero, así que parezco plenamente independiente (aunque estoy seguro de que mi independencia no tienen nada que ver con mis finanzas). Pero hay personas que me importan y que podrían verse afectadas por mis actos, y quienes quieran perjudicarme podrían ensañarse con ellas. En la campaña que la gran industria agroquímica emprendió contra mí, las empresas de relaciones públicas (contratadas por ella para desacreditar a los críticos de los transgénicos) no podían poner en riesgo mi sustento. Tampoco podían tildarme de «anticientífico» (una de las herramientas básicas de su arsenal), ya que he dado pruebas sobradas de mi rigor estadístico expresándome en un lenguaje técnico que es además comprendido por millones de lectores. Ahora ya es tarde para atacarme por ese lado. De hecho, al crear analogías entre mis escritos y los del gurú del *new age* Deepak Chopra, sirviéndose de algunos pasajes de mis libros sacados de contexto, han hecho que Chopra parezca un pensador lógico, lo que no es más que una aplicación de la regla de Wittgenstein:*«Si utilizas una regla para medir una mesa, ¿estás midiendo la mesa o la propia regla?». Las comparaciones exageradas tienen más probabilidades de desacreditar a quien compara que al sujeto de la comparación.

Así pues, se recurrió a estas empresas de relaciones públicas para que acosasen al personal de la Universidad de Nueva York, y para ello se valieron de unas mafias digitales que inundan de *e-mails* a la institución asediada, cosa que en mi caso implicaba agobiar a un ayudante indefenso y a personas que no saben que trabajo en la universidad, ya que solo doy clases durante un trimestre. Este método —golpearte donde se *cree* que duele— implica atacar a tu entorno cercano y a personas que son más vulnerables que tú. En su campaña contra Ralph Nader (que descubrió fallos en algunos productos de General Motors), la compañía, desesperada por frenarlo, acosó a su madre llamándola a las tres de la mañana, pues en aquella época no se podían rastrear aún las llamadas telefónicas. Querían que Ralph Nader se sintiera culpable del daño que sus actos provocaban a su madre. Pero la señora Rose Nader también era activista, así es que lejos de sentirse molesta consideró todo un halago recibir aquellas molestas llamadas (al menos no se la excluía de la batalla).

Para mí es todo un honor tener enemigos fuera de la gran industria agroquímica. Hace unos años, una universidad del Líbano me ofreció un doctorado *honoris causa.* Acepté por respeto, contrariamente a mi costumbre, pues (en general) rechazo este tipo de reconocimientos porque me aburro mucho durante la ceremonia. Además, según mi experiencia, las personas con doctorados *honoris causa* suelen ser muy conscientes de las jerarquías, mientras que yo me atengo al mandamiento de Catón: él prefería que le preguntaran por qué *no* tenía una estatua en vez de por qué la tenía. El personal de la universidad se convirtió enseguida en el objetivo de

* Expuesta en mi libro *¿Existe la suerte?*

mis detractores, de los simpatizantes salafitas que había entre los alumnos y de algunos individuos a los había disgustado mi entusiasmada defensa del islam chiita y mi afán de que el Líbano regrese al Mediterráneo oriental, al mundo grecorromano al que sin duda pertenece, alejándose así de esa construcción ficticia y desastrosa que conocemos como arabismo. Es evidente que los decanos y los rectores son mucho más vulnerables que las personas independientes, y, claro, aquellos animales también lo supieron ver. Si aplicamos la regla de la minoría podremos comprobar que, para asustar a toda una institución, basta que haya un número muy pequeño de detractores utilizando alguna de esas expresiones tergiversadas que hacen avergonzarse a la gente (como «racista»). Las instituciones están formadas por empleados, y estos son personas vulnerables y conscientes de la reputación de su empresa. Los salafitas no son una raza sino unos individuos que apoyan un movimiento político que es a la vez una organización criminal; pero la gente tiene tanto miedo de ser etiquetada como racista que acaba perdiendo sus facultades lógicas. Al final, los esfuerzos de todos aquellos detractores no dieron ningún resultado: no solo son incapaces de hacerme daño, sino que, además, la universidad perdería mucho más retirando un título honorífico que con el acoso de los salafitas y los panarabistas.

Esta forma de perseguir a tu entorno cercano es, a la postre, ineficaz. En primer lugar porque las personas odiosas (y los simpatizantes salafitas en general) suelen ser idiotas, al igual que esos individuos que solo actúan en tumultos. Y en segundo lugar porque los individuos que trabajan en campañas de desprestigio son necesariamente incompetentes en todo lo demás (y, por lo tanto, también en ese negocio); de ahí que la industria de las relaciones públicas tenga tantos marginados dispuestos a defender principios éticos. ¿Acaso alguno de tus compañeros de secundaria, alguno de esos chicos inteligentes, listos o muy estudiosos declaró alguna vez que su sueño era convertirse en el mayor experto del mundo en difamadores? ¿O que soñaba con trabajar en un grupo de presión o en una empresa de relaciones públicas? Estos trabajos indican necesariamente un fracaso en otras cosas.

Además:

Para estar libre de conflictos no debes tener amigos.

Por eso se dice que Cleón renunció a tener amistades mientras estuvo en el poder.

Hasta ahora hemos comprobado que el vínculo entre lo individual y lo colectivo es demasiado borroso como para interpretarlo ingenuamente. Vamos ahora a exponer la clásica situación en que el terrorista se cree inmune al peligro.

Cómo lograr que los terroristas suicidas se la jueguen

¿Puede alguien castigar a una familia por los crímenes cometidos por uno de sus miembros? Aquí la Biblia se contradice: en el Viejo Testamento se dice tanto que sí como que no. El Éxodo y el Libro de los Números muestran a un Dios que «descarga la iniquidad de los padres sobre los hijos hasta la tercera o cuarta generación». El Deuteronomio, en cambio, establece una distinción: «No morirán los padres por la culpa de los hijos, ni los hijos por la culpa de los padres: cada uno será condenado a muerte por sus pecados». Ni siquiera hoy la cuestión termina de estar claramente resuelta, ni se ofrece tampoco una respuesta inequívoca. Uno no es responsable de las deudas contraídas por tus padres, pero los contribuyentes alemanes siguen siendo responsables de las reparaciones de guerra que ha de pagar el país por los crímenes perpetrados por sus abuelos y sus bisabuelos. Ni siquiera en la Antigüedad, cuando la deuda era una carga que pasaba de generación a generación, se daba una respuesta inequívoca: había un mecanismo de equilibrio que consistía en hacer (literalmente) tábula rasa cada cierto tiempo, perdonando así la deuda contraída.

En el caso del terrorismo, sin embargo, la respuesta es meridianamente clara. Aquí la regla debería ser: «Tú has matado a mi familia amparado en tu presunta inmunidad; así que yo voy a hacer que los tuyos paguen *algún* precio indirecto por ello». La responsabilidad indirecta no forma parte de la metodología habitual del crimen y el castigo que aplica una sociedad civilizada, pero enfrentarse a los terroristas (que amenazan a personas inocentes) tampoco es algo habitual. Pues rara vez se ha visto en la historia que quien comete un crimen disfrute de unas ventajas y recompensas tan asimétricas en virtud de su propia muerte.*

El código de Hammurabi contempla esta disposición al transferir la responsabilidad a las generaciones siguientes. En esa misma estela de basalto que encontramos en el Museo del Louvre rodeada de palos de *selfie* coreanos se halla lo siguiente: «Si un arquitecto construye una casa y esta se derrumba, matando al primogénito del propietario, el hijo primogénito del arquitecto será condenado a muerte». El individuo tal como lo conocemos hoy no existía entonces como unidad independiente; solo existía la familia.

Los gitanos se han gobernado durante mucho tiempo por leyes que han parecido ajenas a los extraños; es muy probable que antes de que se estrenara la película *Vengo* (2000), los espectadores no conocieran esa oscura costumbre de las tribus gitanas que aparece en el filme. El caso es que, si un miembro de una familia mata a otro de otra familia, esta tiene derecho a exigir que se le entregue a un pariente directo del asesino para resarcirse con él.

El terrorismo yihadista nos perturba porque nos hallamos completamente indefensos ante un individuo que pretende matar a muchos inocentes sin que en él recaiga una verdadera desventaja, es decir, sin jugarse realmente la piel. En el norte de Fenicia, los alauíes viven aterrados por los safalitas que llevan puestas chaque-

* El relato actual nos dice que los terroristas creen que irán al cielo y se reunirán con vírgenes que son como cualquier otra mujer. No es del todo cierto: muchos buscan una muerte que los demás perciban como heroica, o tratan de impresionar a sus amigos. El deseo de ser un héroe puede resultar bastante cegador.

tas bomba que pueden detonar en cualquier lugar. No hay forma de «atraparlos» antes de que salten por los aires. Matarlos nada más verlos puede hacer que caigamos en falsos positivos, pero no podemos permitirnos ni un solo falso negativo. De ahí que haya ciudadanos por ahí que se dedican a acorralar y «aplacar» a supuestos terroristas suicidas en lugares donde una detonación pueda causar pocos daños. Es una forma de contrarrestar los atentados suicidas.

El castigo explícito de la comunidad se puede aplicar a aquellas situaciones en las que han fallado otros métodos de implantar justicia, siempre y cuando estos no se hayan basado en una reacción emocional sino en un método de justicia bien definido y anterior al acontecimiento, para que no se volviera a repetir. Alguien que se sacrifica por el presunto beneficio de una determinada colectividad debe ser disuadido, lo cual no es sino una forma de inyectar en la piel la necesidad de jugársela cuando han fallado otros métodos. Y aquí la piel es bien visible: es la piel de la propia colectividad.

Solo se puede controlar a los terroristas suicidas si se los convence de que hacerse estallar no es el peor escenario posible, ni el último escenario en absoluto. Obligar a sus familiares y a sus seres queridos a soportar una carga económica —como los alemanes que siguen pagando por los crímenes de guerra— añadiría consecuencias a sus acciones. El castigo tendría que calibrarse meticulosamente para que sea disuasorio de verdad, sin que procure ningún halo de heroísmo o de sufrimiento a las familias afectadas.

Me irrita que se transfiera el crimen de una unidad a otra, de un sujeto a un colectivo. En cambio, no me siento mal por pensar que la familia de quien comete un acto terrorista no debe beneficiarse de ello; muchos grupos terroristas recompensan a las familias de los suicidas, pero se podría acabar con esto de una forma segura y sin ningún dilema ético.

A continuación

En los dos últimos capítulos hemos examinado los aspectos positivos y negativos de la dependencia y de las restricciones impuestas a nuestras libertades por la idea de jugarse la piel. A continuación, examinaremos las emociones (positivas) de la adopción de riesgos.

LIBRO V

Estar vivo significa asumir algunos riesgos

CAPÍTULO 5

La vida en una máquina de simulación

Cómo ir vestido cuando se lee a Borges y a Proust — Hay muchas formas de convencer con un picahielos — Concilios de obispos enfrentados — Teosis — Por qué Trump ganará (en realidad ya ha ganado)

Una vez asistí a una cena de gala organizada en forma de mesa redonda, en la cual tuve por compañero a un hombre muy amable llamado David. El anfitrión era un físico, Edgar C., que había organizado aquel solemne acto en su club de Nueva York, una especie de asociación literaria donde, a excepción de David, casi todos vestían como si fueran lectores de Borges o de Proust y quisieran ser reconocidos como tales, o bien como personas que gustaban de compartir su tiempo con lectores de Borges y Proust pero preferían llevar una indumentaria más sencilla (traje de pana, corbata inglesa y zapatos de ante, o algún atuendo más formal). En cuanto a David, vestía como el que desconoce que todo lector de Borges y Proust ha de vestir de una manera determinada cuando se reúne con los suyos. El caso es que en un momento de la cena, David sacó de pronto un picahielos y se lo clavó en la mano. Yo no sabía cómo se ganaba la vida ese hombre, y tampoco sabía que uno de los pasatiempos favoritos del anfitrión era la magia. Pues bien, al final resultó que aquel David era mago (su nombre artístico es David Blaine) y que era muy famoso.

Mi conocimiento sobre los magos era muy escaso; yo creía que no eran más que ilusiones ópticas, esto es, el problema inverso al que mencionamos en la segunda parte del prólogo, según el cual es más fácil organizar algo que desorganizarlo. Sin embargo, algo me llamó la atención al final de la fiesta. David estaba junto al guardarropa, limpiándose la sangre de la mano con un pañuelo.

Aquel tipo se había atravesado realmente la mano con un picahielos, con todo el riesgo que eso implica. De pronto lo vi con otros ojos. Ahora era una persona de verdad. Alguien que asumía riesgos. Que se jugaba la piel.

Unos meses después volví a verlo, y cuando le estaba dando la mano descubrí que tenía una cicatriz en la zona en la que había penetrado el picahielos.

Jesús asumía riesgos

Esto me permitió resolver el dilema de la Santísima Trinidad. La religión cristiana ha insistido siempre en la naturaleza dual de Jesucristo, como se puede observar en los concilios de Calcedonia y Nicea y en otros concilios ecuménicos, así como en diversos sínodos de obispos muy polemistas. Teológicamente sería mucho más sencillo que Dios fuera dios y Jesús un hombre, igual que el profeta Mahoma en el islam o Abraham en el judaísmo. Pero no, Jesús tenía que ser hombre y dios al mismo tiempo; la dualidad era tan importante para la religión cristiana que se impuso revestida de todo tipo de refinamientos para poder albergar a todas las corrientes: la dualidad de Cristo permitía compartir esencia (la ortodoxia), voluntad (según defendían los monotelitas) y hasta naturaleza (según los monofisitas). La Trinidad es justamente lo que ha provocado que otros monoteísmos percibieran en la religión cristiana un cierto politeísmo y que muchos cristianos que cayeron en manos del Estado Islámico fueran decapitados.

Así pues, da la impresión de que los fundadores de la Iglesia católica realmente querían que Cristo se jugara la piel: él sufrió en la cruz, se sacrificó a sí mismo y experimentó la muerte. Es decir, asumió riesgos. Y además hizo algo esencial para nuestro relato: se sacrificó *por los demás*. Un dios despojado de humanidad no puede jugarse la piel de esta forma, no puede sufrir realmente (y, si lo hace, esta redefinición de un dios dotado de naturaleza humana respaldaría nuestro argumento). Un dios que no sufriera realmente en la cruz sería como un mago que hace un truco, no alguien que sangra de verdad después de haberse atravesado la mano con un picahielos.

La Iglesia ortodoxa va más lejos, pues concede más importancia al aspecto humano. «Jesucristo se encarnó para que *nosotros* pudiéramos convertirnos en Dios», escribió el obispo Atanasio de Alejandría en pleno siglo IV (el subrayado es mío). Es la naturaleza humana de Jesús la que nos permite a nosotros, simples mortales, acceder a Dios y fundirnos con él, ser parte de él, para poder formar parte de la divinidad. A esta fusión se la denomina *teosis*. Y así la naturaleza humana de Cristo hace posible lo divino en todos nosotros.*

La apuesta de Pascal

Este argumento (que la vida auténtica exige asumir riesgos) revela la debilidad de la apuesta de Pascal desde el punto de vista teológico. Pascal sostenía que creer en Dios tiene una clara ventaja en caso de que este exista y ninguna desventaja si no existe. De manera que él apuesta por creer en Dios pero como una opción personal totalmente libre. Lo que sucede es que las opciones libres no existen. Si seguimos la idea hasta su conclusión lógica, descubriremos que Pascal nos propone una religión en la que nadie se juega la piel,

* «El hijo de Dios comparte nuestra naturaleza, de modo que nosotros compartimos la suya; así como él nos tiene en su seno, nosotros lo tenemos a él en el nuestro» (Crisóstomo).

una religión que no es más que una actividad académica y estéril. Ahora bien, lo que se aplica a Jesús tendría que aplicarse a otros creyentes. A continuación vamos a ver cómo, tradicionalmente, no existe religión sin un cierto grado de asunción de riesgos.

Matrix

Los filósofos, a diferencia de esos tipos tan polemistas como ellos pero mucho más sofisticados (y de vestimenta más colorida) que son los obispos, no entienden el experimento mental que tiene lugar en una *máquina de experiencias*. El procedimiento es el siguiente. Te sientas en un aparato, te conectan unos cables al cerebro y luego vives una «experiencia». Tienes la sensación de que ha ocurrido algo, pero todo ha sucedido en una realidad virtual; es algo mental. Por desgracia, una experiencia como esta jamás podrá estar en la misma categoría que la realidad; solo un filósofo académico que jamás haya asumido riesgos creería semejante tontería. ¿Por qué?

Porque la vida, repito, es sacrificio y asunción de riesgos, y cualquier cosa que no implique un grado moderado de lo primero, siempre y cuando se satisfaga lo segundo, no se acerca ni de lejos a eso que llamamos vida. Si no asumes el riesgo de sufrir un daño de verdad, ya sea reparable o potencialmente irreparable, al experimentar una aventura, es que no se trata de una aventura.

Nuestro argumento —que la realidad requiere peligro— puede llevarnos a plantear ciertas sutilezas en lo que respecta al problema de la relación mente-cuerpo, pero es mejor que no se las cuentes a tu filósofo local.

Ahora bien, alguien podría argumentar que cuando estamos dentro de la máquina podemos *creer* que nos estamos jugando verdaderamente la piel y sentir los dolores y los demás efectos derivados como si estuviéramos experimentando ese sufrimiento de verdad. Pero esto es algo que sucede *dentro* de la máquina, no fuera, y ahí no existe el riesgo de sufrir daños irreversibles, es decir, heridas que permanecen e inclinan la vida en una dirección o en otra. Los sueños no son reales, porque cuando uno se despierta repentinamente después de haber soñado que se estaba cayendo desde lo alto de un rascacielos chino, la vida continúa y ahí no hay ninguna *barrera de absorción*, ningún término matemático que permita explicar ese estado de irreversibilidad que vamos a examinar en el capítulo 19 junto con la idea de *ergodicidad*, el concepto más poderoso que conozco.

Ahora vamos a considerar los beneficios que conlleva la exposición de nuestros fallos manifiestos.

Ese hombre llamado Donald

A menudo veo la televisión sin activar el sonido. El día en que vi a Donald Trump junto a los demás candidatos republicanos, tuve la certeza de que iba a ganar las elecciones primarias de su partido dijera lo que dijese. En realidad, se impuso *porque* tenía unas deficiencias bien visibles. ¿Por qué? Pues porque se nos presentaba como una persona de verdad, y los electores —que son personas que suelen asumir riesgos, y no como esos analistas acartonados y nada osados que presentaremos en el siguiente capítulo— prefieren votar por alguien que sangra de verdad cuando se clava un picahielos. El argumento de que Trump era un emprendedor fracasado, aunque no deja de ser cierto, al final refuerza la idea de que es preferible tener un auténtico fracasado antes que un empresario exitoso, porque son los errores, las cicatrices y los defectos de carácter los que hacen a la persona humana.*

* Conviene advertir que el hecho de que Trump se expresara de una forma poco convencional era señal de que no había tenido jefes ni supervisores a los que tuviera que convencer o impresionar o cuya aprobación le fuera necesaria: quien ha sido empleado es más cuidadoso a la hora de elegir las palabras.

Las cicatrices indican que alguien se ha jugado la piel.

Y además:

La gente sabe diferenciar a las personas que dan la cara de las que no lo hacen.

A continuación

Antes de acabar, vamos a aplicarnos esa sabia máxima de Tony el Gordo que dice «actúa en lugar de hablar. Y que tus actos precedan a tus palabras». Pues siempre será cierto que *los actos sin palabras desbancan a las palabras no acompañadas de actos.*

De lo contrario seremos como el individuo que vamos a presentar en el próximo capítulo (y que esperemos ofenda a muchos «intelectuales»), como esa insidiosa plaga de los tiempos modernos: gente que opera en la trastienda (es decir, personal de apoyo) y que actúa como si diera la cara (generadores de negocio).

CAPÍTULO 6

Intelectual pero idiota

Gente que no se juega la piel — Fobia a los lípidos — Enseñar a un profesor a levantar pesas

Entre 2014 y 2018 hemos asistido en todo el mundo, desde la India hasta Reino Unido, pasando por Estados Unidos, a toda una rebelión contra el pequeño círculo de «funcionarios» políticos que no se juegan la piel y contra los infiltrados-periodistas, esos expertos paternalistas que se las dan de intelectuales porque han estudiado en la Ivy League, en Oxbridge o en alguna institución similar y que creen que pueden decirnos a los demás 1) qué debemos hacer, 2) qué debemos comer, 3) cómo hemos de hablar, 4) cómo pensar y... 5) a quién votar.

Dónde hay un coco

Aquí el problema es que los tuertos siguen al ciego: esos que dicen ser miembros de la *intelligentsia* son incapaces de encontrar un coco en la isla de los Cocos, es decir, no son lo suficientemente inteligentes para definir la inteligencia y por eso caen en círculos viciosos; lo único que saben hacer es aprobar exámenes concebidos por personas como ellos o escribir artículos que solo leerán personas como ellos. Algunos de nosotros —pero no Tony el Gordo— hemos estado ciegos ante su incompetencia. Dado que tenemos unos estudios de psicología que no se replican más que el 40 % de las veces, unas recomendaciones dietéticas radicalmente diferentes después de treinta años de fobia a las grasas, una economía financiera y una macroeconomía (atrapadas ambas en una intrincada y pantagruélica red de palabras) que desde el punto de vista científico son inferiores a la astrología (cosa que el lector de *Incerto* ya sabe desde *¿Existe la suerte?*), un director de la Reserva Federal (Bernanke, reelegido en 2010) que ha demostrado algo más que despiste respecto al riesgo financiero, y unos ensayos farmacéuticos que como mucho se repiten en un 30 % de los casos, la gente tiene todo el derecho del mundo a apoyarse en sus instintos ancestrales y a escuchar a sus abuelas (o a Montaigne y a los clásicos filtrados por su propio tamiz), porque ellas han cosechado más éxitos que cualquiera de esos imbéciles que toman las decisiones políticas.

Ciencia y cientifismo

En realidad, es fácil descubrir que estos burócratas académicos que se sienten autorizados a gestionar nuestras vidas ni siquiera son rigurosos, ya trabajen con estadísticas médicas o con medidas políticas. Son incapaces de distinguir la ciencia del *cientifismo*; es más, a sus ojos el cientifismo parece más científico que la ciencia de verdad. Un ejemplo de lo más trivial: parte de lo que Cass Sunstein y Richard Thales —dos de los economistas que quieren «empujarnos» a adoptar una determinada conducta— clasificarían como «racional» o «irracional» (o como algo que indica desvío del protocolo establecido o deseado) procede de su incomprensión de la teoría de las probabilidades y del uso meramente cosmético de unos modelos de primer orden. También son propensos a confundir el todo con la agregación lineal de sus componentes; es decir, creen que nuestra comprensión del individuo nos permite comprender las multitudes y hasta los mercados, o que nuestra comprensión de las hormigas nos permite comprender las colonias que estas forman.

La figura del *intelectual pero idiota* (IPI) es producto de la modernidad, de ahí que haya proliferado al menos desde mediados del siglo XX, aunque es ahora cuando alcanza su punto máximo, pues es en nuestros días cuando vemos cómo asume el poder gente que no se juega la piel. En la mayoría de los países, el Gobierno tiene un papel entre cinco y diez veces mayor que hace un siglo (en términos de producto interior bruto). El IPI es omnipresente en nuestras vidas, pero sigue siendo una pequeña minoría, y generalmente nos lo encontramos en los medios de comunicación, tanto en los especializados como en los generalistas, en los centros de investigación y en los departamentos de ciencias sociales de muchas universidades; la mayoría de la gente tiene empleos normales en empresas comunes y corrientes, pero ellos trabajan en sectores en los que hay muy pocas vacantes, lo cual explica por qué son tan influyentes siendo tan pocos.

El IPI trata a los demás como si estuvieran mal de la cabeza porque hacen cosas que él no comprende, cuando posiblemente es su propia comprensión la que resulta muy limitada. Piensa que la gente actúa en función de sus intereses y que él conoce a la perfección esos intereses, especialmente cuando se trata de «palurdos» o de esos británicos de pronunciación confusa que votaron a favor del Brexit. Cuando esta gente hace algo que tiene sentido para ellos pero no para él, los tilda de «incultos». Lo que nosotros llamamos participación en el proceso político, él lo llama «democracia», cuando se ajusta a sus deseos, y «populismo» cuando esos palurdos se atreven a votar algo que va contra las preferencias de todo IPI. Si los ricos creen en la consigna «un dólar de impuestos, un voto», los humanistas en la de «una persona, un voto» y Monsanto en la de «un cabildero, un voto», el IPI, por su parte, cree en la de «un titulado en la Ivy League, un voto», liga que extiende a las universidades y centros extranjeros más prestigiosos porque son necesarios para su club.

Los IPI son lo que Nietzsche llamó *Bildungsphilisters*, filisteos educados. Conviene cuidarse de esos individuos que, sin la más leve pátina de erudición, se creen unos eruditos en toda regla, de la misma manera que hay que tener cuidado con el barbero que quiere practicar la cirugía en nuestro cerebro.

Naturalmente, el IPI no logra detectar los sofismas.

Intelectual pero filisteo

El IPI está suscrito a *The New Yorker*, una de esas publicaciones que permite a los filisteos fingir que son capaces de hablar de evolución, de neuro-lo-que-sea, de sesgos cognitivos o de mecánica cuántica. No critica nunca las redes sociales. Habla de «igualdad de razas» y de «igualdad económica», pero no se le ocurriría jamás salir a tomarse una copa con un taxista que pertenezca a alguna minoría (una vez más, no se juega verdaderamente la piel, ya que, como no me cansaré de repetir, eso es algo ajeno al IPI). El moderno IPI ha asistido a más de una charla TED en persona y ha visto más de una en YouTube. Votó por Hillary Monsanto-Malmaison porque le parecía presidenciable o por algún otro tipo de razonamiento circular, pero es que además sostiene que quien no la votara es un enfermo mental.

El IPI confunde Oriente Próximo (el antiguo Mediterráneo oriental) con Oriente Medio.

El IPI tiene un ejemplar de la primera edición de *El cisne negro* en su biblioteca particular, pero confunde la ausencia de pruebas con la prueba de la ausencia. Cree que los organismos genéticamente modificados (OGM) son «ciencia», y que esta «técnica» tiene el mismo tipo de riesgo que los cultivos convencionales.

Normalmente el IPI comprende la lógica de primer orden, pero no los efectos de segundo orden (o superiores), lo cual hace que sea un completo incompetente en cuestiones complejas.

A lo largo de la historia se ha equivocado con respecto al estalinismo, el maoísmo, los OGM, Irak, Libia, Siria, las lobotomías, la planificación urbanística, las dietas bajas en carbohidratos, los aparatos de gimnasia, el conductismo, las grasas trans, el freudismo, la teoría de la cartera, la regresión lineal, el JMAF (jarabe de maíz de alta fructosa), el gaussismo, el salafismo, el modelo de equilibrio dinámico estocástico, la vivienda pública, las pruebas de maratón, la teoría de los genes egoístas, los modelos de predicción de elecciones, Bernie Madoff (antes de su hundimiento) y los valores *p*. Pero sigue convencido de que la actitud que ahora mantiene es la correcta.*

No te emborraches nunca con un ruso

El IPI se une a un club para obtener algún privilegio de él; si es especialista en ciencias sociales, utiliza estadísticas sin saber cómo se han elaborado (como Steven Pinker y los filosofastros en general); si visita el Reino Unido, acude a festivales literarios y se come sus sándwiches de pepino dando pequeños bocaditos; toma vino tinto con la carne (nunca blanco); antes creía que las grasas eran perjudiciales para la salud y ahora ha cambiado por completo de opinión (en ambos casos ha obtenido la información de la misma fuente); toma estatinas porque se las ha recetado su médico; no sabe qué es la ergodicidad y, si se lo explican, lo olvida enseguida; no utiliza jamás términos yidish, ni siquiera en los negocios; estudia la gramática de una lengua antes de hablarla; tiene un primo que trabajó con alguien que conoce a la reina; no ha leído a Frédéric Dard, Libanio de Antioquía, Michael Oakeshott, John Gray, Amiano Marcelino, Ibn Battuta, Saadia Gaon ni Joseph de Maistre; jamás se ha emborrachado con rusos; no se embriaga hasta el punto de ponerse a romper vasos (o preferiblemente sillas); no conoce la diferencia entre Hécate y Hécuba (que en la jerga de Brooklyn equivale a «confundir la mierda con el váter»); ignora que si no nos jugamos la piel, tanto podemos ser un «seudointelectual» como un «intelectual»; en los dos últimos años ha hablado dos veces de me-

* Los comentarios de Pareto a este respecto son más duros que los míos.

cánica cuántica en conversaciones que no tenían nada que ver con la física.

Al IPI le encanta utilizar términos de la filosofía de la ciencia que se han puesto de moda aplicándoselos a fenómenos completamente ajenos a esta disciplina; aborda los problemas desde varios planos teóricos, excesivamente teóricos.

Para concluir

Llega un momento en que todo IPI es consciente de lo que sus palabras o sus actos suponen para su reputación.

Pero hay un indicador aún más claro: no es de los que levantan pesas.*

Coda

A juzgar por las reacciones a este capítulo (que colgué en internet antes de las elecciones presidenciales de 2016), podría decirse que el IPI típico tiene dificultades para diferenciar lo satírico de lo literal.

A continuación, dejamos a un lado nuestra vena satírica y volvemos al asunto principal del libro con el taaaaaan incomprendido tema de la desigualdad económica. Incomprensible para los IPI, claro está.

* El IPI cree que esta crítica a los suyos significa que «todo el mundo es idiota», sin caer en la cuenta de que su grupo representa, como hemos dicho, una exigua minoría; pero, claro, no le gusta que se ponga en entredicho su sensación de legitimación, y aunque trata a los demás como seres inferiores, salta como un resorte cuando el agua de la manguera sale por la dirección opuesta (es lo que los franceses llaman *arroseur arrosé*). Por ejemplo, el economista y filosofastro Richard Thaler y su colega Cass Sunstein, el peligroso defensor de los OGM y fanático de los «empujones», llegó a decir que «hay muchos idiotas que se llaman Taleb», pero no se da cuenta de que la gente como él son menos del 1 % de la población o incluso menos de una décima parte del 1 %.

CAPÍTULO 7

Desigualdad y jugarse la piel

Lo estático y lo dinámico — Cómo ir a la quiebra y seguir siendo querido — Los iguales de Piketty

Desigualdad frente a desigualdad

No todas las desigualdades son iguales.

Por un lado está la desigualdad que la gente tolera, como la que existe entre nuestra propia comprensión y la de figuras como Einstein, Miguel Ángel o el matemático Grisha Perelman, cuya primacía en términos comparativos no tenemos ningún reparo en admitir. Esto se aplica a emprendedores, artistas, soldados y héroes, al cantante Bob Dylan, a Sócrates, al cocinero más famoso de nuestra ciudad, a algún emperador romano de buena reputación, como Marco Aurelio; en otras palabras, a todas las personas de las que podemos declararnos «fans». Podemos imitarlas y aspirar a ser como ellas, pero no nos inspiran resentimiento.

Por otro lado tenemos la desigualdad que nos resulta intolerable porque el tipo ese al que estamos observando parece alguien como nosotros, pero resulta que ha jugado con el sistema y ha tratado de enriquecerse ilícitamente, adquiriendo privilegios que no vienen dados por ley; y aunque tiene algo que no nos importaría tener (su novia rusa, por ejemplo), nunca nos convertiremos en fan suyo. Dentro de esta segunda categoría de personas desiguales figuran banqueros, burócratas enriquecidos, exsenadores que trabajan para la pérfida Monsanto, ejecutivos de traje y corbata y presentadores de televisión a los que se concede unas primas desorbitadas. No los envidias; simplemente, su fama te resulta ofensiva, y la visión de sus coches de lujo o semilujo despierta en ti un sentimiento de amargura. Te hacen sentirte insignificante.*

Hay algo que no cuadra en los esclavos enriquecidos.

Joan C. Williams explica en un perspicaz artículo que en Estados Unidos la clase trabajadora ha quedado impresionada por los ricos, a los que toma como modelos, algo que sin embargo no han advertido los profesionales de los medios de comunicación, pues están tan absortos en su propio mundo, que no se dan cuenta de que son ellos quienes imponen ideas normativas a la gente («Así es como debe pensar usted»). Michèle Lamont, autora de *The Dignity of Working Men*, uno de los libros citados por Williams, realizó una exhaustiva encuesta entre obreros de Estados Unidos; así fue como descubrió que estos sentían resentimiento hacia los profesionales bien remunerados pero, curiosamente, no hacia los ricos.

No es arriesgado afirmar que la población estadounidense —en realidad, todas las poblaciones del mundo— desprecia a quienes se han enriquecido gracias a su salario, o mejor dicho, a quienes reciben sueldos muy altos. Es algo que sucede en otros muchos países: en Suiza, por ejemplo, se celebró hace unos años un referéndum para aprobar una ley que limitara los salarios de los altos directivos. La mayoría de los suizos votaron en contra, pero el hecho de que piensen en esos términos es ya muy significativo, pues demuestra que prefieren apoyar a los emprendedores ricos y a las personas que se hayan hecho famosas de cualquier otra forma.

Además, en los países donde la riqueza se obtiene a través de la manipulación o explotación del entorno político o económico, sea por la vía del patrocinio o por la de la imposición de regula-

* Me han dicho que en los países donde se buscan rentas elevadas, la riqueza se percibe como una suma cero: le quitas a uno para dárselo a otro. En cambio, en los países donde se buscan rentas más bajas (por ejemplo, Estados Unidos antes de Obama), la riqueza se percibe como un juego de suma positiva que beneficia a todos.

ciones (recuerdo al lector que los poderosos y los que forman parte del sistema se sirven de las regulaciones para engañar a la gente, y del papeleo para ralentizar la competencia), la riqueza, decíamos, se plantea como una suma cero.* Lo que una persona obtiene se le ha quitado a otra. El que se enriquece lo hace a costa de los demás. En cambio, en los países donde la riqueza puede proceder de la destrucción del contrario, como por ejemplo Estados Unidos, es fácil comprobar que alguien puede enriquecerse sin necesidad de habernos sacado un solo dólar de la cartera; incluso es probable que introduzca en ella unos cuantos dólares más. A fin de cuentas, la desigualdad es, por definición, una suma cero.

En este capítulo propondré que si hay alguien a quien la gente detesta —o debería detestar— es a la persona que está en la cima y no se ha *jugado la piel*; porque, como no asume el riesgo que le toca, no puede caerse nunca de su pedestal y no tendrá que verse privada de sus elevados ingresos o fuera de la horquilla de su riqueza y haciendo cola en algún comedor social. Aquí los detractores de Donald Trump volvieron a errar el tiro cuando no era más que un candidato a la presidencia, pues no entendieron el valor que las cicatrices y heridas del pasado tienen como señal de riesgo, pero es que además no lograron comprender que, al airear que había caído en la bancarrota y perdido casi mil millones de dólares, estaban haciendo desaparecer el resentimiento (el segundo tipo de desigualdad) que la gente podría haber sentido hacia él. A fin de cuentas, no tiene nada de malo perder mil millones de dólares, siempre y cuando sea tu propio dinero.

Además, alguien que no se juega la piel —por ejemplo, un ejecutivo corporativo que solo recibe los beneficios y no acusa las pérdidas de la empresa (ese que habla tan claro en las reuniones)— recibe una remuneración que no necesariamente refleja la riqueza de su empresa; él siempre puede manipular a los demás, ocultar riesgos, quedarse con las primas y luego retirarse sin más (o hacer

* Las regulaciones más complejas permiten a los exempleados del Gobierno trabajar para empresas en las que se dedican a sortear las normativas que ellos mismos crearon.

lo mismo en otra empresa) y culpar a su sucesor de los malos resultados de la compañía.

A medida que avancemos iremos redefiniendo la desigualdad y estableciendo el concepto sobre una base más sólida. Pero primero tenemos que hablar de la diferencia entre los dos planteamientos que existen al respecto, el estático y el dinámico, ya que la idea de jugarse la piel puede transformar un tipo de desigualdad en otro.

Tengamos en cuenta las siguientes observaciones:

La verdadera igualdad es la igualdad probable.

Y:

Jugarse la piel impide que los sistemas se pudran.

Lo estático y lo dinámico

Es evidente que el problema de los economistas (en especial, el de los que nunca han asumido riesgos) es que tienen dificultades para entender las *cosas que cambian*, las cuales tienen atributos bien diferentes de las cosas que no cambian. Esa es la razón por la que la teoría de la complejidad y las propias «colas anchas» (las *fat tails* que explicaremos unas páginas más adelante) les resultan tan extrañas; aunque también experimentan (severas) dificultades con las intuiciones matemáticas y conceptuales que exige una teoría de la probabilidad más profunda. La ceguera a la ergodicidad, término que vamos a definir más abajo, es en mi opinión el mejor indicador para diferenciar al verdadero estudioso, aquel que comprende una parcela del mundo que le rodea, del pirata académico que simplemente participa en la elaboración de un artículo.

Veamos:

La desigualdad estática no es más que una instantánea de la desigualdad; no refleja lo que te sucederá en el transcurso de la vida.

Pensemos que en torno al 10 % de los estadounidenses estarán al menos un año entre el 1 % más rico, y que más del 50 % de la población de este país se encontrará al menos un año en la franja del 10 % de los más ricos.* Obviamente no sucede lo mismo en Europa, porque es un continente más estático pero, en teoría, bastante más equitativo. Basta pensar que solo el 10 % de las personas o linajes más ricos de Estados Unidos lo era hace treinta años, mientras que en Francia más del 60 % de los ricos han heredado su fortuna; y cerca del 30 % de los europeos más pudientes pertenecen a familias que ya eran ricas hace siglos. En Florencia resulta aún peor: la riqueza se concentra en un grupo de familias que ha conservado su fortuna durante cinco *siglos*.

La desigualdad dinámica (y ergódica) afecta al futuro y al pasado.

No se crea una igualdad dinámica elevando el nivel de los que están en la base, sino permitiendo que los ricos vayan rotando, u obligando a la gente a abrirse a la posibilidad de una apertura.

Para que una sociedad sea más justa hay que obligar a la gente (a través de la propia idea de jugarse la piel) a someterse al riesgo de no formar parte del 1 % más rico.†

Aquí se impone una condición mucho más estricta que la mera movilidad de la renta, ya que esta solo implica que alguien puede hacerse rico. En cambio, la *barrera de no absorción* viene a indicar que quien es rico nunca tiene la certeza de que seguirá siéndolo.

En términos aún más matemáticos:

* El 39 % de los estadounidenses estará un año en la franja del 5 % más rico, el 56 % se encontrará en el 10 % superior según la distribución de la riqueza, y el 73 % pasará un año en el 20 % superior.

† O en términos matemáticos: la igualdad económica asume la cadena de Márkov sin estados absorbentes.

La igualdad dinámica es lo que restituye la ergodicidad, permitiendo que el tiempo y las probabilidades del conjunto sean elementos sustituibles.

Ahora vamos a explicar la *ergodicidad*, un concepto que, como hemos dicho, es ajeno a la *intelligentsia*. En el capítulo 19 entramos en más detalles, hasta el punto de que dejamos en entredicho la inmensa mayoría de los experimentos relacionados con la probabilidad y la racionalidad. Por el momento, nos limitaremos a exponer una intuición. Si tomamos una parte de la población de Estados Unidos que represente a todos los sectores sociales, tendremos una minoría de millonarios en el 1 % más rico, entre los cuales ricos altos, ricos gordos, ricos con sentido del humor, etc. Pero la inmensa mayoría de las personas pertenecerá a la clase media baja: son profesores de yoga, panaderos, ayudantes de jardinero, especialistas en hojas de cálculo, profesores de baile, afinadores de pianos y, cómo no, especialistas en gramática española. Veamos ahora los porcentajes de cada sector de renta o de riqueza (aunque no debemos olvidar que la desigualdad de renta normalmente es más plana que la de riqueza). Si hay una ergodicidad perfecta quiere decir que, en el caso de que viviéramos eternamente, tendríamos que pasar algún tiempo en las condiciones económicas de cada uno de los sectores sociales; por ejemplo, en un siglo pasaríamos una media de sesenta años en la clase media baja, diez en la clase media alta, veinte entre los obreros y quizás un año en el 1 % superior.[*,†]

* Un comentario técnico (para quisquillosos): lo que aquí llamamos *ergodicidad imperfecta* implica que cada uno de nosotros tiene una probabilidad de ergodicidad a largo plazo que es distinta con respecto a los demás: tu probabilidad de acabar entre el 1 % más rico puede ser superior a la mía; sin embargo, ninguno de los estados posibles tendrá una probabilidad del 0 % para mí y una probabilidad de transición del 1 % para ti.

† Otro comentario para quisquillosos. Según el velo de Rawls, ese principio que ya examinamos en *¿Existe la suerte?*, una sociedad justa es aquella que uno elegiría si hubiera en el mundo una especie de lotería natural. Aquí vamos más lejos y examinamos una estructura dinámica; es decir, cómo cambiaría esta sociedad, ya que obviamente no sería estática.

El estado opuesto a la ergodicidad perfecta es la absorción. Con este término se describe el estado en que se encuentra un conjunto de partículas que, al golpearse contra un obstáculo, bien son absorbidas por este o bien son ellas las que se adhieren a él. Toda barrera de absorción es como una trampa: una vez caes en ella ya no puedes salir, para bien o para mal. Un individuo se puede hacer rico de diversas maneras, pero una vez ha alcanzado ese estado, sigue siendo rico. Y si alguien pasa a formar parte de la clase media baja (como en el ejemplo de más arriba), jamás tendrá la oportunidad de salir de ella y hacerse rico, *en el caso de que lo desee*, evidentemente; por lo tanto, estará justificado que sienta resentimiento hacia los ricos. En los países en que se ha desarrollado mucho el Estado, los individuos que ocupan el escalafón más alto tienen una escasa movilidad descendente: en Francia, por ejemplo, el Estado se muestra favorable a las grandes empresas y protege a sus directivos y accionistas para que no sufran este descenso en la escala social; es más, incluso fomenta su ascenso.

Pero la ausencia de descenso social en un sector implica que no hay ascenso posible para los demás.

El piketismo y la revuelta de los mandarines*

Existe una clase de intelectuales a los que a menudo se llama *mandarines* —debido a las memorias de la escritora francesa Simone de Beauvoir— y que toma su nombre de los eruditos de la dinastía Ming (la lengua china culta también se conoce como mandarín). Siempre he sido consciente de su existencia, pero se me hizo evidente uno de sus atributos más destacados —y perniciosos— al observar la reacción de estos individuos a las obras escritas por el economista francés Thomas Piketty.

* Esta sección es técnica, así es que quien no se sienta especialmente impresionado por los economistas puede saltársela.

Piketty sigue a Karl Marx al escribir un ambicioso ensayo sobre el capital. Un amigo me regaló la edición francesa del libro (Piketty no era aún conocido fuera de su país) porque sabe que a mí me parece loable que se publiquen trabajos no matemáticos en materia de ciencias sociales. En el libro, titulado *El capital en el siglo XXI*, se plantean unas agresivas afirmaciones sobre el alarmante aumento de la desigualdad en el mundo, amén de una teoría que explica por qué el capital tiende a exigir una tasa de retorno tan elevada con relación al trabajo y cómo la falta de redistribución y de expropiaciones puede hacer que el mundo se venga abajo. La teoría de Piketty sobre el aumento de la tasa de retorno del capital con relación al trabajo es manifiestamente errónea, como sabe cualquiera que haya observado lo que se da en llamar «economía del conocimiento» (o, en general, cualquiera que haya invertido en bolsa).

Resulta evidente que si uno afirma que la desigualdad cambia de un año para otro habrá que demostrar que quienes ocupan la parte superior del escalafón social son siempre las *mismas personas*, algo que Piketty no hace (recordemos que es economista y no maneja bien los aspectos dinámicos de la realidad). Pero el problema no acaba ahí. Pronto descubrí que no solo extraía conclusiones de unos parámetros que únicamente medían la desigualdad estática, sino que además aplicaba métodos erróneos: con esas herramientas era imposible demostrar el aumento de la desigualdad. Basta decir que el rigor matemático brillaba por su ausencia. Enseguida escribí dos artículos (uno en colaboración con Raphael Douady y otro junto con Andrea Fontanari y Pasquale Cirillo, publicado en *Physica A: Statistical Mechanics and Applications*) en los que examinaba la manera como se mide la desigualdad a partir de la propiedad en manos del 1 % más rico, por ejemplo, para luego revisar sus variaciones. El error está en que si se aplica este criterio a Europa en su conjunto, resulta que la desigualdad del continente es superior a la desigualdad media de cada uno de los países que lo integran; y el sesgo aumenta cuando hay algún proceso que en sí mismo entraña un elevado grado de desigualdad. En términos generales, mis artículos incluían el número suficiente de teoremas y pruebas para dotarlos de toda la invulnerabilidad de que uno puede gozar en la ciencia; y aunque no era necesario, insistí en expresar mis resultados en forma de teorema porque nadie puede rebatir un teorema bien demostrado sin poner en cuestión su propia comprensión de las matemáticas.

La razón por la que no fueron advertidos todos estos errores reside en los propios economistas, que no están familiarizados con... la desigualdad. La desigualdad no es más que la desproporción que presenta el papel de la «cola»: los ricos están en las colas de la distribución.* Cuanta más desigualdad haya en el sistema, cuanto mayor sea la posibilidad de que «el ganador se lo lleve todo», más lejos quedarán los métodos de cola estrecha de Mediocristán (véase el glosario) en que han sido entrenados los economistas. El proceso de acumulación de la riqueza está dominado por el efecto «todo para el ganador». Toda forma de control del proceso de la riqueza —habitualmente instigada por burócratas— tiende a legitimar a los individuos con privilegios. Por lo tanto, la solución pasa por permitir que el sistema destruya a los más fuertes, algo que funciona mejor en Estados Unidos.

Pero hay algo mucho más grave que el hecho de que un investigador se equivoque.

Y es que el problema nunca es el problema; el problema es cómo se gestiona el asunto. Por eso el modo como funciona la clase de los mandarines es para nosotros mucho peor que los propios errores de Piketty. Se entusiasmaron tanto y tan pronto con la «prueba» del aumento de la desigualdad que sus reacciones se asemejaron a las *fake news*. De hecho, eran *fake news*. Los economis-

* El tipo de distribución asociado a este concepto —la distribución de cola ancha— me obligó a hacer análisis mucho más sofisticados y al final se convirtió en mi especialidad matemática. En Mediocristán, los cambios espaciados en el tiempo son el resultado de las contribuciones colectivas que realiza el centro, el valor promedio. En Extremistán estos cambios proceden de las colas, de los extremos. Si no te gustan las denominaciones elegidas, lo siento, pero es pura matemática.

tas se dejaron llevar; alabaron a Piketty por su «erudición», por el hecho de que hablara de Balzac y de Jane Austen, lo cual sería como saludar efusivamente a alguien simplemente porque va por el aeropuerto con un maletín. Pero de mis hallazgos no dijeron nada; y cuando lo hicieron fue para declarar que yo era un «arrogante» (recordemos que algunos utilizan estratégicamente las matemáticas para neutralizar la acusación de que se han equivocado), lo cual en ciencia es todo un cumplido. Como dijo Paul Krugman, uno de los intelectuales y economistas más famosos de nuestra época: «Si crees haber descubierto un agujero empírico o lógico en Piketty, es muy probable que te hayas equivocado. ¡Él ha hecho sus deberes!». Cuando me reuní con él y le señalé el error que yo había encontrado, se mostró evasivo, no necesariamente por malicia, sino porque a buen seguro la probabilidad y la combinatoria son materias que escapan a su comprensión, como él mismo ha reconocido.

Tengamos en cuenta que Krugman y Piketty son personas que no experimentan ninguna desventaja en sus vidas: la reducción de la desigualdad los lleva unos peldaños más arriba en la escalera de la vida. A menos que se venga abajo el sistema universitario francés, ellos seguirán recibiendo sus cheques sin ningún problema. El tipo que has visto en el restaurante ataviado con cadenas de oro puede acabar en un comedor de la beneficencia, pero ellos no, a ellos ese riesgo no les afecta. Si como alguien dijo una vez, quien a hierro mata a hierro muere, los que se ganan la vida asumiendo riesgos perderán algún día su sustento por haber asumido riesgos.*

* Si el proceso es de cola ancha (Extremistán), la riqueza se genera en la cima, lo que significa que un incremento en la riqueza nacional lleva a un aumento de la desigualdad. En toda población, la creación de riqueza se basa en una serie de apuestas con baja probabilidad de éxito. Por lo tanto, es natural que la riqueza nacional (medida en años de gasto, como hace Piketty) aumente con la riqueza de sus habitantes. Si tenemos cien personas en un mundo donde se aplica la regla del 80/20, la riqueza adicional debería proceder de una sola persona, mientras que las cincuenta que siguen siendo pobres no aportarían nada a la riqueza general. No es una ganancia de suma cero: si eliminamos a esa persona, la riqueza prácticamente no aumentará. Pero el resto se está beneficiando ya de la contribución que realiza una minoría.

Hemos dedicado un amplio espacio a Piketty porque el entusiasmo que ha despertado su libro representa muy bien a quienes lo ensalzan, a esas personas que adoran teorizar y que muestran su falsa solidaridad con los oprimidos mientras consolidan sus propios privilegios.

El zapatero envidia al zapatero

La razón por la que la gente normal no es tan agria como los «intelectuales» o los burócratas es porque la envidia ni recorre largas distancias ni afecta a todas las clases sociales. No son los empobrecidos, siempre preocupados por mejorar su paupérrima condición, los que sienten envidia, sino los miembros de la clase administrativa. Da la impresión de que son los profesores universitarios (que han «llegado» a su plaza) y quienes gozan de ingresos estables en forma de cargos, sean académicos o gubernamentales, los que han aceptado masivamente el argumento de Piketty. Después de hablar con algunas personas llegué a la conclusión de que quienes tienden a ir contra los hechos (y, por ejemplo, se comparan a sí mismos con los más ricos) quieren despojar a los más opulentos de su riqueza. Como ocurre en los movimientos comunistas, a menudo son las clases administrativa o burguesa las primeras que adoptan las teorías revolucionarias. De modo que la envidia de clase no se origina en un conductor de camiones del sur de Alabama, sino en un IPI de Nueva York o Washington que tiene un título de la Ivy League (digamos, Paul Krugman o Joseph Stiglitz) y se cree legitimado para reivindicar sus derechos, pues percibe que algunos individuos bastante «menos inteligentes» que él son sin embargo mucho más ricos.

En su *Retórica*, Aristóteles sostenía que es más probable que sean tus propios allegados quienes te tengan envidia: en las clases más bajas se envidia antes a un primo o a alguien de clase media que a un individuo muy rico. No es extraño que la expresión «Nadie es profeta en su tierra», que transforma la envidia en una cuestión geográfica (y que se ha atribuido erróneamente a Jesucristo), se encuentre por primera vez en la *Retórica*. Aristóteles, por su parte, se basó en Hesíodo, quien dice que «el zapatero envidia al zapatero y el carpintero envidia al carpintero». Jean de La Bruyère escribiría mucho tiempo después que la envidia se da entre quienes tienen el mismo arte, el mismo talento y la misma condición que uno.*

La verdad es que dudo mucho que Piketty se haya molestado en preguntar a los obreros franceses qué es lo que desean, tal como hizo Michelle Lamont (cuyos análisis hemos presentado en este mismo capítulo). Seguro que pedirían una cerveza mejor, un lavavajillas nuevo y trenes más rápidos para ir al trabajo, pero no que se despojase de su riqueza a pudientes hombres de negocios que les eran completamente indiferentes. Podrían sin embargo contextualizar el asunto presentando la riqueza como un robo, tal como se hizo antes de la Revolución francesa; seguro que entonces pedirían que rodasen cabezas.†

Desigualdad, riqueza y socialización vertical

Si los intelectuales están tan preocupados por la desigualdad es porque tienden a considerarse a sí mismos en términos jerárquicos y creen que los demás también se conciben de este modo. Es más, hasta los debates en las universidades «competitivas» tienen que ver con la jerarquía, algo que ya parece una enfermedad. La mayoría de los habitantes del mundo no están obsesionados con eso.‡

* «*L'émulation et la jalousie ne se rencontrent guère que dans les personnes du même art, de même talent et de même condition*» (La Bruyère).

† Cosa que ocurrió cuando salió a la luz el escándalo de los gastos del Parlamento británico: los diputados se compraban televisores y lavavajillas con dinero público, algo que los ciudadanos ya imaginaban, y se rebelaron contra ello. Un diputado alegó que no era lo mismo que llevarse un millón de libras en bonos. La gente entiende de televisores, no de bonos.

‡ Existe un argumento técnico según el cual, si observamos la cuestión desde un punto de

En las antiguas sociedades rurales, la envidia estaba más controlada; los ricos no estaban tan expuestos a otras personas de su clase. No tenían que mantener el tipo ante otros ricos ni competir con ellos. Se quedaban en su región y vivían allí toda la vida, rodeados de personas que dependían de ellos, como un señor feudal en su castillo. Salvo la temporada que pasaban a veces en la ciudad, la socialización era en su caso vertical: sus hijos jugaban con los hijos de los criados.

La socialización de las clases sociales tuvo lugar en entornos urbanos de raíz mercantil. Pero con la llegada de la industrialización, los ricos empezaron a desplazarse al centro de las ciudades o a la periferia, y aquí vivirán rodeados de personas de condición similar, aunque no en todos los casos. Tenían pues que estar a la misma altura unos de otros, como si corrieran por una cinta.

Para un rico ajeno a la socialización vertical con los pobres, estos no son más que una entidad teórica, una referencia de los libros de texto. Como ya mencioné en el capítulo anterior, todavía no he visto a ningún *bien pensant* de Cambridge pasando el rato con un taxista paquistaní o levantando pesas con alguien de los suburbios. Por lo tanto, la *intelligentsia* se siente facultada para tratar a los pobres como una abstracción, como una abstracción que ella misma ha creado. Y por eso está convencida de que sabe lo que le conviene a esa gente.

Empatía y homofilia

Recordemos el problema de la escala, la idea de que las reglas éticas de la gente no son universales, sino que varían en función de si la persona es «suiza», es decir, si es extranjera o no.

Lo mismo se aplica a la empatía (lo contrario de la envidia).

---

vista dinámico y no estático, el impuesto sobre el patrimonio favorece al asalariado más que al empresario.

Sabemos que la gente se compadece más de quienes pertenecen a su clase. Tradicionalmente, la clase alta rescataba a los familiares arruinados convirtiéndolos en «mayordomos» o en *dames de compagnie*. Esta protección grupal es en sí misma una forma de autoprotección, algo que solo puede funcionar en un número limitado de personas y que no puede universalizarse: «Tú cuidas de mi progenie si se arruina y yo cuidaré de la tuya».

DATA, SHMATA

Otro aspecto relevante del ambicioso ensayo de Piketty es que viene cargado de gráficos y tablas. Aquí hay algo que debemos recordar: si algo hemos aprendido de los profesionales que trabajan con información del mundo real es que manejar datos no equivale a ser riguroso. Una de las razones por las que un profesional de las probabilidades como yo no introdujo datos reales en *El cisne negro* (salvo con propósitos ilustrativos) es que, en mi opinión, los autores inundan sus historias con números y gráficos cuando carecen de argumentos sólidos y lógicos. Por otra parte, se suele confundir el empirismo con el flujo de datos. Cuando uno tiene razón solo necesita unos pocos datos significativos, especialmente cuando se trata de un empirismo refutador o de contraejemplos: un único dato (una única desviación extrema) basta para demostrar que el cisne negro existe.

Cuando obtienen beneficios, los vendedores son hiperbreves; cuando pierden, te inundan de detalles, teorías y gráficos.

La probabilidad, la estadística y la ciencia de los datos son fundamentalmente lógica alimentada por observaciones... y por la ausencia de observaciones. En muchos entornos, los datos relevantes están en los extremos; son escasos por definición, y por eso basta con centrarse en unos *pocos datos de gran magnitud* para hacerse una idea del asunto en cuestión. Si quieres demostrar que una persona tiene más de diez millones de dólares, todo lo que tienes que hacer es mostrar los cincuenta millones que acumula en su cuenta de inversiones, y no hacer una lista de cada uno de los muebles que alberga en su casa, sin olvidarte de la pintura de quinientos dólares que cuelga de su estudio y las cucharas de plata que guarda en el armario. Pues bien, la experiencia me ha demostrado que cuando uno compra un libro grueso lleno de gráficos y tablas para demostrar su teoría, hay que sospechar. ¡Significa que algo no se ha destilado bien! Pero para el público en general y para aquellos que carecen de formación estadística, estas tablas parecen de lo más convincentes: otra forma de sustituir la verdad con lo complicado.

Por citar un ejemplo, el periodista científico Steven Pinker utilizó este truco en su libro *Los ángeles que llevamos dentro*, en donde sostiene que la violencia ha disminuido a lo largo de la historia moderna de la humanidad y lo atribuye a las instituciones propiamente modernas. Al examinar sus «datos», mi colaborador Pasquale Cirillo y yo descubrimos que o bien no entendía sus propias cifras (cosa que en realidad no hacía), o bien se había creado su propio relato y seguía añadiendo gráficos, sin darse cuenta de que la estadística no tiene que ver con los datos sino con la claridad, el rigor y la necesidad de evitar ser *engañados por el azar*; pero no importa, al público en general y a sus colegas IPI, que rinden culto al Estado, les pareció impresionante (durante algún tiempo).

La ética de la administración pública

Concluyamos este análisis pasando revista a una injusticia que es aún peor que la propia desigualdad: será una visión desnuda de la trastienda, de aquellas personas que no asumen riesgo alguno y se hacen ricas en la admistración pública.

Cuando, al abandonar el cargo, Barack Obama aceptó más de cuarenta millones de dólares por escribir sus memorias, muchos se indignaron. Sus partidarios, en cambio, defensores del Estado por antonomasia, se dedicaron a criticar a los ricos emprendedores contratados por el Gobierno posterior. Para ellos el dinero equivale a avaricia, pero *quienes no ganan dinero a través del comercio quedaban ilógicamente fuera* de semejante consideración. Me costó mucho explicar que tener individuos ricos en cargos públicos es algo muy diferente a que los servidores públicos se hagan ricos en la administración; una vez más, lo que importa es la dinámica, la secuencia.

Los ricos que trabajan en la administración pública han dado muestras de plena competencia en el ejercicio de sus funciones: el éxito puede ser obra del azar, desde luego, pero ha de darse al menos una pizca de habilidad en el mundo real, alguna prueba de que la persona sabe desenvolverse en la realidad. Por supuesto, todo esto está condicionado al hecho de haberse jugado la piel, y es hasta mejor que la persona haya sufrido algún revés y haya experimentado al menos una vez la pérdida de su fortuna y la angustia asociada a esa situación.

Como es habitual, aquí se da una mezcla de ética y de eficacia.

> *Hay una inequívoca falta de ética en quien utiliza la administración pública para su enriquecimiento personal.*

Una buena regla para la sociedad pasaría por obligar a quienes entran en la administración pública a comprometerse a no ganar más de una cantidad predeterminada de lo que obtendrían en el sector privado; el resto debería ser para los contribuyentes. De este modo podríamos tener un verdadero «servicio» público, en el sentido estricto de la palabra, en el que los individuos que trabajan para el Estado cobrarían menos debido a la recompensa emocional que conlleva servir a la sociedad. Esto demostraría que no están en el sector público por afán de inversión: uno no se convierte en sacerdote jesuita porque eso le permita más tarde ser contratado por Goldman Sachs, en caso de que algún día abandone el sacerdocio (dada la erudición y el control magistral de la casuística de que hace gala la Compañía de Jesús).

En la actualidad, la mayoría de los funcionarios tienden a permanecer en la administración, excepto aquellos que gestionan sectores delicados que están controlados por la industria: el sector agroalimentario, las finanzas, la industria aeroespacial y todo lo relacionado con Arabia Saudí.

Un funcionario puede elaborar leyes que beneficien a un determinado sector, como la banca, y luego irse a J. P. Morgan y recuperar un múltiplo de la diferencia entre su salario actual y el valor de mercado. (Recordemos que los reguladores diseñan leyes tan complejas como sea posible para que más tarde se los contrate con un salario más elevado.)

Por lo tanto, hay un soborno implícito en la función pública: uno actúa como servidor de una gran empresa como Monsanto para que más tarde esta cuide de ti. No lo hace por su sentido del honor: simplemente es necesario para mantener en marcha el sistema y animar al siguiente funcionario a jugar con las mismas reglas. El exsecretario del Tesoro Tim Geithner, un perfecto IPI y un entregado cultivador del favoritismo —con el que comparto al barbero calabrés del que hablé en el prólogo—, fue ampliamente recompensado por la industria que él mismo contribuyó a rescatar. Ayudó a los banqueros a conseguir el rescate público, permitió que disfrutaran del mayor fondo de bonificaciones de la historia *después* de la crisis, en 2010 (gracias al dinero de los contribuyentes), y poco después obtuvo un empleo multimillonario en una institución financiera como recompensa por su buena conducta.

A continuación

La experiencia está atrozmente vinculada al ámbito profesional: el electricista, el dentista, el especialista en verbos irregulares portugueses, el ayudante de colonoscopia, el taxista londinense, el matemático especializado en geometría algebraica: todos ellos son expertos (con alguna variante local); pero el periodista, el burócrata del Departamento de Estado, el psicólogo clínico, el teórico de gestión, el director de *marketing* y el macroeconomista no lo son. Esto nos hace plantearnos la pregunta: ¿quién es el verdadero experto? ¿Quién decide quién es y quién no es un experto? ¿Dónde está el metaexperto?

El tiempo es el experto por antonomasia. O más bien el despiadado y temperamental Lindy, como veremos en el capítulo siguiente.

CAPÍTULO 8

Un experto llamado Lindy

Él es el único experto — No te comas su tarta de queso — Metaexpertos que son juzgados por expertos en metaexpertos — Prostitutas, no prostitutas y amateurs

Lindy es una cafetería de Nueva York famosa por su tarta de queso que en los últimos cincuenta años ha sido utilizada como marco teórico en las investigaciones físicas y matemáticas por la heurística que ahí se despliega, aunque ahora no sea más que un reclamo para turistas. Los actores que se pasaban el tiempo allí, tomando café y hablando de sus colegas, descubrieron que los espectáculos de Broadway que duraban cien días podían llegar a estar en cartelera otros cien. Y los que duraban doscientos podían estar doscientos más. Pues bien, a esta heurística se la conoce como «efecto Lindy».

Advertencia para el lector: aunque el efecto Lindy es uno de los recursos heurísticos más útiles, sólidos y universales que conozco, la tarta de queso de esta cafetería es... bueno, mucho menos notable. Conforme al efecto Lindy, es muy probable que este local acabe cerrando.

Había algunos modelos matemáticos que parecían ajustarse a este efecto, aunque no encajaran del todo, hasta que a) yo mismo caí en la cuenta de que el efecto Lindy se comprende mejor recurriendo a la teoría de la fragilidad y la antifragilidad, y b) el matemático Iddo Eliazar le dio su forma probabilista. Es más, podría decirse que la teoría de la fragilidad nos lleva *directamente* al efecto

Lindy. Mis colaboradores y yo conseguimos definir la fragilidad como una respuesta al desorden: el cuenco de porcelana que tengo frente a mí mientras redacto estas líneas solo quiere estar tranquilo. No le gustan los golpes, el desorden, los cambios ni los terremotos, no le gusta que lo maltraten limpiadoras alérgicas al polvo, que su vuelo salga de la terminal 5 de Heathrow, ni que lo bombardeen en Arabia Saudí (milicias islamistas subvencionadas). Es evidente que los acontecimientos azarosos y el desorden no le aportan, en líneas generales, nada positivo. (Dicho en términos más técnicos, el cuenco reacciona, en virtud de su propia fragilidad, de una forma *necesariamente* no lineal frente a los agentes estresantes: los golpes de mayor intensidad le afectan en mayor proporción que los pequeños, hasta que finalmente se rompe.)

Pero aquí el tiempo es, en esencia, equivalente al desorden, y la resistencia a los estragos del tiempo, es decir, lo que gloriosamente llamamos supervivencia, es la capacidad para gestionar el desorden.

> *Lo frágil reacciona de una manera asimétrica ante la volatilidad y ante otros agentes estresantes, es decir, experimentará más daños que beneficios si se expone a estos agentes.*

En términos probabilísticos, la volatilidad y el tiempo son lo mismo. El concepto de fragilidad nos permitió conferir algo de rigor a la idea de que el tiempo es el único juez eficaz de las cosas, entendiendo por *cosas* tanto ideas como personas como producciones intelectuales, modelos de coche, teorías científicas, libros, etcétera. Nadie puede engañar a Lindy: los libros escritos por el célebre columnista de turno del *New York Times* pueden recibir algo de bombo en el momento de su publicación, sea de forma artificiosa o espontánea, pero su tasa de supervivencia a los cinco años de haber sido impreso es normalmente inferior a la de alguien con cáncer de páncreas.

¿Quién es el «verdadero» experto?

En efecto, Lindy responde a metapreguntas tan antiguas como ¿quién juzgará al experto?, ¿quién vigilará al vigilante? (*quis custodiet ipsos custodes?*) y ¿quén juzgará a los jueces? Pues bien: lo hará la supervivencia.

El tiempo actúa gracias a la idea de jugarse la piel. Las cosas que han sobrevivido nos insinúan, *ex post*, que gozan de cierta solidez, la cual está condicionada a su exposición al daño. Sin jugarse la piel, a través de la simple exposición a la realidad, el mecanismo de la fragilidad se interrumpe: las cosas pueden sobrevivir sin razón alguna durante algún tiempo, a determinada escala, hasta que al final se quiebran, provocando muchos daños colaterales.

Veamos algunos detalles adicionales (para los interesados en los entresijos, el efecto Lindy ha sido abordado extensamente en *Antifrágil*). Las cosas tienen dos formas de gestionar el tiempo. En primer lugar, tenemos el envejecimiento y el carácter perecedero de todo: las cosas mueren porque llevan dentro un reloj biológico, que llamamos senescencia. En segundo lugar está el azar, la tasa de accidentes. En nuestra vida física se da una combinación de ambos: cuando somos viejos y frágiles no gestionamos muy bien los accidentes. Estos accidentes no solo son externos a nosotros, como caerse por la escalera o ser atacado por un oso; también pueden ser internos, como el mal funcionamiento de nuestros órganos o de la circulación sanguínea. Los animales, en cambio, no envejecen realmente; las tortugas y los cocodrilos, por ejemplo, parecen tener una esperanza de vida que permanece constante durante mucho tiempo. Si un cocodrilo de veinte años puede vivir otros cuarenta (en función de los peligros de su hábitat), un cocodrilo de cuarenta también puede vivir cuarenta años más.

Vamos a utilizar las expresiones «prueba Lindy», «es Lindy» o «compatible con Lindy» (sustituibles entre sí) para demostrar algo que parece pertenecer al tipo de cosas que han demostrado poseer la siguiente propiedad:

La naturaleza «Lindy» se aplica a lo que envejece a la inversa, es decir, cuando la esperanza de vida aumenta con el tiempo, condicionada por la supervivencia.

Solo puede ser Lindy lo que no perece. Cuando decimos que hay ideas, libros, tecnologías, procedimientos, instituciones y sistemas políticos que están bajo el efecto Lindy es porque no envejecen y porque son imperecederos por naturaleza. Un ejemplar de *Guerra y paz* puede envejecer (especialmente cuando el editor intenta ahorrarse veinte céntimos en papel en un libro de cincuenta dólares); pero la obra en sí misma, su idea, no envejece.

Señalemos finalmente que, gracias a Lindy, ningún experto es jamás el experto último, y de ahí que no necesitemos metaexpertos para que juzguen la experiencia de los expertos que ocupan un rango inferior. Así resolvemos de un plumazo el problema de la «sucesión infinita de tortugas».* La fragilidad adopta la categoría de experto, y, por tanto, también el tiempo y la supervivencia.

El Lindy de Lindy

La idea del efecto Lindy está sometida a la prueba Lindy. Como dijo el pensador presocrático Periandro de Corinto hace más de veinticinco siglos: «Usa leyes viejas pero alimentos frescos».

De modo análogo, Alfonso X el Sabio tenía como máxima: «Quema troncos viejos. Bebe vino añejo. Lee viejos libros. Conserva a los viejos amigos».

Tom Holland, un historiador perspicaz y afortunadamente no académico, comentó una vez: «Lo que más admiro de los romanos es su desprecio del culto a la juventud». También dijo que «los ro-

* La expresión «sucesión infinita de tortugas» implica un problema de regresión infinita. Una vez le dijeron al lógico Bertrand Russell que el mundo se apoyaba en una tortuga. «¿Y dónde se apoya esa tortuga?», preguntó él. «Hay una sucesión infinita de tortugas», fue la respuesta.

manos juzgaban su sistema político preguntándose si funcionaba, no si tenía sentido»; y por eso, en la dedicatoria del libro, presento a Ron Paul como «un romano entre griegos».

¿Necesitamos un juez?

Como he mencionado en la tercera parte del prólogo, durante la mayor parte de mi carrera académica (por así llamarla) no he trabajado más que un trimestre al año. La docencia trimestral en Nueva York te permite tener un lugar adonde ir, especialmente cuando llueve, sin tener que socializar emocionalmente ni perder la independencia intelectual por temor a dejar pasar una fiesta o tener que comer solo. Sin embargo, un día un jefe de departamento (ahora «dimitido») se acercó a mí para advertirme: «Así como eres juzgado por otros escritores y hombres de negocios en tus facetas de escritor y hombre de negocios, aquí, como académico, te juzgarán otros académicos. La vida pasa por la evaluación de tus iguales».

Me llevó un tiempo superar mi disgusto; aún no me he habituado del todo a la forma de trabajar de quienes no asumen riesgos; ellos no se percatan de que los demás no somos como ellos, y no pueden entender lo que significa ser una persona real. No, los hombres de negocios, *en tanto individuos que asumen riesgos*, no están sometidos al juicio de otros hombres de negocios, tan solo al juicio de su contable personal. Lo único que tienen que hacer es evitar que haya un registro documentado de (algunas de sus) violaciones éticas. Es más, no solo no desean la aprobación de sus pares, sino que prefieren su desaprobación (excepto para cuestiones éticas): en una ocasión, un antiguo compañero en el negocio de operaciones bursátiles compartió conmigo su saber: «Si le gustas a la gente de aquí es que estás haciendo algo mal».

Es más:

Podemos definir a una persona libre precisamente como aquella cuyo destino no depende esencial o directamente de la evaluación de sus pares.

Como ensayista, no soy juzgado por otros escritores, editores o críticos, sino por los lectores. ¿Por los lectores? Tal vez, pero esperad un minuto..., no por los lectores de hoy. Solo por los lectores de mañana y los de pasado mañana. Por lo tanto, como mi único y verdadero juez es el tiempo, lo que importa es la estabilidad y solidez de los lectores (es decir, de los *futuros* lectores). El lector que se inclina siempre por los libros de moda, por los reseñados recientemente por *The New York Times,* no me interesa. Y como soy un individuo que asume riesgos, solo me importa el tiempo; podría engañar a mi contable mostrándole ingresos constantes y grandes riesgos ocultos, pero el tiempo acabaría por revelarlos.

Ser juzgado o evaluado por otros importa si y solo si uno está sometido al juicio de unos otros futuros y no solo presentes.

Y recordemos que una persona libre no necesita ganar debates, tan solo ganar.*

Té con la reina

Los colegas conceden honores, doctorados *honoris causa*, premios Nobel, invitaciones a Davos y a convenciones similares, invitaciones a tomar el té (y sándwiches de pepino) con la reina; invitaciones, en fin, de ricos jactanciosos que acuden a cócteles en los

* Una observación sobre la modernidad. El cambio por el cambio, como ya hemos visto en la arquitectura, la alimentación y los estilos de vida, es muy frecuentemente lo contrario del progreso. Como he explicado en *Antifrágil*, una tasa de mutación muy elevada evita que acabemos encerrados en los beneficios de los cambios previos: la evolución (y el progreso) requieren algo de variación, pero solo de vez en cuando.

que solo hay famosos. Créeme, hay ricos cuyas vidas giran en torno a estas cuestiones. Normalmente dicen que tratan de salvar el mundo, los osos, las montañas, los desiertos, a los niños: todo lo integra la difusión de la virtud.

Pero es evidente que nada de esto influye en Lindy; en todo caso, es al revés. Si pasas el tiempo intentando impresionar a los demás en el club 21 de Nueva York, tal vez hay algo en tu interior que no va bien.

*Nuestros iguales y nuestros contemporáneos son colaboradores valiosos, no nuestros jueces últimos.**

Instituciones

En realidad hay algo peor que la evaluación de los iguales: la burocratización de nuestra actividad crea una clase de nuevos jueces, los administradores universitarios, quienes no tienen el menor indicio de lo que uno hace salvo por lo que les llega de ciertas señales

* Los premios como maldición: de hecho, entre los operadores de bolsa hay una antigua creencia que indica que el elogio de los periodistas es un indicador inverso. Yo lo aprendí a las malas. En 1983, justo antes de convertirme en operador bursátil, el gigante informático IBM apareció en la portada de *Business Week*, una revista estadounidense entonces muy influyente, como una empresa puntera. Me apresuré a comprar acciones... y salí escaldado. Mi única opción era vender futuros, para beneficiarme de su bajada de precio. Por lo tanto, revertí la venta y aprendí que el elogio colectivo de los periodistas es, como mínimo, sospechoso y, en el peor de los casos, una maldición. IBM inició una bajada en su cotización que duró quince años; casi se hunde. Además, aprendí a evitar los honores y los premios, en parte porque, dado que los conceden los jueces equivocados, lo más probable es que te lleguen cuando estás en la cima (probablemente serás ignorado o repudiado por los medios generalistas). Brian Hinchcliffe, exagente de bolsa que ahora invierte en el negocio de la restauración, me transmitió la siguiente heurística: «Los negocios que reciben el premio a "Lo mejor" en cualquier categoría (mejor ambiente, mejor servicio de camareros, mejor yogur fermentado y mejores bebidas no alcohólicas para los jeques visitantes, etc., etc.) cierran antes de la ceremonia de entrega de premios. Está demostrado empíricamente: si quieres que un autor sobreviva unas cuantas generaciones, asegúrate de que nunca reciba algo llamado Premio Nobel de Literatura».

externas, y que sin embargo se convierten en verdaderos árbitros de nuestra labor.

Estos árbitros no comprenden que la publicación en una revista «prestigiosa», que viene determinada por la evaluación circular de los pares, no es compatible con Lindy; tan solo entienden que hay un grupo de personas poderosas (en la actualidad) que están contentas con tu trabajo.

La ciencia dura debe ser resistente a las patologías, incluso en esos casos. Detengámonos, pues, en la ciencia social. Dado que los únicos jueces del autor de un artículo son sus «pares», hay una batería de citas que puede provocar todo tipo de podredumbre. La macroeconomía, por ejemplo, puede ser un sinsentido, ya que es más fácil que exista la macromierda que la micromierda; nadie es capaz de decir si una teoría funciona.

Si dices una estupidez te considerarán estúpido. Pero si formas un grupo de veinte personas que crean una academia y dices estupideces aceptadas por el grupo, has conseguido la «evaluación de los pares» y podrás crear un departamento en una universidad.

Cuando carece de control (debido a la falta de asunción de riesgos), la academia tiende a convertirse en un juego de publicaciones ritualista y autorreferencial.

Ahora bien, aunque es cierto que la academia se ha convertido en una competición deportiva, Wittgenstein pensaba justamente lo contrario: el conocimiento, en cualquier caso, es lo contrario a una competición deportiva. En filosofía, el ganador es el que llega el último.

Además, dijo:

Todo lo que participa de la competición destruye el conocimiento.

En algunas áreas, como los estudios de género o la psicología, el juego de publicación ritualista representa cada vez menos la investigación real, por la propia naturaleza del problema de agencia, hasta el punto de que presenta una divergencia de intereses medio mafiosa: los investigadores tienen su propia agenda, que no va en consonancia con lo que sus clientes —es decir, la sociedad y los propios estudiantes— les han pagado por hacer. La opacidad de su materia para los profanos les ayuda a controlar el acceso. Saber de «economía» no significa saber de economía en el sentido de su aplicación real, sino solamente conocer las teorías, en su mayor parte pura mierda, producidas por los economistas. Y esos cursos universitarios para los que unos abnegados padres han ahorrado durante décadas, degeneran fácilmente en modas. Uno trabaja duro y ahorra cuanto puede para que al final a sus hijos les enseñen una crítica de la mecánica cuántica orientada hacia los estudios poscoloniales.

Sin embargo, hay un rayo de esperanza. Acontecimientos recientes indican una posible deriva del sistema: los alumnos (que han trabajado en el mundo real) están empezando a recortar los fondos destinados a disciplinas absurdas y espurias (aunque siguen favoreciendo los planteamientos absurdos en el seno de las disciplinas tradicionales). Después de todo, alguien tiene que pagar los sueldos de los «expertos» en macroeconomía y en el género poscolonial. Y además la educación universitaria tiene que competir con los talleres de formación profesional: hubo un tiempo en que el estudio de las teorías poscoloniales podía ser de ayuda para encontrar un empleo que no consistiera en vender patatas fritas. Ya no.

Contra nuestros propios intereses

Las declaraciones más convincentes son aquellas en las que uno se arriesga a perder, aquellas en las que la persona se juega la piel en un nivel máximo; las menos convincentes son aquellas en las que de forma ostentosa (pero sin saberlo) la persona intenta mejorar su posición sin realizar ninguna contribución tangible (como en la gran mayoría de los artículos académicos, que no dicen nada ni asumen riesgo alguno). Pero no tiene por qué ser necesariamente así. Alardear es algo razonable; es humano. Siempre y cuando lo enunciado supere a la mera jactancia, no hay problema. Sigue siendo humano, toma lo que puedas, con la condición de que des más de lo que te quedas.

> *Deberíamos conceder más importancia a la investigación que, siendo rigurosa, contradice a otros investigadores, especialmente si implica un coste y un daño a la reputación de su autor.*

Además

> *Un personaje público, controvertido y que asume riesgos por sus opiniones tiene menos probabilidades de ser un vendedor de mierda.**

Jugarse el alma, otra vez

En última instancia, la *desprostitucionalización* de la investigación tendrá lugar de ese modo. Obliga a quienes desean «investigar» a hacerlo en su tiempo libre, esto es, a obtener sus ingresos de otras fuentes. El sacrificio es necesario. Puede parecer absurdo lavar el cerebro a nuestros contemporáneos, pero *Antifrágil* documenta las impresionantes contribuciones históricas que han realizado individuos no profesionales o, más bien, quienes no se han prostituido. Para que su investigación sea genuina, deberían tener un verdadero trabajo o al menos pasar diez años como fabricante de lentes, registrador de patentes, agente de la mafia, apostador profesional, cartero, guardia de prisiones, médico, conductor de limusinas, miem-

* Suelo ser alérgico a ciertas personalidades públicas, pero no a todas. Me llevó un tiempo descubrir cómo trazar claramente la frontera entre unas y otras. La diferencia está en la asunción de riesgos y en si la persona se preocupa o no por su reputación.

bro de una milicia, empleado de la Seguridad Social, abogado, granjero, encargado de restaurante, camarero, bombero (mi favorito), farero, etc., mientras elaboran sus originales ideas.

Se trata de un mecanismo de filtrado y que elimina el absurdo. No siento ninguna simpatía por los investigadores profesionales que son unos quejicas. Yo mismo he pasado veintitrés años de mi vida consagrado a una profesión estresante y sumamente exigente mientras por las noches estudiaba, investigaba y escribía mis primeros tres libros; eso hizo disminuir mi tolerancia (de hecho, la eliminó) hacia la investigación orientada a hacer carrera.

(Existe la ilusión de que, como los hombres de negocios encuentran su motivación y recompensa en los beneficios obtenidos por su compañía, los investigadores deberían verse motivados y recompensados por los honores y el reconocimiento de su trabajo. Pero no es así como funcionan las cosas. Recuerda, la ciencia es la regla de la minoría: unos pocos hacen ciencia, los otros no son más que empleados en la trastienda.)

La ciencia y su inclinación Lindy

Anteriormente hemos dicho que si no nos jugamos la piel, los mecanismos de supervivencia se ven severamente perturbados. Esto también se aplica a las ideas.

La idea que Popper tenía de la ciencia es la de una empresa que produce enunciados que pueden ser contradichos por observaciones futuras, no la que produce enunciados verificables: la ciencia es fundamentalmente refutadora, no confirmatoria. Este mecanismo de falsación es plenamente compatible con Lindy; de hecho requiere la intervención del efecto Lindy (combinado con la regla de la minoría). Aunque Popper comprendió bien el aspecto estático, no estudió el dinámico ni consideró tampoco el riesgo de cada situación. La ciencia no funciona merced a un «método científico» correcto que ha sido obtenido por algunos estudiosos aislados, o en virtud de cierto «patrón» que pasa por un examen similar a la revisión ocular que exige Tráfico a los conductores; más bien funciona porque las ideas científicas tienen un sesgo favorable a Lindy, esto es, porque están sometidas a su propia fragilidad natural. Las ideas tienen que jugarse la piel. Sabes que una idea fracasará si no es útil y puede, por lo tanto, ser vulnerable a la *falsación* del tiempo (y no al falsacionismo ingenuo, es decir, el que actúa según la guía establecida por el Gobierno). Cuanto más tiempo circula una idea sin ser falsada, mayor será su esperanza de vida. Si leemos el relato de la historia de los descubrimientos científicos realizado por Paul Feyerabend, observaremos que todo se pierde en el proceso, salvo la prueba del tiempo. Esto no parece ser negociable.

No obstante he de señalar que aquí he modificado la idea de Popper; podemos sustituir «verdadero» (o, más bien, *no falso*) por «útil» o por «no perjudicial» o, incluso, por «protector de sus usuarios». De modo que, en adelante, voy a separarme de Popper. Para que las cosas pervivan, es preciso que se sitúen bien en la dimensión del riesgo, es decir, han de ser buenas en *no perecer*. Según el efecto Lindy, si una idea se juega la piel, no se sitúa en el juego de la verdad, sino en el juego del daño. Una idea sobrevive si gestiona bien el riesgo, es decir, si además de no perjudicar a sus defensores fomenta su supervivencia; esto se aplica también a aquellas supersticiones que han pasado de un siglo a otro porque han desembocado en ciertas acciones protectoras. En términos técnicos, una idea tiene que ser convexa (antifrágil) o al menos producir una reducción beneficiosa de la fragilidad en algún lugar.

¿Empírico o teórico?

Los académicos dividen la investigación en áreas empíricas y teóricas. El empirismo consiste en observar los datos en un ordenador tratando de hallar lo «estadísticamente significativo», o en realizar experimentos de laboratorio en condiciones deliberadamente limitadas. En algunas profesiones (como por ejemplo la de médico), las acciones realizadas en el mundo real se denominan *clínicas* y no se consideran científicas. Muchas disciplinas carecen de esta tercera dimensión, la dimensión clínica.

De hecho, gracias al efecto Lindy, la resistencia al tiempo, es decir, hacer las cosas bajo condiciones que suponen riesgos, es puesta a prueba por la supervivencia. Las cosas funcionan: 1) si quienes las producen asumen algún tipo de riesgo, y 2) si su trabajo pasa a las generaciones siguientes.

Y esto me lleva a mi abuela.

La abuela frente a los investigadores

Si tu abuela o algún anciano te da un consejo, lo más probable es que funcione en el 90 % de las ocasiones. Por otro lado, en parte debido al cientifismo y a la prostitución académica, y en parte debido a la propia dureza de nuestro mundo, si lees un artículo escrito por psicólogos y especialistas en el comportamiento, lo más probable es que funcione en menos del 10 % de los casos, a menos que también haya sido comprobado por la abuela y por los clásicos, en cuyo caso ¿para qué vas a necesitar un psicólogo?* Pensemos que en un reciente intento de replicar los resultados arrojados por cien artículos de psicología en otras publicaciones «prestigiosas» de 2008 se descubrió que solo se repitieron los resultados de treinta y nueve de ellos. Creo que menos de diez de los treinta y nueve son realmente sólidos y aplicables fuera del estrecho marco del experimento en cuestión. Defectos similares se han encontrado en medicina y en neurociencia; más aún en esta última. (Examinaré esta cuestión ampliamente en el capítulo 18 y sobre todo en el 19, así como

* En una nota técnica llamada «Metadistribución de los valores *p*», que gira en torno a la estocasticidad de los «valores *p*» y cómo son mutilados por los investigadores, demuestro que la importancia estadística de los artículos sobre este tema es bastante menor de lo que suele decirse.

los motivos por los que las advertencias y prohibiciones de tu abuela no son «irracionales»; la mayor parte de lo que consideramos «irracional» procede de una mala comprensión de la probabilidad.)

Es fundamental entender que no solo los libros de los antiguos siguen entre nosotros y han sido filtrados por Lindy, sino que las poblaciones que los leyeron también han sobrevivido.

Aunque nuestro conocimiento de la física no estaba disponible para los antiguos, sí lo estaba la naturaleza humana. Por lo tanto, todo lo que se mantiene en psicología y ciencias sociales tiene que superar la prueba de Lindy, es decir, ha de tener un antecedente en los clásicos; de otra forma no se repetirá o no se generalizará fuera del experimento. Por clásicos entendemos la literatura moral latina (y helenística tardía): Cicerón, Séneca, Marco Aurelio, Epícteto, Lucano; o los poetas: Juvenal, Horacio; y los posteriores «moralistas» franceses (La Rochefoucauld, Vauvenargues, La Bruyère, Chamfort). Bossuet es una categoría en sí mismo. Podemos utilizar a Montaigne o a Erasmo como portal de entrada hacia los antiguos: Montaigne era el divulgador de su época; Erasmo, el compilador exhaustivo.

Una breve panorámica de la sabiduría de tus abuelos

Vamos a terminar mostrando algunas ideas que ya existían en la tradición antigua y que han sido confirmadas por la psicología moderna. Se han reunido por conceptos, es decir, no son el resultado de una investigación sino de lo que me viene espontáneamente a la mente (recuerda que este libro se titula *Jugarse la piel*) y más tarde ha sido verificado en los textos.

Disonancia cognitiva (una teoría psicológica de Leon Festinger sobre las *uvas ácidas* según la cual la gente, a fin de evitar las creencias inconsistentes, llega a la conclusión de que las uvas que no puede alcanzar son ácidas). La encontramos en Esopo y más tarde en La Fontaine. Pero sus raíces son más antiguas y aparecen ya en el asirio Ahiqar de Nínive.

Aversión a la pérdida (una teoría psicológica según la cual el dolor generado por una pérdida es mayor que el placer derivado de una ganancia): en los *Anales* de Livio (XXX, 21) se dice: «Los hombres sienten lo bueno con menos intensidad que lo malo».* Casi todas las cartas de Séneca incluyen algún elemento relacionado con la aversión a la pérdida.

Consejo negativo (*via negativa*): conocemos mejor lo malo que lo bueno; recordemos la superioridad de la regla de plata sobre la regla de oro. «Lo bueno no es tan bueno como la ausencia de lo malo»:† Ennio, repetido por Cicerón.

Jugarse la piel (literalmente): empezamos con el proverbio yidis «No puedes masticar con los dientes de otro». Y luego: «Tu uña es la que mejor rasca tu comezón»,‡ recogido por Escalígero hacia 1614, en *Proverborum Arabicorum.*

Antifragilidad: hay decenas de proverbios antiguos sobre esta materia. Cabe mencionar a Cicerón: «Cuando nuestra alma sosegada está, puede venir una abeja a picarnos». Véase también Maquiavelo y Rousseau para su aplicación a los sistemas políticos.

Descuento del tiempo: «Más vale pájaro en mano que ciento volando»§ (proverbio levantino).

La locura de las multitudes: Nietzsche: «La locura es rara en los individuos, pero es la regla en grupos, partidos y naciones». (Esto cuenta como sabiduría antigua, ya que Nietzsche era un clasicista; en su obra he visto muchas referencias a Platón.)

Menos es más: «La verdad se pierde en la trifulca excesiva»,¶ recogido por Publilio Sirio. Pero, por supuesto, la expresión «menos es más» se encuentra en un poema de Robert Browning de 1855.

Exceso de confianza: «Perdí dinero por mi exceso de confian-

* «*Segnius homines bona quam mala sentiunt.*»

† «*Nimium boni est, cui nihil est mali.*»

‡ «*Non scabat caput praeter unges tuo, Ma bihikkak illa dịfrak.*»

§ «*Xasfour bil 'id a ahsan min xašra xalšajra.*»

¶ «*Nimium allercando veritas amittitur.*»

za»:* Erasmo inspirado por Teognis de Megara («Confiado, lo perdí todo; desconfiado, lo conservé todo») y Epicarmo de Cos («Permanece sobrio y atento»).

La paradoja del progreso y **la paradoja de la elección:** hay una conocida historia de un banquero neoyorquino de vacaciones en Grecia que, después de hablar con un pescador y examinar su trabajo, elabora un esquema para ayudar al hombre a convertir su actividad en un gran negocio. El pescador le pregunta cuáles son los beneficios; el banquero le responde que podrá hacer un montón de dinero en Nueva York y veranear en Grecia; algo que al pescador le parece absurdo, pues él ya está haciendo el tipo de cosas que hacen los banqueros de vacaciones en Grecia.

La historia era muy conocida en la Antigüedad, aunque bajo una forma más elegante, según la versión de Montaigne (la traducción es mía): cuando el rey Pirro intentó invadir Italia, Cíneas, su sabio consejero, intentó hacerle comprender la vanidad de semejante acción. «¿Con qué fin quieres abordar esta empresa?», le preguntó. «Para convertirme en el amo de Italia», respondió Pirro. «¿Y luego?», preguntó Cíneas. Pirro: «Para conquistar Galia y luego Hispania». Cíneas: «¿Y luego?». Pirro: «Para conquistar África, y luego... para descansar a gusto». Cíneas: «Pero si ya estás en ese estado, ¿por qué sufrir más riesgos?». A continuación Montaigne cita el conocido pasaje de *De rerum natura* (V, 1431), de Lucrecio, en el que se dice que la naturaleza humana no conoce límites por encima de ella, como si quisiera castigarse a sí misma.

* «*Fiducia pecunias amici.*»

LIBRO VI

Profundizando en la agencia

CAPÍTULO 9

Los cirujanos no deberían parecer cirujanos

La literatura no parece literatura — Donald contrata a médicos — La gloria de la burocracia — Enseña a un profesor a levantar pesas — Dar el pego

Dar el pego

Imagina que estás en un hospital y tienes que elegir entre dos cirujanos de rango similar que trabajan en el mismo departamento. El primero tiene una apariencia refinada: lleva gafas con montura de plata, tiene unas manos delicadas y bien torneadas, una voz suave y una elegancia natural en su forma de conducirse. Tiene el cabello plateado y bien peinado. Es la persona que pondrías en una película si tuvieras que escoger a un cirujano. Su despacho está lleno de diplomas de la Ivy League, tanto de sus estudios universitarios como de su propia especialidad médica.

El segundo parece un carnicero: está gordo, tiene unas manos muy grandes, usa un lenguaje grosero y va siempre desaliñado. No hay día que no le sobresalga la camiseta del pantalón. Ningún sastre de la Costa Este sería capaz de ponerle un botón al cuello de su camisa. Habla sin miramientos con un fuerte acento neoyorquino, como si no fuera consciente de ello. Cuando abre la boca deja ver un diente de oro. La ausencia de diplomas en las paredes de su despacho es buena muestra del poco orgullo que le inspira su educación: quizás fue a una universidad local. En una película interpretaría al guardaespaldas retirado de un joven congresista, o a un cocinero de baja estofa de algún antro de Nueva Jersey.

Si yo tuviera que elegir, vencería mi propensión a la mendacidad y me quedaría sin duda con el carnicero. Más aún: si tuviera que elegir entre dos médicos que tienen toda la apariencia de ser médicos, pondría al carnicero como tercera opción. ¿Por qué? Simplemente, porque el que *no* da el pego, condicionado como está por tener que conquistar una (especie de) éxito profesional en su carrera, ha tenido que superar muchos obstáculos en términos de percepción. Y si tenemos la suficiente suerte como para encontrarnos con personas que no dan el pego es gracias a que hay en ellas una cierta asunción de riesgos, al entrar en contacto con una realidad que descarta la incompetencia, ya que la realidad es ciega a las apariencias.

Cuando se afronta directamente la realidad en lugar de hacerlo a través de intermediarios, la imagen importa menos, aun cuando esta se corresponda con las destrezas del individuo en cuestión. Pero cuando existe una jerarquía y una «evaluación del trabajo» estandarizada, la imagen tiene bastante importancia. Pensemos en los directores generales de las empresas: no suelen dar el pego; de hecho, son todos tal para cual. Y lo que es peor, al oírlos hablar todos suenan igual, porque emplean las mismas metáforas y el mismo vocabulario. Pero ese es su trabajo: como no me cansaré de recordar al lector, contrariamente a la creencia habitual, los ejecutivos son diferentes a los emprendedores y se considera que han de dar la apariencia de un actor.

Puede que exista cierta correlación entre la apariencia y las habilidades de un individuo (alguien que parece atlético probablemente lo sea), pero, como necesariamente ha de haber tenido éxito *aun cuando no dé el pego*, esa información se convierte en algo potente e incluso crucial.

Por eso no resulta extraño que la tarea de director general del país recayera una vez en un antiguo actor de Hollywood, Ronald Reagan. En realidad, el mejor actor es aquel que representa su papel sin que nadie sospeche que es un actor: una mirada atenta a Barack Obama demuestra que era mucho más que un actor: su elegante educación de la Ivy League combinada con su reputación liberal es algo que resulta muy atractivo en la construcción de su imagen.

Mucho se ha escrito sobre el «vecino millonario», esas personas que son ricas, pero que cuya imagen no se corresponde con la que uno tiene de los ricos, y viceversa. A todos los banqueros privados se les enseña a no dejarse engañar por la apariencia del cliente y a no perseguir a los dueños de Ferraris en los clubes de campo. Mientras escribo estas líneas, un vecino de mi pueblo ancestral (y pariente lejano mío, como casi todos los habitantes de aquel lugar), que llevaba una vida modesta pero cómoda, comía lo que cultivaba y bebía su propio licor (arak), dejó una fortuna de cien millones de dólares, es decir, cien veces más de lo que podría haberse esperado por su apariencia y su estilo de vida.

Así que la próxima vez que elijas una novela al azar, no se te ocurra comprar esa en la que aparece la foto de un hombre pensativo con una corbata de nudo francés posando delante de una gran librería.

Por el mismo razonamiento, y dando la vuelta al argumento, los ladrones hábiles que andan sueltos por ahí deberían procurar no parecer unos ladrones. Los que parecen rateros tienen más probabilidades de acabar en prisión.

A continuación, ahondaremos en el punto siguiente:

En cualquier tipo de actividad o negocio ajeno al filtro directo que implica jugarse la piel, la gran mayoría de la gente conoce la jerga, interpreta su papel y está familiarizada con los detalles aparentes, pero no tiene la menor idea del asunto.

La falacia de la leña verde

La idea de este capítulo es compatible con Lindy. Hay un dicho latino que dice: «No creas que las manzanas hermosas saben mejor».* Es una versión más sutil de la frase hecha «No es oro todo lo que reluce», algo que los consumidores han tardado medio siglo en descubrir; y ni siquiera lo han hecho del todo, ya que han sido continuamente engañados por la estética de los productos.

Una de las reglas de oro de mi negocio es no contratar nunca a un agente bursátil que vaya bien vestido. Pero va aún más lejos:

Debes contratar siempre al agente de más éxito, el que depende de un historial sólido, cuyos detalles puedas comprender en menor medida.

No en mayor sino en menor medida. ¿Por qué?

Presenté ya esta cuestión en *Antifrágil*, donde la llamé «la falacia de la leña verde». Un tipo hizo una fortuna con la leña verde sin conocer detalles esenciales acerca del producto que estaba vendiendo: no sabía que la leña verde procedía de árboles recién talados, y no de maderos pintados de verde. Entretanto, y como contraste, la persona que contó la historia cayó en bancarrota pese a conocer los detalles más ínfimos sobre la leña verde. La falacia consiste en que lo que necesitamos conocer en el mundo real no se ajusta necesariamente a lo que percibimos a través del intelecto: esto no quiere decir que los detalles no sean relevantes, sino que solamente los que consideramos importantes (al estilo del IPI) pueden distraernos respecto a atributos más esenciales concernientes al mecanismo de los precios.

En cualquier actividad, los detalles ocultos solo se revelan a través de Lindy.

Otro aspecto:

* *«Non teneas aurum totum quod splendet ut aurum / nec pulchrum pomum quodlibet esse bonum.»*

Aquello que se puede presentar y expresar en una narración inequívoca y que convenza a los más imbéciles es una trampa para imbéciles.

Mi amigo Terry B., que da clases de inversión en la universidad, invitó en una ocasión a dos oradores. Uno daba el pego y parecía un director de inversiones en todos sus detalles: traje a medida, reloj caro, zapatos brillantes y claridad de exposición. Hablaba además muy alto, de manera que proyectaba el tipo de confianza que uno desea encontrar en un directivo. El segundo era como nuestro cirujano-carnicero y no había forma de entenderlo; hasta él mismo daba la impresión de estar confundido. Ahora bien, cuando Terry preguntó a los estudiantes cuál de aquellos dos directivos creían que tenía más éxito, se equivocaron de pleno. El primero, como era de esperar, se encontraba en lo que sería el sector más bajo de su negocio; el segundo era multimillonario.

Jimmy Powers, un irlandés conservador con el que trabajé en un banco de inversiones de Nueva York en los primeros años de mi carrera como operador bursátil, tuvo éxito a pesar de haber abandonado la escuela y tener la formación de un gánster de poca monta del barrio de Brooklyn. En las reuniones de empresa presentaba nuestras inversiones con frases como: «Hicimos esto y lo otro y lo de más allá, y luego todo fue de fábula»; los ejecutivos se quedaban perplejos pero no les importaba no entender un ápice de lo que estaba diciendo siempre y cuando nuestro departamento fuera rentable. Poco tiempo después aprendí a comprender sin esfuerzo lo que Jimmy quería decir. Y también aprendí, a mis veintitantos años, que la gente a la que comprendes con más facilidad son necesariamente los más mierderos.

Plan de negocio de la indumentaria idónea

La literatura no debería parecer literatura. Siendo adolescente, Georges Simenon trabajó como periodista y ayudante de Colette, la célebre escritora francesa; ella le enseñó a resistir la tentación de introducir subjuntivos imperfectos y referencias a céfiros, rododendros y firmamentos en sus obras, vamos, el tipo de cosas que uno hace cuando juega a ser escritor. Simenon siguió su consejo a pies juntillas: su estilo es similar al de Graham Greene, por citar un autor norteamericano; prescinde de todo tipo de florituras y, como resultado, las palabras no son un obstáculo para la transmisión de atmósferas: sientes cómo la humedad penetra en tus zapatos al leer cómo el comisario Maigret pasa horas interminables bajo la lluvia parisina; es como si el protagonista de sus novelas fuera el propio trasfondo de la obra.

De un modo análogo, se ha impuesto la ilusoria idea de que los negocios funcionan gracias a planes de negocio y que la ciencia lo hace gracias a la financiación obtenida. Esto no es estrictamente cierto: un plan de negocio es un argumento útil para quienes pretenden convencer a un imbécil. Funciona porque, como señalé en la segunda parte del prólogo, las compañías que están en el negocio de los emprendedores consiguen la mayor parte de su dinero haciendo paquetes de empresas y vendiéndoselas a otros; no es fácil vender sin argumentos sólidos. Sin embargo, en los negocios de verdad (a diferencia de los basados en la captación de fondos), algo que debería sobrevivir por sí solo, como son los planes de negocio y la financiación, funciona de manera retroactiva. Mientras escribo esto, la mayor parte de los éxitos empresariales de los últimos tiempos (Microsoft, Apple, Facebook, Google) empezaron su andadura gracias al trabajo de personas que se jugaron la piel y pusieron el alma en la empresa, y luego crecieron orgánicamente; si llegaron a tener acceso a financiación fue para expandir la firma o para permitir a los directivos disponer de liquidez; la financiación no fue el motor principal de su creación. No se crea una empresa creando una empresa; de la misma manera que tampoco haces ciencia haciendo ciencia.

UN OBISPO PARA HALLOWEEN

Lo cual me lleva a las ciencias sociales. Muchas veces he anotado a vuela pluma algunas ideas en un pedazo de papel, junto a sus demostraciones matemáticas, y luego lo he dejado en cualquier sitio, pensando en publicarlo más adelante. Son anotaciones sin adornos ni la ampulosa circularidad carente de ideas que tantas veces se ve en los artículos de ciencias sociales. En campos fraudulentos como la economía, tan ritualista y dominada por las baterías de citas, descubrí que *todo* está en la presentación. Por eso, las críticas que he recibido nunca versan sobre el contenido de mis artículos, sino sobre su apariencia. Hay cierto lenguaje que uno tiene que aprender haciendo una larga inversión, y los artículos son meras reiteraciones en ese lenguaje.

> *Nunca contrates a un académico, a menos que su función sea compartir los rituales de escribir artículos o hacer exámenes.*

Esto nos lleva a los atributos del cientifismo. Pues la presentación no es lo único que les importa a estos idiotas. Es solamente una complicación innecesaria.

Hay sin embargo una lógica subyacente en estas complicaciones y estos rituales académicos. ¿Alguna vez te has preguntado por qué un obispo se viste de un modo especial para Halloween?

Tradicionalmente, en las sociedades mediterráneas la persona de mayor rango es la que más se juega la piel. Pero si algo caracteriza al Estados Unidos actual es el riesgo económico que ha asumido gracias a la venturosa transferencia de los valores marciales al ámbito de los negocios y el comercio en la sociedad anglosajona; resulta digno de señalar que la cultura árabe tradicional pone el mismo énfasis en el honor de la asunción de riesgos económicos. Sin embargo, la historia demuestra que hubo —y sigue habiendo— sociedades en las que los intelectuales estaban en la cima. Para los hindúes, los brahmanes eran los primeros en la jerarquía, los celtas tenían a los druidas (así como los drusos, sus posibles primos), los egipcios a los escribas y los chinos tuvieron, durante una época relativamente breve, a los eruditos. Añadamos a estos pueblos la Francia de posguerra. Es fácil advertir la notable semejanza que se da en la forma en que estos intelectuales conservaban el poder y se mantenían separados de los demás: a través de rituales complejos y sumamente elaborados, de misterios que quedaban confinados a la casta y de su imperioso énfasis en lo cosmético.

Incluso en las sociedades «normales» dirigidas por guerreros o artesanos, la clase de los intelectuales se basa en rituales: sin pompa y ceremonia, el intelectual no es más que un charlatán, esto es, casi un don nadie. Pensemos en el obispo de la Iglesia griega ortodoxa: toda una exhibición de dignidad. Un obispo en patines dejaría de ser un obispo. No hay nada malo en lo decorativo siempre que siga siendo lo que es, decoración, y esto sigue siendo cierto en nuestros días. Sin embargo, la ciencia y los negocios no deben ser decorativos.

A continuación, examinaremos los siguientes puntos:

> *Así como un tipo sofisticado conduciendo un Ferrari parece mucho más rico que un multimillonario desaliñado, de la misma manera el cientifismo parece más científico que la verdadera ciencia.*
>
> *El verdadero intelecto no debería parecer intelectual.*

El nudo gordiano

Nunca pagues por una presentación compleja cuando lo que necesitas son resultados.

En una ocasión llamaron a Alejandro Magno para que resolviera un gran desafío en la ciudad frigia de Gordium (como es usual en los relatos griegos, esta ciudad se halla en la moderna Turquía). Al llegar a Gordium descubrió un viejo carro con el yugo atado por múltiples nudos, pero tan férreamente apretados que era imposible descubrir cómo habían sido atados. Un oráculo había declarado que quien desatara el nudo gobernaría lo que entonces se conocía como «Asia», esto es, Asia Menor, el Levante y Oriente Medio.

Después de luchar y luchar por deshacer el nudo, Alejandro Magno tomó distancia de aquella masa de nudos prietos y declaró que a la profecía le importaba muy poco cómo se deshacía aquello. Sacó entonces la espada y cortó el nudo de un tajo.

Ningún académico de «éxito» podría permitirse nunca seguir semejante proceder. Como tampoco podría hacerlo ningún intelectual pero idiota (IPI). A la medicina le llevó un tiempo comprender que cuando a un paciente le duele la cabeza es mucho mejor darle una aspirina o recomendarle una buena noche de descanso, antes que someterlo a cirugía cerebral, aunque esta última parezca más «científica». Sin embargo, muchos «consultores» y muchos de esos individuos tan bien pagados no parecen haber llegado aún a esa conclusión.

Sobreintelectualización de la vida

Los investigadores Gerd Gigerenzer y Henry Brighton han comparado los métodos de la escuela «racionalista» (entrecomillada porque hay muy poco de racional en esos racionalistas) y la heurística en el siguiente ejemplo, que muestra cómo un jugador de béisbol atrapa la pelota según Richard Dawkins:

> Richard Dawkins [...] declara que «[el jugador] se comporta como si hubiera resuelto un conjunto de ecuaciones diferenciales que predicen la trayectoria de la pelota. En un nivel subconsciente, se activa algo funcionalmente equivalente al cálculo matemático».
>
> [...] En cambio, los experimentos han demostrado que los jugadores se basan en procedimientos heurísticos. La mirada heurística es la más sencilla y funciona cuando la pelota está ya en

el aire: basta fijar la mirada en la pelota, echar a correr y ajustar la velocidad para que tu ángulo de visión permanezca constante.

Este error del escritor científico Richard Dawkins se generaliza hasta el extremo de sobreintelectualizar a los seres humanos en su respuesta a todo tipo de fenómenos naturales, en lugar de aceptar el papel que desempeñan algunos procedimientos heurísticos mentales utilizados para *propósitos específicos*. El jugador de béisbol desconoce la heurística exacta, pero la aplica; de otro modo perdería el partido ante un contrincante que no intelectualiza la situación. De modo análogo, las «creencias» religiosas, como veremos en el capítulo 18, son procedimientos mentales heurísticos para resolver ciertos problemas, sin que el agente realmente lo sepa. Resolver ecuaciones para tomar una decisión no es algo que los seres humanos podamos aspirar a lograr: es computacionalmente imposible. Lo que podemos hacer desde el punto de vista racional es neutralizar algunos de los aspectos perjudiciales de esos procedimientos heurísticos, desarmarlos, por así decirlo.

Otra empresa de intervención

La gente que siempre ha actuado sin jugarse la piel (o sin jugársela en el lugar conveniente) busca lo complicado y lo centralizado, y evita lo simple como si fuera la peste. En cambio, los que practican lo de jugarse la piel desarrollan el instinto opuesto y buscan la heurística más simple. He aquí algunas reglas:

> *Las personas educadas, que han sido seleccionadas y recompensadas para encontrar soluciones complicadas no tienen incentivos para implementar las soluciones simplificadas.*

Y todo se complica cuando el remedio incluye un problema relacionado con jugarse la piel.

Esto es especialmente grave en el metaproblema, cuando la solución tiene que ver con resolver el propio problema.

En otras palabras, muchos de los problemas que encontramos en la sociedad proceden de la intervención de personas que venden soluciones complicadas porque su posición y educación les incita a ello. Alguien así no gana nada si propone una solución simple: te recompensan por tu percepción, no por los resultados. Entretanto, no pagan precio alguno por los efectos secundarios, que crecen de forma no lineal a partir de estas complicaciones.

Esto también se aplica a las soluciones que resultan ventajosas para los tecnólogos.

Oro y arroz

Sabemos instintivamente que la cirugía cerebral no es más «científica» que la aspirina, así como el vuelo de sesenta kilómetros entre los aeropuertos de JFK y Newark no indica «eficiencia», aunque haya mucha tecnología implicada. Sin embargo, no trasladamos fácilmente esta actitud a otros ámbitos y de ahí que sigamos siendo víctimas del cientifismo, que es a la ciencia lo que un esquema Ponzi es a la inversión, o lo que la publicidad o la propaganda es a la verdadera comunicación científica. Exageramos los atributos cosméticos.

Recordemos las modificaciones genéticas que expusimos en el libro III (y la campaña de difamación del capítulo 4). Pensemos por ejemplo en la historia del arroz dorado, un tipo de arroz que ha sido modificado genéticamente. En muchos países en desarrollo se ha registrado un problema de malnutrición y de deficiencia nutricional, que mis colaboradores Yaneer Bar-Yam y Joe Norman atribuyen a una simple y clarísima cuestión de transporte. Desperdiciamos más de la tercera parte de nuestros alimentos, pero si se mejorase su distribución se obtendrían mayores ganancias que modificando la propia provisión alimentaria. Pensemos que cerca del

80 o el 85 % del coste de un tomate puede atribuirse al transporte, almacenamiento y residuos (existencias no vendidas), más que al coste para el agricultor. Por lo tanto, es evidente que nuestros esfuerzos deberían centrarse en la distribución menos sofisticada.

Sin embargo, los «técnicos» descubrieron un ángulo de intervención. Se trata, en primer lugar, de mostrar imágenes de niños famélicos para suscitar simpatía y evitar cualquier discusión: quien discute en presencia de niños moribundos es un cabrón despiadado. En segundo lugar, hay que dar a entender que cualquier crítica a tu método va en *contra* de la idea de salvar a los niños. En tercer lugar, propones una técnica de aspecto científico y muy lucrativa para ti y que, en caso de que provoque una catástrofe o una desgracia, te aísle de los efectos a largo plazo. En cuarto lugar, reclutas a periodistas y tontos útiles, gente que odia las cosas que parecen «poco científicas» a sus ojos poco científicos. Y, por último, creas una campaña de difamación para perjudicar a los investigadores que, al no tener *el jodido dinero*, son muy vulnerables a la más leve mancha en su reputación.

En este caso, la técnica consiste en modificar genéticamente el arroz para que aporte vitaminas. Mis colegas y yo hicimos un esfuerzo para demostrar lo que viene después: una crítica general de este método. En primer lugar, los transgénicos, es decir, el tipo de modificación genética así obtenido, no está en términos analíticos en la misma categoría que el cruce de plantas y de animales que ha caracterizado a la actividad humana desde el inicio de la agricultura, del cultivo, por ejemplo, de patatas y mandarinas. Dejamos de lado las diversas clases de complejidad que todo ello entraña y que los efectos en el entorno no son previsibles; porque nadie ha estudiado las interacciones entre unos y otros. Recordemos que la fragilidad está en la dosis: caer desde la planta veinte no está en la misma categoría de riesgo que caerse de la silla. Llegamos incluso a demostrar que había un aumento patente en el riesgo sistémico. En segundo lugar, no había un estudio de riesgos adecuado y los métodos estadísticos empleados en estos artículos como apoyo de los argumentos expuestos eran erróneos. En tercer lugar, invocamos el principio de la simplicidad, que fue considerado *anticiencia*. ¿Por qué no dar a estas personas el arroz y las vitaminas de forma separada? A fin de cuentas, tampoco disponemos de café genéticamente modificado que incluya leche en su composición. En cuarto lugar, pudimos demostrar que los OGM suponen un riesgo oculto para el medio ambiente debido a su mayor uso de los pesticidas, los cuales matan el microbioma (esto es, las bacterias y otras formas de vida microscópica que se hallan en los suelos).

Pronto me di cuenta de que, debido a la regla de la minoría, no tenía sentido continuar. Como expliqué en el libro III, los OGM perdieron la batalla simplemente porque una minoría inteligente e intransigente se opuso a ellos.

La compensación

En cuanto uno es juzgado por los demás y no por la realidad, las cosas se distorsionan del siguiente modo. Hay empresas que no han caído en la bancarrota y que tienen algo llamado departamento de personal. Aquí se utilizan ciertos parámetros y hay que cumplimentar «formularios de evaluación».

En cuanto tenemos formularios de evaluación, aparecen las distorsiones. Recordemos que, como ya conté en *El cisne negro*, yo mismo tuve que rellenar un formulario de evaluación en el que me preguntaban el porcentaje de mis días rentables y se me animaba, en mi calidad de operador bursátil, a ganar dinero regularmente a expensas de los riesgos ocultos de cisnes negros, o pérdidas resultantes. La ruleta rusa te permite ganar dinero en cinco de cada seis ocasiones. Esto ha llevado a algunos bancos a la bancarrota, ya que estas entidades no pierden más que una vez cada cien trimestres, pero entonces pierden más de lo que han ganado nunca. Mi planteamiento manifiesto consistía en intentar ganar dinero con poca frecuencia. Rompí el formulario de evaluación delante del gran jefe y luego me dejaron solo.

El mero hecho de que una evaluación permita que te juzguen

no por los resultados finales sino por algún parámetro intermedio que te incita a parecer sofisticado, provoca ciertas distorsiones.

La educación como bien de lujo

Para las nuevas clases altas asiáticas, las universidades de la Ivy League se han convertido en el bien de lujo supremo a la hora de conferir estatus. Harvard es como un bolso de Vuitton con un Cartier dentro. Estas instituciones educativas son una enorme carga para las clases medias, que han invertido en ellas una porción creciente de sus ahorros, transfiriendo así su dinero a burócratas, promotores inmobiliarios, profesores titulares de ciertas disciplinas que de otra forma no existirían (estudios de género, literatura comparada o economía internacional) y a otros parásitos. En Estados Unidos, hay una gran cantidad de préstamos estudiantiles que se transfieren automáticamente a estos extractores de ingresos. Lo cual no es muy diferente de la extorsión: solo se necesita el «nombre» de una universidad decente para abrirse camino en la vida. Sin embargo, tenemos pruebas de que, en términos colectivos, la sociedad no avanza con la educación reglada, sino más bien al contrario: el nivel de educación (formal) de un país es fruto de su riqueza.*

Una detección heurística de las estupideces

Aquí la heurística consistiría en utilizar la educación en sentido inverso: contratar, tomando como base un mismo conjunto de habilidades, a la persona que tenga una educación menos prefabricada. Esto significa que ha de tener éxito independientemente de cuáles sean las credenciales de sus competidores y superar mayores

* El mismo argumento se aplica a las biografías de científicos y matemáticos escritas por periodistas científicos o por biógrafos profesionales: presentan un relato parcial y, lo que es peor, ponen en un pedestal a los biografiados.

obstáculos. Por otra parte, en la vida real es mucho más fácil tratar con personas que no han estudiado en Harvard.

Podemos identificar una disciplina como una simple estupidez si depende estrictamente del prestigio de la universidad que la imparte. Recuerdo que cuando quise hacer un MBA me dijeron que si no estaba impartido en alguna de las diez o veinte primeras universidades del país era una pérdida de tiempo. Las licenciaturas en matemáticas, por el contrario, dependen mucho menos de la universidad que las imparta (siempre y cuando superen cierto nivel, de manera que la heurística se aplicaría a la diferencia entre las diez primeras universidades y las dos mil primeras).

Otro tanto se aplica a los artículos de investigación. En matemáticas y física, un resultado publicado en la web arXiv (con un mínimo de obstáculos) es algo bueno. En campos de baja calidad como las finanzas académicas (donde los artículos suelen ser una forma de narración compleja), el «prestigio» de la publicación es lo único que se valora.

Los gimnasios de verdad no parecen gimnasios

Esta forma de clasificar a las instituciones educativas proporciona muchos elementos cosméticos pero olvida algo fundamental respecto a la antifragilidad y el verdadero aprendizaje, algo que recuerda a los gimnasios. A la gente le impresionan los equipos caros —aparatos lujosos, complejos, multicolores— que parecen sacados de una nave espacial. Todo parece sumamente sofisticado y científico, pero recuerda que lo que parece científico suele ser el cientifismo, no la ciencia. Como en las universidades de prestigio, pagas una gran cantidad de dinero por apuntarte al gimnasio, sobre todo para beneficio de los promotores inmobiliarios. Sin embargo, quienes practican el fortalecimiento muscular (quienes ya están fortalecidos gracias a diversas facetas de la vida) saben que los usuarios de estas máquinas solo se fortalecen en la fase inicial. Al recurrir a equipos complicados que únicamente ponen a trabajar unos cuantos músculos, los usuarios habituales acaban cayendo en la languidez y debilitándose con el tiempo, y las supuestas destrezas que aporta la propia máquina en la que entrenan no se transfieren a su cuerpo. Es un equipo que podría ser útil en un hospital o en un programa de rehabilitación, pero nada más. Por otro lado, unas simples pesas (una barra de metal con dos pesas a cada lado) son la única pieza del equipo de entrenamiento convencional que pone a trabajar todo tu cuerpo en los ejercicios, y es la más fácil y barata de conseguir. Todo lo que tienes que hacer es aprender algún truco para despegarte del suelo con la máxima potencia y evitar así cualquier lesión. Aquí tenemos a Lindy otra vez: los levantadores de pesas conocen la fenomenología del proceso desde hace al menos dos milenios y medio.

Lo único que necesitas para ejercitarte son unas zapatillas deportivas para que puedas salir a correr cuando te vaya bien (y tal vez unos pantalones que no te hagan parecer ridículo) y una barra con pesas. Mientras escribo esto examino el folleto de un hotel de lujo en el que voy a pasar los dos próximos días. Debe de haberlo preparado algún tipo con un MBA: está impreso en papel satinado y muestra todas las máquinas y los frascos de zumo de colores que «mejoran» tu salud. Tienen hasta piscina, pero no barra de pesas.

Y si los gimnasios no deberían parecer gimnasios, el ejercicio tampoco debería parecer ejercicio. La mayor parte del aumento de tu fuerza física se logra trabajando en las colas de la distribución, cerca de tu límite.

A continuación

Este capítulo ha logrado mezclar el levantamiento de pesas con la investigación fundamental amparándose en el argumento de que, aunque la idea de jugarse la piel elimina lo cosmético, su ausencia provoca absurdos que tienden a multiplicarse. Ahora, consideremos la divergencia de intereses que se da en tu propia persona cuando llegas a ser rico.

CAPÍTULO 10

Solo los ricos están envenenados: las preferencias de los demás

El vendedor es el jefe — Cómo beber veneno — Publicidad y manipulación — El insoportable silencio de las grandes mansiones los domingos por la tarde

Cuando la gente se enriquece, se desprende de su mecanismo experiencial gobernado por la idea de jugarse la piel. Pierde el control de sus preferencias, sustituyéndolas por preferencias construidas, complicándose innecesariamente la vida y provocándose sufrimiento a sí mismos. Y esas preferencias construidas son, evidentemente, las preferencias de quienes quieren venderles algo. Se trata de un problema vinculado a la idea de jugarse la piel, ya que estas decisiones de esos individuos tan ricos vienen dictadas por otros actores, que tienen algo que ganar y ningún efecto secundario que padecer a raíz de la venta. Y dado que son ricos y sus explotadores no lo son tanto, nadie dirá que son *víctimas*.

Una vez cené con un amigo que insistió en comer en un restaurante con estrellas Michelin en lugar de aceptar mi sugerencia de acudir a una taberna griega regentada por un individuo amistoso cuyo primo segundo era el gerente del local y su primo tercero el amable recepcionista. Los otros clientes parecían tener, como solemos decir en las lenguas mediterráneas, un corcho en el culo, que obstruía la ventilación correcta, provocando que los vapores ascendieran por las paredes gastrointestinales, lo que provocaba ese irritante decoro que solo advertimos en las clases medias altas y educadas. Me di cuenta de que, además de corchos, todos los hombres llevaban corbata.

La cena consistió en una sucesión de complicados platitos, con ingredientes microscópicos y sabores contrastados que te obligaban a concentrarte como si estuvieras sometiéndote a un examen de admisión. No comías: más bien visitabas una especie de museo con un inglés afectado que te sermoneaba a propósito de cierta dimensión artística que jamás habrías considerado por ti mismo. Había muy pocas cosas conocidas y familiares a mis papilas gustativas: en cuanto algo parecía tener un sabor genuino, no había oportunidad de tomar más, ya que enseguida pasábamos al siguiente plato. Mientras pasaban los platos y escuchaba las pamplinas que el sumiller nos contaba respecto al vino, temí perder la concentración. Cuesta mucha energía fingir que no te aburres. De hecho, descubrí algo óptimo en el lugar equivocado: lo único que me importaba, el pan, no estaba caliente. Parece que esa no es una exigencia para ganarse las tres estrellas Michelin.

«Venenum in auro bibitur»

Me fui del lugar muerto de hambre. De haber tenido oportunidad habría probado una receta avalada por el tiempo (por ejemplo, una pizza con ingredientes frescos o una hamburguesa jugosa) en un lugar animado, donde habríamos pagado la vigésima parte de lo que nos costó aquella cena. Pero como mi amigo podía permitirse un restaurante tan caro, acabamos siendo víctimas de los complejos experimentos de un chef juzgado por algún burócrata de Michelin. En este caso no se dio el efecto Lindy: la comida sabe mejor de una abuela siciliana a otra, con unas variaciones mínimas. Me sorprende que los ricos sean los objetivos naturales de semejantes lugares; como los gritos de Tiestes en la tragedia epónima de Séneca, los ladrones no entran en hogares insolventes, y además es más probable que se ingiera veneno en una copa de oro que en una ordinaria. El veneno se toma en copas doradas (*Venenum in auro bibitur*).

Es fácil estafar a la gente llevándola a situaciones complicadas; a los pobres se les ahorran este tipo de complicaciones. Es la misma complicación que vimos en el capítulo 9, la que anima a los académicos a vender la solución más complicada cuando existe una sencilla. Además, los ricos recurren a «expertos» y «consultores». Una industria concebida para engañarte, siempre te engañará: consultores financieros, dietistas, expertos en *fitness*, asesores de estilo de vida, especialistas en el sueño y en la respiración, etc.

A muchos, las hamburguesas nos parecen mucho más sabrosas que un filete miñón debido a su superior contenido en grasa, pero se ha convencido a la gente de que el segundo es mejor porque es más caro producirlo.

Mi idea de la buena vida *no* es acudir a una cena de gala, a una de esas reuniones en las que te encuentras atrapado entre la esposa de un promotor inmobiliario de Kansas City (que acaba de visitar Nepal) y un cabildero de Washington (que acaba de volver de sus vacaciones en Bali).

Grandes casas fúnebres

Lo mismo se aplica a los inmuebles: estoy convencido de que la mayoría de la gente es más feliz en barrios pequeños, donde pueden sentir el calor y la compañía humana. Pero cuando ganan mucho dinero acaban recibiendo presiones para mudarse a mansiones enormes, impersonales y silenciosas, alejadas de sus barrios. Al final de la tarde, el silencio de sus enormes soportales transmite una sensación de funeral, pero sin la música atmosférica. Esto es algo muy raro en términos históricos: antes, las grandes mansiones estaban atestadas de criados, amas de llaves, mayordomos, cocineros, ayudantes, doncellas, tutores privados, primos empobrecidos, mozos de cuadra e incluso músicos propios. Pero en la actualidad nadie va a consolarte por tener una mansión; pocos se darán cuenta de que es bastante triste pasar ahí una tarde de domingo.

Como descubrió Vauvenargues, el moralista francés, lo pequeño es preferible a lo grande debido a lo que actualmente llamaríamos *propiedades de escala*. Algunas cosas simplemente pueden ser demasiado grandes para tu corazón. A Roma, escribió, era fácil amarla por sus habitantes cuando era una ciudad pequeña, y mucho más difícil cuando se convirtió en un gran imperio.

Los individuos prósperos y que no parecen ricos son muy conscientes de esta cuestión: viven en barrios cómodos y saben instintivamente que mudarse es un lastre mental. Muchos siguen viviendo en sus primeras casas.

Muy pocas personas comprenden sus propias preferencias, y por ello acaban siendo manipuladas por quienes quieren venderles algo. En ese caso, el empobrecimiento podría llegar a ser incluso algo deseable. Observando Arabia Saudí, que progresivamente volverá al nivel de pobreza anterior al *boom* del petróleo, me pregunto si el hecho de arrebatarles algunas cosas —entre ellas, el enjambre de extranjeros aduladores que pretenden despellejarlos— les hará bien.

Dicho de otra manera: si la riqueza limita tus opciones en lugar de multiplicarlas (y de hacerlas más variadas), algo estás haciendo mal.

Conversación

En todo caso, si eres rico tienes que ocultar tu dinero si quieres tener lo que yo llamo amigos. Tal vez esto sea de dominio público; lo que resulta menos obvio es que también hay que ocultar la erudición y el aprendizaje. Las personas solo pueden ser amigas en términos sociales si no intentan eclipsarse o aventajarse unas a otras. De hecho, el arte de la conversación consiste justamente en evitar cualquier desequilibrio, como en *El cortesano*, de Baltasar Castiglione: la gente tiene que ser igual, al menos para el propósito de la conversación; de otro modo, fracasará. Debe estar libre de jerarquías y sus contribuciones han de ser equitativas. Es mejor cenar con tus amigos que con tu profesor, a menos que, evidentemente, tu profesor comprenda «el arte» de la conversación.

En realidad, podemos generalizar y definir una comunidad como el espacio en el que se han abolido muchas reglas de competitividad y jerarquía, donde lo colectivo prevalece sobre los intereses propios. Por supuesto, habrá tensiones con el exterior, pero eso es otra cuestión. Esta idea de abolición de la competitividad en un grupo o tribu aparece en la noción de grupo tal como la estudió Elinor Ostrom.

La no linealidad del progreso

Ahora generalicemos la idea de progreso. ¿Quieres que la sociedad sea más rica o prefieres otra cosa, como por ejemplo evitar la pobreza? ¿Tomas tus propias decisiones o es un vendedor quien decide por ti?

Volvamos a la experiencia del restaurante para examinar las preferencias construidas en comparación con las preferencias naturales. Si tuviera que elegir entre pagar 200 dólares por una pizza y 6,95 por la compleja experiencia francesa, pagaría con gusto los doscientos dólares, además de 9,95 por una botella de vino Malbec. De hecho, pagaría para *no* tener la experiencia Michelin.

Este razonamiento demuestra que, pasado cierto nivel, la sofisticación puede provocar degradación, lo que los economistas llaman *utilidad negativa*. Es algo que nos aporta algunas enseñanzas sobre la riqueza y el crecimiento del producto interior bruto en la sociedad; pues demuestra que hay una curva con forma de U invertida en la que a partir de cierto nivel los perjuicios tienden a dispararse. Pero eso solo se puede detectar cuando uno se libera de las preferencias construidas.

Ahora bien, muchas sociedades se han enriquecido progresivamente, más allá de la parte positiva de la curva en U invertida, además de provocar un aumento de la calidad de vida en sus mimados niños. Estoy convencido de que si la pizza costara doscientos dólares, la gente con corchos en el culo haría cola para consumirla. Pero como es fácil de producir, ellos optan por lo caro; la pizza con ingredientes frescos y naturales siempre será más barata que la mierda complicada.

Mientras la sociedad avance en términos de riqueza, siempre habrá alguien que intentará venderte algo hasta el punto de degradar tu bienestar, e incluso un poco más allá.

A continuación

El próximo capítulo presentará la regla de la amenaza no verbal por medio de la historia de los expertos en el oficio, la secta de los asesinos.

CAPÍTULO 11

«Facta, non verba» (Hechos, no palabras)

Un caballo muerto en tu cama — Hacer amistad mediante una tarta envenenada — Emperadores romanos y presidentes de Estados Unidos — Un enemigo vivo vale más que diez enemigos muertos

El mejor enemigo es aquel al que dominas jugándote la piel por él y dándole a conocer las reglas exactas que vienen con ello. Lo mantienes vivo y le haces saber que debe su vida a tu gran benevolencia. La idea de que un enemigo dominado es mejor que un enemigo muerto fue perfeccionada por la orden de los asesinos, así que vamos a profundizar en la obra de esta sociedad secreta.

Una oferta difícil de rechazar

En *El padrino* hay una escena fantástica en la que un ejecutivo de Hollywood se despierta en su cama junto a la cabeza cortada y ensangrentada de su querido caballo de carreras.

Antes se había negado a contratar a un actor siliciano-americano por razones que parecían injustas, pues aunque sabía que era el mejor para el papel, estaba resentido con esa «voz oleaginosa» que había engatusado a una de sus antiguas amantes y temía que pudiera seducir a sus futuras conquistas. Pero resultó que el actor, que en la vida real (posiblemente) era Frank Sinatra, tenía amigos y amigos de amigos, ese tipo de cosas; incluso era el ahijado de un capo de la mafia. El *consigliere* de la «familia» fue a ver al ejecutivo pero no logró disuadirlo ni suavizar su típica aspereza hollywoodiense: no se dio cuenta de que, al cruzar volando todo el país para realizar su petición, aquel mafioso de alto rango no estaba presentando la carta de recomendación que uno puede enviar al departamento de personal de una universidad. Le estaba haciendo *una oferta que no podía rechazar* (la expresión se popularizó justamente gracias a esa escena de la película).

Era una amenaza, y no una amenaza vacua.

Mientras escribo esto la gente habla de terrorismo y de grupos terroristas, pero cometen graves errores en las categorías que manejan; de hecho, existen dos variedades completamente distintas de terroristas. El primer grupo está formado por terroristas que son terroristas para todo el mundo, es decir, para toda persona con capacidad de discernimiento y que no sea natural de Arabia Saudí y no trabaje para un *think tank* financiado por jeques; el segundo está formado por milicias consideradas terroristas por sus enemigos, mientras que para sus seguidores son «resistentes» o «luchadores por la libertad».

El primero incluye a individuos que no son soldados pero que asesinan indiscriminadamente a civiles para conseguir un efecto y no se preocupan por los objetivos militares, ya que no les interesa lograr victorias militares sino únicamente hacerse notar, provocar daño al mayor número de seres humanos, hacer ruido y, en algunos casos, encontrar un camino fácil para llegar el paraíso. La mayoría de los yihadistas suníes, como los miembros de Al Qaeda y del Dáesh y los «rebeldes moderados» sirios patrocinados por el expresidente Obama, aquellos que hallan un placer inconmensurable en poner bombas a la población civil, se encuentran en esta categoría. El segundo grupo se centra en el asesinato político estratégico: el Ejército Republicano Irlandés, la mayoría de las organizaciones chiitas, los luchadores por la independencia de Argelia, la resistencia francesa durante la ocupación alemana, etc.

Para los chiitas y otras variantes similares de Oriente Próximo y Oriente Medio, el ascendente, los métodos y las reglas utilizadas tienen su origen en la orden de los asesinos, que siguen el *modus operandi* de los sicarii de Judea en la época romana. Recibían el nombre de *sicarii* por las dagas que usaban para asesinar a los soldados romanos y, fundamentalmente, a sus colaboradores en Judea, porque creían que profanaban su templo y su tierra.

Tengo la mala suerte de conocer el tema en propia piel. Resulta que la escuela secundaria a la que asistí, el liceo franco-libanés de Beirut, tiene una lista de antiguos estudiantes «notables». Yo soy el único que ha entrado en esta categoría sin ser víctima de un asesinato, consumado o en modo de tentativa (aunque tengo los suficientes enemigos salafitas como para que haya tiempo de satisfacer el requerimiento básico: jugarse la piel).

La secta de los asesinos

Lo interesante de la secta de los asesinos es que el asesinato en sí mismo ocupaba un lugar muy discreto en su agenda. Comprendían la importancia de enviar mensajes significativos. A ellos les gustaba dominar a sus enemigos. Pero sabían que el único enemigo al que no puedes manipular es el enemigo muerto.

En 1118, Ahmad Sanjar se convirtió en sultán del imperio turco selyúcida de Asia Menor (es decir, la moderna Turquía), Irán y ciertas zonas de Afganistán. Un día, poco después de llegar al poder, se despertó con una daga junto a su cama, firmemente clavada en el suelo. Según una versión de la leyenda, una carta le informaba de que era preferible hundir la daga en el duro suelo que clavarla en su blando pecho. Era un mensaje característico de los hashishin, también conocidos como asesinos, con el cual querían decir al otro que los dejara en paz, que les enviara regalos de cumpleaños o que contratara a sus actores en su próxima película. Anteriormente, el sultán Sanjar había afrentado a sus negociadores, por lo que pasaron a la fase dos de un proceso manifiestamente bien planificado. Lo convencieron de que su vida estaba en sus manos y de que no tenía nada de qué preocuparse, siempre que obrara correctamente. De hecho, Sanjar y los asesinos vivieron bien juntos después de este episodio.

Habrás notado que no hubo una amenaza verbal explícita. Las amenazas verbales no revelan nada más que debilidad e informalidad. Recuérdalo siempre: *nada* de amenazas verbales.

Los asesinos fueron una secta relacionada con el islam chiita que existió entre los siglos XI y XIV; eran (y siguen siéndolo en sus sucesivas reencarnaciones) violentamente antisuníes. A menudo se los asocia con los caballeros templarios, ya que era frecuente que lucharan del lado de los cruzados; pero si parecen compartir algunos de los valores de los templarios, como perdonar la vida a los inocentes y a los débiles, probablemente se debe a que los primeros transmitieron sus valores a los segundos. El código de honor de la caballería tiene como segunda cláusula: «Respetaré y defenderé a los débiles, los enfermos y los necesitados».

Al parecer, la secta de los asesinos envió el mismo mensaje a Saladino (el gobernante kurdo de Siria que arrebató Jerusalén a los cruzados), informándole de que la tarta que estaba a punto de comer había sido envenenada... por ellos mismos.

Conforme al sistema ético de esta secta, el asesinato político contribuía a evitar la guerra; dejar una daga junto a la cama o cualquier otra amenaza era más efectivo para evitar el derramamiento de sangre.* Supuestamente, pretendían salvar la vida a los civiles y a quienes no estuvieran directamente involucrados en el enfrentamiento. Con su precisión aspiraban a reducir lo que hoy llamamos *daños colaterales*.

* Parece que todo lo que leemos de los asesinos puede ser una difamación de sus enemigos, incluso esos relatos apócrifos según los cuales su nombre procede del consumo de hachís (cannabis en árabe), ya que antes del asesinato entraban en trance.

El asesinato como «marketing»

Todos los que hayan intentado liberarse de la «piedrecita en el zapato» (es decir, de alguien que te molesta y no se da por aludido) deben saber que los «contratos» para liquidar ciudadanos ordinarios (esto es, para propiciar su funeral) son relativamente fáciles de conseguir y no demasiado caros. Existe un mercado clandestino relativamente activo que maneja estos contratos. En general, hay que pagar un poco más «para que parezca un accidente». Sin embargo, los historiadores perspicaces y los observadores de la historia bélica recomendarían exactamente lo contrario: en política, debes pagar más para que parezca intencionado.

De hecho, lo que el capitán Mark Weisenborn, Pasquale Cirillo y yo mismo descubrimos al intentar elaborar un estudio sistemático sobre la violencia (para refutar la tesis confabulatoria de Steven Pinker mencionada anteriormente, según la cual el nivel de violencia ha descendido) es que las cifras de los caídos en las guerras han sido históricamente infladas... por ambos bandos. Tanto los mongoles (durante su expansión por Eurasia en la Edad Media) como sus aterradas víctimas tenían incentivos para practicar la exageración, que actuaba como medida disuasoria. A los mongoles no les interesaba matar a todo el mundo; tan solo querían sumisión, lo cual era fácil de conseguir mediante el terror. Además, después de haber examinado durante algún tiempo la huella genética de los pueblos invadidos, resulta evidente que aunque los guerreros procedentes de las estepas orientales dejaron una impronta cultural, sus genes se quedaron en casa. La transferencia de genes entre diversas zonas tiene lugar gracias a las migraciones, las inclemencias del clima y un suelo estéril y no tanto por las guerras.

Recientemente, la «masacre» de Hama de 1982, perpetrada por Assad padre contra yihadistas sirios, provocó unas bajas documentadas (según mi estimación) de una magnitud inferior a la publicitada; el resto fue inflado: con el tiempo se pasó de dos mil a cuarenta mil víctimas sin que hubiera nueva información significativa. Tanto el régimen sirio como sus enemigos tenían interés en que los números se inflaran. Curiosamente, la cifra de bajas ha continuado subiendo en los últimos años. En el capítulo 14 volveremos a los historiadores y demostraremos que el rigor empírico es bastante ajeno a su disciplina.

El asesinato como democracia

Ahora pasemos a la vida política; si el sistema democrático no brinda una plena gobernabilidad —cosa que patentemente no logra, debido a los favoritismos y al estilo de corrupción legal encubierta que practica Hillary-Monsanto-Malmaison— sabemos muy bien lo que provoca: un aumento en la rotación del Gobierno. La descripción epigramática de la Constitución rusa que hizo el conde Ernst zu Münster es lo bastante explícita: «Absolutismo mitigado por el asesinato».

Aunque los políticos actuales no se juegan la piel y no tienen por qué preocuparse durante su mandato, cada vez conservan durante más tiempo su puesto en el Gobierno, gracias al aumento de la esperanza de vida en los tiempos modernos. El socialista caviar François Mitterrand reinó a lo largo de catorce años, es decir, bastante más tiempo que muchos reyes franceses; y gracias a la tecnología tuvo más poder sobre la población que la mayoría de los monarcas franceses. Incluso un presidente de Estados Unidos, el tipo moderno de emperador (a diferencia de Napoleón y de los zares, los emperadores romanos antes de Diocleciano no eran absolutistas), tiende a permanecer al menos cuatro años en el trono, mientras que Roma tuvo cinco emperadores en un año y cuatro en otro. Y era algo que funcionaba: tengamos en cuenta que todos los malos emperadores —Calígula, Caracalla, Heliogábalo y Nerón— acabaron asesinados por la guardia pretoriana o, en el caso de Nerón, muertos por propia mano. Recordemos que en los primeros cuatrocientos años del Imperio romano, menos de un tercio de los emperadores falleció de muerte natural, asumiendo que esas muertes fueran realmente atribuibles a la naturaleza.

La cámara fotográfica para jugarse la piel

Gracias a la cámara fotográfica ya no hace falta colocar cabezas de caballo en hoteles lujosos o en villas de los Hamptons para dominar a la gente.

Antes vivíamos en comunidades pequeñas; nuestra reputación estaba estrechamente vinculada a nuestros actos: éramos observados. Hoy, el anonimato despierta la gilipollez en la gente. Un día descubrí accidentalmente una forma de alterar la conducta de personas ofensivas o faltas de ética *sin necesidad de amenazas verbales*. Basta hacerles una foto. Al hacerles fotos es como si tuvieras su vida en tus manos y con tu silencio controlaras su conducta futura. No saben lo que vas a hacer con esas instantáneas y por eso vivirán en un estado de incertidumbre.

Descubrí la magia de la cámara para restablecer una conducta ética o cívica de la siguiente manera. Un día estaba en un pasillo del metro de Nueva York y dudé unos segundos al intentar localizar la salida que me correspondía. Un hombre bien vestido y de temperamento nervioso y más bien neurótico se puso a lanzarme toda clase de insultos por haberme «parado». En lugar de golpearle como prolegómeno a nuestra posible conversación, como habría hecho en 1921, saqué mi teléfono móvil y le hice una foto mientras le decía con voz serena que era «un idiota agresivo y que ofende a las personas que se han perdido». Se puso furioso y se alejó de mí, ocultando el rostro para evitar que le hiciese más fotografías.

En otra ocasión me hallaba en el norte de Nueva York cuando un hombre ocupó el lugar en el que yo iba a aparcar mientras estaba intentando entrar marcha atrás. Le dije que eso no era nada educado, pero él actuó como un gilipollas. Una vez más, le hice una foto a él y a su matrícula sin articular palabra. Se marchó en el acto, dejando libre la plaza de aparcamiento. Por último, otro día me hallaba cerca de mi casa, donde hay una reserva forestal en la que está prohibido usar bicicletas porque perjudican el entorno. Dos ciclistas de montaña pasan por ahí cada semana durante mi paseo de las cuatro de la tarde. Les advertí, pero fue en vano. Aquel día tomé tranquilamente una docena de fotos, asegurándome de que me vieran. El tipo más fornido rezongó, pero se marcharon enseguida. Jamás regresaron.

Evidentemente, borré esas imágenes de mi teléfono. Pero nunca había pensado que los teléfonos móviles pudieran ser un arma tan formidable. Sería injusto usar esas imágenes para denunciarlos en la red. Antes, las malas acciones solo se transmitían a conocidos que sabían cómo poner las cosas en perspectiva. Hoy, los desconocidos, incapaces de juzgar el carácter general de una persona, se han convertido, por designación propia, en una policía de la conducta. Avergonzar a alguien en la red tiene mucho más efecto que las antiguas manchas en la reputación, y supone un riesgo de cola mucho más peligroso.

En el segundo libro de *La república* de Platón tiene lugar una discusión entre Sócrates y el hermano de Platón, Glaucón, sobre el anillo de Giges, que concede a su portador el poder de ser invisible y de observar a los demás. Evidentemente, Platón anticipaba el ardid cristiano según el cual «somos observados» en todo momento. La discusión se centraba en si la gente se comportaba correctamente porque era observada o, según Sócrates, debido a su carácter. Evidentemente, nosotros estamos con Sócrates, pero iremos aún más lejos y definiremos la virtud como algo que no se limita a complacer a los demás, sino que incluso puede irritarlos. Recordemos que Sócrates fue condenado a muerte por no poner en peligro sus propios estándares. Más adelante ahondaremos en ello, cuando hablemos de la verdadera virtud.

CAPÍTULO 12

Los hechos son ciertos, las noticias falsas

Nunca dije lo que dije — Que no haya noticias es ya noticia — La información fluye en ambas direcciones

Cómo estar en desacuerdo con uno mismo

En el verano de 2009 participé en un debate público de una hora con David Cameron, que por entonces se presentaba como primer ministro del Reino Unido, cargo al que accedió tiempo después. El debate versaba sobre cómo se puede fortalecer una sociedad, inmunizándola incluso contra los cisnes negros, qué estructura debía tener para favorecer tanto la descentralización como la rendición de cuentas y cómo había que proteger el sistema, *ce genre de trucs*. Fueron cincuenta y nueve interesantes minutos en los que repasamos algunos de los temas planteados en *Incerto*, y la verdad es que me sentí muy bien explayándome sobre todas estas cuestiones por primera vez. La sala de la Real Sociedad para las Artes estaba llena de periodistas. Después me fui a un restaurante chino del Soho (de Londres) para celebrarlo con algunos amigos; entonces recibí una llamada de un amigo horrorizado. Todos los periódicos de Londres me llamaban «negacionista del cambio climático» y me presentaban como parte de una oscura conspiración contra el medio ambiente.

La prensa resumió los cincuenta y nueve minutos del debate e informó de un comentario tangencial que duró veinte segundos y que fue interpretado en un sentido inverso al pretendido. Alguien que no hubiera asistido al acto podría hacerse la idea de que este había versado exclusivamente sobre esta cuestión.

Resulta que durante la conversación presenté mi versión del principio de precaución, y creo que merece la pena repetirla aquí. Este principio sostiene que no necesitamos modelos complejos para justificar que es preciso evitar ciertos actos. Si no comprendemos algo que presenta un efecto sistémico, lo mejor es evitarlo. Los modelos son susceptibles de error, algo que yo conocía bien por el mundo de las finanzas; la mayoría de los riesgos solo aparecen en los análisis cuando el daño ya ha sido hecho. Hasta donde sé, solo tenemos un planeta. Por lo tanto, quienes tienen la responsabilidad de demostrar la falta de riesgo de cola son los que contaminan, o quienes introducen nuevas sustancias en cantidades mayores a las habituales. En realidad, cuanta más incertidumbre generen los modelos, más conservadores deberíamos ser. Aquellos mismos periódicos habían elogiado *El cisne negro*, en el que esta cuestión se exponía con claridad meridiana, así que era evidente que su ataque no tenía nada que ver con mi argumentación sino más bien con un intento de debilitar a Cameron por medio de mi demonización. Descubrí que habrían encontrado otra razón para perjudicarme al margen de lo que hubiera dicho.

Logré defenderme haciendo mucho ruido y, con una amenaza legal explícita, obligué a cada periódico a publicar mi réplica. Incluso entonces alguien de *The Guardian* intentó atenuar (sin éxito) mi carta insinuando que se trataba de algún tipo de *desacuerdo* con lo que *yo* había dicho, no de una corrección de su tergiversación. En otras palabras, querían que dijera que estaba en desacuerdo conmigo mismo.

Los periódicos de Londres tergiversaban expresamente una noticia para su propio público. Alguien que leyera el diario confundiría al periodista con un intermediario entre el comunicador y el producto, la noticia misma. Cierto es que yo conseguí dejar las cosas claras desde mi privilegiada tribuna, pero no todo el mundo puede hacer lo mismo.

Por lo tanto, es evidente que hay un problema de agencia. No hay ninguna diferencia entre un periodista de *The Guardian* que se comporta así y el propietario de un restaurante de Milán que, cuando pides un taxi, llama a su primo y este se dedica a llevarte por toda la ciudad para inflar el taxímetro. O el médico que ofrece un diagnóstico deliberadamente erróneo para venderte un medicamento en el que tiene un interés personal.

A LA INFORMACIÓN NO LE GUSTA TENER DUEÑOS

El periodismo no es compatible con Lindy. La información se transmite en las organizaciones de boca a boca y circula en doble sentido. En la antigua Roma, la gente obtenía información sin un filtro centralizado. En los antiguos mercados mediterráneos, la gente hablaba: ellos eran los receptores y los emisores de información. Los barberos ofrecían un servicio integral: hacían de cirujanos, de expertos en resolución de problemas y de reporteros de noticias. Si se permitía que la gente filtrara sus propios rumores, se convertirían también en parte de la transmisión. Otro tanto puede decirse de los pubs y cafeterías londinenses. En el Mediterráneo oriental (las zonas de Grecia y el Levante actual), las condolencias eran un motivo de reunión y transmisión de noticias, y de hecho constituían el grueso de la vida social. En estos encuentros es donde se difundían las noticias. Algunos días mi abuela salía a hacer sus «rondas» de condolencias por la comunidad griega ortodoxa de Beirut, entonces muy significativa, y de ese modo se mantenía prácticamente al tanto de todo, hasta de los detalles más insignificantes. Si el hijo de alguien importante suspendía un examen, ella se enteraba enseguida. Detectaba prácticamente cualquier asunto de la ciudad.

A las personas poco fiables se les concedía menos importancia que a las que eran de fiar. No se puede engañar a la gente más de dos veces.*

La época en que se prestó confianza a relatos unilaterales como los ofrecidos por la prensa y la televisión, que pueden ser controlados por los mandarines, duró desde mediados del siglo XX hasta las elecciones estadounidenses de 2016. En ese momento, las redes sociales, que permiten un flujo de información bidireccional, revirtieron el mecanismo de las noticias a su formato natural; Lindy tuvo que atacar. Como ocurre con quienes participan en mercados y zocos, la fiabilidad aporta una ventaja a largo plazo.

Por otra parte, el problema de la agencia en la prensa actual es sistémico, pues sus intereses seguirán manteniéndose separados de los de su público hasta que el sistema explote, como vimos en el comercio a lo Bob Rubin. Valga un ejemplo: yo me sentí mucho menos frustrado por la tergiversación de mis ideas que por el hecho de que ningún lector se hubiera percatado de que el 99 % de mi debate con Cameron se centró en temas que no tenían nada que ver con el cambio climático. Si lo primero podía ser una malinterpretación, lo segundo es un defecto estructural. Y los defectos estructurales no se subsanan; el sistema se corrige a sí mismo mediante el colapso.†

La diferencia salta a la vista en el hecho de que los periodistas se preocupan considerablemente más por la opinión de sus colegas

* Hubo algún que otro episodio de locura colectiva, con la consiguiente difusión de falsos rumores, pero, debido al bajo nivel de conectividad entre las comunidades, los bulos no viajaban tan rápido como hoy día.

† La historia de Gawker ilustra a las claras cómo puede el periodismo llegar a autodestruirse en virtud de la creciente divergencia respecto a su público. Gawker era una organización especializada en publicitar la vida privada de la gente de una forma bestial. Acosaba a personas económicamente débiles (a menudo, veinteañeros que aparecían en escenas porno), hasta que sufrió el acoso de alguien más rico y cayó en bancarrota. Fue revelador que los periodistas defendieran masivamente a Gawker en nombre de la «libertad de información», abusando de la manera más burda de este concepto, en lugar de ponerse de parte del público, que, como es natural, estaba del lado de la víctima. Valga esto como recordatorio de que el periodismo es la madre de todos los problemas de agencia.

que por el juicio de sus lectores. Comparémoslo con un sistema saludable, por ejemplo el de los restaurantes. Como vimos en el capítulo 8, los propietarios de restaurantes se preocupan por la opinión de sus clientes, no por la que tengan otros restauradores, lo cual los mantiene bajo control y evita que el negocio de la restauración se aleje en términos colectivos de sus intereses intrínsecos. Es más, jugarse la piel crea diversidad, no monocultura. La inseguridad económica empeora la situación. En la actualidad, los periodistas tienen la profesión más insegura que podamos imaginarnos: la mayoría vive de forma precaria y el ostracismo de sus amigos les resultaría fatal. Por lo tanto, son fácilmente manipulables por los cabilderos, como hemos visto en los OGM, la guerra de Siria, etc. Si en esta profesión dices algo impopular sobre el Brexit, los OGM o Putin, eres historia. Es justo lo contrario a esos negocios en que la imitación está penalizada.

La ética del desacuerdo

Vamos a profundizar ahora en la aplicación de la regla de plata a los debates intelectuales. Puedes criticar lo que una persona *dijo* o lo que *quiso decir*. Lo primero es más sensacional, favorece en mayor grado la difusión. Lo que diferencia a un charlatán —por ejemplo, el escritor y seudorracionalista Sam Harris— es que defiende su postura o ataca a sus críticos centrándose en una declaración específica («mira lo que ha dicho») en lugar de atacar su posición global («mira lo que ha querido decir» o, en un sentido más amplio, «mira lo que defiende»), porque esto último requiere una comprensión mucho más amplia de la idea propuesta. Conviene advertir que esto mismo se aplica a la interpretación de textos religiosos, a menudo extraídos de contextos más amplios.

Es imposible que alguien escriba un documento perfectamente argumentado desde el punto de vista racional sin que haya una parte que, sacada de contexto, pueda ser transformada por un redactor deshonesto para presentarla como algo absurdo y que sea pasto del sensacionalismo; por eso algunos políticos, charlatanes y, más peligrosamente, ciertos periodistas van a la caza de esos fragmentos. «Dame unas líneas escritas por un hombre cualquiera y encontraré en ellas razones suficientes para colgarlo», dice la expresión atribuida a Richelieu, Voltaire, Talleyrand (censor atroz durante el Terror) y a algún otro. O como dijo Donald Trump: «Los hechos son ciertos, las noticias falsas»; irónicamente, esta es una de las declaraciones que hizo en una conferencia de prensa que posteriormente sufrió la misma criba selectiva que mi intervención en la Real Sociedad de las Artes.

El gran Karl Popper solía empezar sus conferencias con una certera exposición de las posturas de su oponente, a menudo de una forma prolija, como si fueran sus propias ideas, y acto seguido se ponía a desmantelarlas. Hayek muestra una actitud similar en las diatribas de *Contra Keynes y Cambridge*: se pone a la «contra», pero no tergiversa jamás a Keynes ni cae en el sensacionalismo. (Posiblemente porque se sentía intimidado por el intelecto de Keynes y por su agresiva personalidad, como todo el mundo, y no quiso despertar su ira.)

Si leemos la *Summa Theologiae* de Tomás de Aquino, escrita hace ocho siglos, encontraremos secciones como «Questio», «Praeteria», «Objectiones», «Sed contra», etc., que describen con precisión legalista las posturas que se refutan y buscan errores en ellas antes de que otros se los descubran. Si ves semejanzas con el Talmud, no es por casualidad: al parecer ambos se nutren de la argumentación legal de los romanos.

Reparemos en los argumentos asociados al *hombre de paja*, merced a los cuales no solo se extrae un comentario de un texto sino que *además* se ofrece una interpretación o se fomenta una malinterpretación. Como autor, considero que el *hombre de paja* es equiparable al robo.

Algunas de las mentiras expresadas en un mercado abierto hacen que los demás traten a su autor como si fuera invisible. Aquí no es la mentira lo más importante, sino el propio sistema, que requiere una pizca de confianza. Los suministradores de calumnias no sobrevivían en el mundo antiguo.

El principio de caridad estipula que tenemos que intentar comprender un mensaje como si fuéramos su autor. Esto es compatible con Lindy, así como lo es también la repugnancia y sus transgresiones. Por ejemplo, en Isaías 29, 21 se dice: «Los que hacen que una persona sea acusada por una palabra, tienden lazos al que juzga en la puerta, y defraudan al justo con vanos argumentos». Lo perverso te atrapa. La calumnia era un delito muy grave en Babilonia, donde la persona que acusaba en falso era castigada como si hubiera cometido ella misma el propio delito.

Sin embargo, en filosofía, el principio de caridad solo tiene sesenta años de antigüedad como tal principio. Como en tantas otras cosas, si el principio de caridad llegó a convertirse en principio es porque algunas viejas prácticas éticas habían dejado de aplicarse.

A continuación

El siguiente capítulo nos llevará a la virtud entendida a partir de la idea de jugarse la piel.

CAPÍTULO 13

La mercantilización de la virtud

Sontag tiene que ver con Sontag — Virtud es lo que haces cuando nadie te mira — Ten el valor de ser impopular — Las reuniones se retroalimentan — Llamar a un solitario un sábado después del tenis

Licurgo, el abogado espartano, respondió a la idea de permitir que en su tierra se instalara la democracia con estas palabras: «Empieza con tu propia familia».

Siempre recordaré mi encuentro con la escritora Susan Sontag, en gran medida porque ese mismo día conocí a otro icono cultural, el gran Benoît Mandelbrot. Ocurrió en 2001, dos meses después del 11-S, en una emisora de radio de Nueva York. Sontag sintió curiosidad por un tipo que «estudia el azar» y vino a verme después del programa. Cuando descubrió que yo era un agente de inversiones, me soltó que ella estaba «en contra del sistema de mercado», y acto seguido me volvió la espalda dejándome con la palabra en la boca, simplemente para humillarme (señalemos aquí que la cortesía forma parte de la regla de plata), mientras su asistente me miraba como si yo fuera un asesino confeso de niños pequeños. Para olvidarme del incidente y poder justificar de algún modo su comportamiento, me imaginé que vivía en una especie de comuna rural, donde cultivaba sus propias verduras, escribía con papel y lápiz, practicaba el trueque; en fin, la clase de cosas que se hacen en una comuna.

Pero no, resulta que no cultivaba verduras. Dos años después, encontré su obituario por mera casualidad (he esperado una década y media para comentar el incidente porque no deseaba hablar mal de la difunta). En el mundo editorial se quejaban de su codicia: a su editor, la casa Farrar, Straus and Giroux, le había sacado millones de dólares por una novela. Vivía junto con su novia en una mansión de Nueva York, que más tarde se vendió por 28 millones de dólares. Probablemente creía que insultar a la gente con dinero le daba una aureola de santa inmaculada, eximiéndola de jugarse la piel.

Es inmoral oponerse al sistema de mercado y no vivir en una choza o una cueva situada bien lejos del mercado (en algún lugar de Vermont o en el noroeste de Afganistán).

Pero hay algo peor:

Es mucho más inmoral defender las virtudes de nuestra vida sin asumir sus consecuencias directas.

Este será el tema principal de este capítulo: cómo explotar la virtud en pro de la imagen propia, la ganancia personal, la carrera, el estatus social, ese tipo de cosas; con ganancia personal me refiero a cualquier cosa que no implique asumir los perjuicios de una acción negativa.

He conocido a algunas personas que, a diferencia de Sontag, viven tal y como predican. Ralph Nader, por ejemplo, vive como un monje del siglo XVI. Y esa santa secular que fue Simone Weil, aunque procedía de la clase alta franco-judía, se pasó un año entero trabajando en una fábrica de coches, de modo que la clase obrera no era para ella una simple abstracción.

Lo público y lo privado

Como ya vimos en el caso de los intervencionistas, hay un cierto tipo de personas teóricas que no gustan de los detalles que la realidad brinda. Si logras convencerte a ti mismo de que en teoría tienes toda la razón, entonces no te importará cómo puedan tus ideas afectar a los demás. Tus ideas te conceden un estatus de persona virtuosa que te hace impermeable al efecto que aquellas ejercen sobre los demás.

De un modo análogo, si crees estar «ayudando a los pobres» gastando dinero en presentaciones de PowerPoint y en reuniones internacionales, en esos encuentros que desembocan siempre en otras reuniones (y otras presentaciones de PowerPoint), es porque estás ignorando por completo a los individuos: los pobres se convierten así en una abstracción reificada que jamás encontrarás en la vida real. Tus esfuerzos a la hora de organizar conferencias te permiten humillarlos en persona. A Hillary Monsanto-Malmaison, más conocida como Hillary Clinton, le parecía aceptable maltratar a los agentes del servicio secreto. Hace poco me enteré de que un famoso ecologista y socialista de Canadá con el que impartí un ciclo de conferencias, maltrataba a los camareros en los restaurantes, mientras que en sus intervenciones hablaba de igualdad, de diversidad y de justicia.

Los hijos de padres ricos hablan de los «privilegios de clase» que hay en universidades privilegiadas como la de Amherst, pero no serían capaces de aceptar la sencilla y lógica sugerencia que Dinesh D'Souza les plantea: ¿por qué no pasas por administración y cedes tu privilegiado puesto a un estudiante de la minoría que tengas más cerca?

Evidentemente, la defensa de las personas en esta situación consiste en decir que ellos desean que los demás también puedan estudiar: y piden una solución sistémica a cualquier problema de injusticia que perciben en el plano local. A mí esta actitud me parece inmoral. No conozco ningún sistema ético que permita no prestar ayuda a alguien que se ahoga porque nadie ha acudido en su auxilio, ningún sistema que diga: «Salvaré a quien se ahoga solo si los demás también salen a salvarlo».

Lo que nos lleva al principio:

Si tu vida privada entra en conflicto con tus opiniones, cambia de ideas, no de vida.

Y una solución al universalismo insustancial que abordamos en el prólogo:

Si tus actos privados no pueden generalizarse, entonces es que no tienes ideas generales.

Esto no tiene que ver estrictamente con las ideas, sino con la información. Si un vendedor de coches intenta venderte un coche de Detroit mientras conduce un Honda, está indicando que la mercancía que ofrece tiene un problema.

Los mercaderes de la virtud

Casi todas las cadenas hoteleras, desde Argentina hasta Kazajistán, tienen un cartel en el baño que pretende llamar tu atención: «Protege el medio ambiente». Quieren que no envíes las toallas a la lavandería sino que las reutilices durante algún tiempo, porque de ese modo el hotel se puede ahorrar miles de dólares al año. Es algo similar a lo que sucede cuando un vendedor te dice lo bueno que es su producto para ti cuando en realidad (y fundamentalmente) se trata de algo bueno para él. Evidentemente, los hoteles aprecian el medio ambiente, pero puedes apostar lo que sea a que no lo anunciarían tan ostentosamente si no fuera bueno para su cuenta de resultados.

Por lo tanto, estas causas globales —la pobreza (especialmente la infantil), el medio ambiente, la justicia para algunas minorías explotadas por los poderes coloniales y algún sexo aún desconocido y que será perseguido— son hoy en día el último refugio de la virtud de la publicidad canalla.

La virtud no es algo que puede publicitarse. No es una estrategia de inversión. Ni un esquema de reducción de costes. Ni una estrategia para vender libros (o, aún peor, para vender entradas de conciertos).

Me he preguntado por qué, merced al efecto Lindy, hay tan poca mención a la exhibición de la virtud en los textos antiguos. ¿Cómo es posible?

Bueno, no es algo nuevo, pero en otras épocas no se consideró lo suficientemente prevalente como para garantizar la queja y considerarlo como un vicio. Pero existen menciones; por ejemplo, Mateo, 6, 1-4, donde el mitzvá más elevado es el que se realiza en secreto:

> Cuídate de no hacer tus obras de justicia delante de la gente para llamar la atención. Si actúas así, tu Padre que está en el cielo no te dará ninguna recompensa.
>
> Por eso, cuando des a los necesitados, no lo anuncies al son de trompeta, como lo hacen los hipócritas en las sinagogas y en las calles, para que la gente les rinda homenaje. Te aseguro que ellos ya han recibido toda su recompensa. Más bien, cuando des a los necesitados, que no se entere tu mano izquierda de lo que hace la derecha, para que tu limosna sea en secreto. Así tu Padre, que ve lo que se hace en secreto, te recompensará.

¿Ser o parecer?

El inversor Charlie Munger dijo una vez: «Veamos, ¿te gustaría ser el mejor amante del mundo pero que todos pensaran que eres el peor? ¿O preferirías ser el peor amante del mundo y que todos creyeran que eres el mejor?». Como es habitual, si algo tiene sentido ha de estar en los clásicos, donde esta situación aparece bajo la expresión *esse quam videri*, que traduzco como «ser o aparentar ser». Puede encontrarse en Cicerón, en Salustio e incluso en Maquiavelo, que, característicamente, lo invirtió en *videri quam esse*, «aparentar más que ser».

La simonía

Hubo un momento de la historia en que, si tenías dinero, podías utilizarlo para liberarte de tus pecados. Los opulentos podían limpiar sus conciencias gracias a la compra de favores y a las indulgencias eclesiásticas, y aunque la práctica alcanzó su cota máxima en los siglos IX y X, continuó posteriormente de una forma más suave y sutil, contribuyendo decisivamente a la exasperación hacia las prácticas de la Iglesia que llevó a la Reforma.

Para la Iglesia, la simonía era una forma cómoda de recabar fondos mediante la venta de sacramentos, y todo el mundo estaba satisfecho con semejante trato. Lo mismo sucedía con las indulgencias: el comprador se reservaba una opción económica para entrar en el paraíso, el vendedor vendía algo que no costaba nada. Era, como decimos en bolsa, «dinero gratuito». Sin embargo, técnicamente era una violación de la ley canónica, pues intercambiaba un bien temporal por un bien espiritual e intemporal. Sin duda se trataba de una práctica compatible con Lindy: en sentido estricto, las indulgencias no eran muy diferentes de la práctica pagana de presentar ofrendas para propiciar a los dioses, una parte de las cuales iba a parar al bolsillo de los sumos sacerdotes.

Ahora consideremos la idea de entregar públicamente un millón de dólares a una «organización benéfica». Parte de ese dinero se invertirá en publicitar que entregas el dinero, pues toda organización benéfica se define como una organización sin ánimo de lucro que «gasta» montones de dinero en su especialización: reuniones, recaudación de fondos para el futuro y envío de múltiples e-mails a empresas (todas las que quieren ayudar a un país después de un terremoto, por ejemplo). ¿Detectamos alguna diferencia entre esta práctica y la de la simonía y las indulgencias? Lo cierto es que la simonía y las indulgencias volvieron a aparecer en la sociedad laica bajo la forma de cenas benéficas (por alguna razón, con corbata negra) y encarnándose en personas que se sienten útiles por el hecho de participar en actividades individualistas como correr por ejemplo una maratón, pero que han dejado de serlo porque con ellas se pretende contribuir a la donación de riñones (como si no se pudiera obtener lo mismo haciendo contribuciones económicas a los tratamientos de las dolencias renales), y encarnándose también en directivos de empresas que ponen su nombre a algún edificio para que se los recuerde como individuos virtuosos. Puedes engañar al mundo y obtener mil millones; todo lo que tienes que hacer es gastar una parte de tu fortuna, por ejemplo, uno o dos millones, para ingresar en el sector del paraíso reservado a los «filántropos».

Ahora bien, no estoy diciendo que todos los que dan su nombre a un edificio sean necesariamente individuos sin virtud y que pretenden comprar su lugar en el paraíso. Muchos se ven obligados a actuar de este modo por la presión social y la de sus compañeros, ya que esta puede ser una manera de alejar las críticas.

Hemos señalado que la virtud no es un ornamento ni algo que se pueda comprar. Vayamos un paso más allá y veamos cuándo la virtud exige jugarse la piel en términos de asunción de riesgos, especialmente cuando lo que está en juego es la propia reputación.

La virtud atañe a nuestro prójimo y a la colectividad entera

A partir de la propiedad de la escala, podemos afirmar con seguridad que la virtud actúa en beneficio de la colectividad especialmente cuando una acción entra en conflicto con nuestros intereses, definidos en términos estrictos. La virtud no consiste en tratar bien a unas personas que los demás se sienten inclinados a cuidar.

Por lo tanto, la verdadera virtud también tiene que ver, fundamentalmente, con tratar bien a los ignorados por los demás, los casos menos obvios, aquellas personas que las grandes organizaciones benéficas tienden a olvidar. O aquellos que no tienen amigos y a los que les gustaría que alguien los llamara de vez en cuando para conversar o para tomar una taza de buen café italiano.

Virtud impopular

Además, la forma más elevada de virtud es impopular. Esto no quiere decir que la virtud sea intrínsecamente impopular o que esté directamente relacionada con la impopularidad, sino simplemente que los actos impopulares indican una cierta asunción de riesgos y una conducta genuina.

El valor es la única virtud que no puedes falsificar.

Si tuviera que describir la perfecta acción virtuosa, diría que es aquella en la que se adopta una posición incómoda y castigada por el discurso común.

Veamos un ejemplo. Por alguna razón, durante la guerra de Siria, gracias a las empresas de relaciones públicas financiadas por Catar, la monocultura imperante consiguió penalizar a todo el que se enfrentara a los asesinos yihadistas (los presuntos rebeldes sirios, que en realidad luchaban por la fundación de un Estado salafita-wahabí en Siria). Los calificativos de «asadista» y «asesino de bebés» se crearon para evitar que los periodistas cuestionaran los apoyos recibidos por estos yihadistas. Siempre se recurre a los niños. Recordemos que los cómplices de Monsanto suelen acusar a quienes se oponen a ellos de «matar a los niños de hambre».

Defender la verdad cuando es impopular es algo más que una

virtud, porque te cuesta algo: tu propia reputación. Si eres periodista y actúas de modo que te arriesgas a sufrir el ostracismo por parte de tus colegas, eres virtuoso. Algunas personas solo expresan su opinión en un proceso de humillación pública, cuando es seguro hacerlo y así creen estar mostrando su propia virtud. Pero esto no es virtud sino vicio, una mezcla de acoso y cobardía.

Asumir riesgos

Por último, cuando los jóvenes que pretenden «ayudar a la humanidad» vienen a preguntarme «¿Qué debería hacer? Quiero reducir la pobreza, salvar el mundo», y me exponen estas y otras nobles aspiraciones en el nivel macro, les sugiero lo siguiente:

1) No mostrar nunca su virtud.
2) No participar nunca de la búsqueda de rentas.
3) Abrir un negocio. *Debes* hacerlo, debes arriesgarte y fundar un negocio.

Sí, debes asumir riesgos y si te haces rico (algo opcional) gasta generosamente tu dinero en los demás. Necesitamos personas que asuman riesgos (limitados). Se trata de alejar a los descendientes del *Homo sapiens* de lo macro, hacer que tomen distancia de los objetivos abstractos y universales, apartarlos de la ingeniería social que proyecta riesgos de cola en la sociedad. Hacer negocios siempre será útil (porque contribuye a la actividad económica sin necesidad de introducir cambios arriesgados y a gran escala en la economía); las instituciones (como la industria de ayuda al desarrollo) pueden ayudar, pero también pueden resultar perjudiciales (estoy siendo optimista: salvo unos pocos casos, la mayoría acaba siendo perjudicial).

El valor (el hecho de asumir riesgos) es la virtud más alta. Necesitamos emprendedores.

CAPÍTULO 14

Paz sin tinta ni sangre

Árabes luchando por los últimos palestinos — ¿Dónde están los leones? — Los italianos no mueren fácilmente — Cómo lograr que los historiadores construyan cohetes — El comercio iguala a la gente (o aumenta la desigualdad, pero esa es otra cuestión)

Uno de los problemas del intervencionista —que pretende involucrarse en los asuntos de los demás «para ayudarlos»— es que perturba algunos de los mecanismos de paz inherentes a los asuntos humanos: lo suyo es una combinación de colaboración y hostilidad estratégica. Como vimos en la primera parte del prólogo, este error continúa porque otro paga el pato.

Creo que si los IPI y sus amigos no se hubieran entrometido, conflictos como el palestino-israelí se habrían acabado resolviendo de alguna manera, y que ambas partes, especialmente los palestinos, estarían mejor. Hoy el problema dura ya setenta años, con demasiados cocineros metidos en la misma cocinita, la mayoría de los cuales nunca ha tenido que probar ninguno de sus platos. A mí me parece que si dejas a la gente en paz, esta tiende a calmarse por motivos prácticos.

La gente que pisa el terreno y se juega la piel no está interesada en la geopolítica ni en los grandes principios abstractos, sino que lo que quieren es tener pan en la mesa, cerveza en la nevera (o, en algunos casos, bebidas fermentadas sin alcohol como el yogur líquido) y buen tiempo en los picnics familiares al aire libre. Tampoco quieren ser humillados en su contacto con los demás.

Pensemos en el absurdo de los Estados árabes que incitan a los palestinos a luchar por sus principios mientras sus ciudadanos más pudientes viven en palacios alfombrados y carentes de alcohol (con frigoríficos bien abastecidos de líquidos fermentados como el yogur) y quienes reciben su consejo viven en campamentos de refugiados. Si los palestinos se hubieran calmado en 1947, habrían vivido mejor. Pero la idea era arrojar a los judíos y a los neocruzados al Mediterráneo; la retórica árabe era articulada por ciertos grupos de árabes que vivían a cientos y miles de kilómetros de distancia y que hablaban de «principios» cuando los palestinos habían sido desplazados y vivían en tiendas de campaña. Luego estalló la guerra de 1948. Si los palestinos se hubieran calmado entonces, las cosas podrían haber ido bien. Pero no, tenían «principios». Luego llegó la guerra de 1967. Ahora piensan que sería una suerte recuperar el territorio perdido en esa guerra. En 1992 se firmó el tratado de paz de Oslo, auspiciado por altas instancias. Pero no hay paz que salga de la tinta de los burócratas. Si quieres paz, deja que la gente se arregle entre sí, como han hecho durante milenios. Al final se verán obligados a encontrar una solución.

Por regla general, el ser humano tiende a la cooperación, salvo cuando las instituciones se interponen en su camino. Creo que si invitáramos a todos los miembros del Departamento de Estado que «quieren ayudar» a unas vacaciones pagadas para que se dediquen a la cerámica, la alfarería o lo que quiera que hagan los individuos con baja testosterona cuando se toman un año sabático, le haríamos un gran favor a la paz.

Estos individuos tienden, por añadidura, a verlo todo en términos de geopolítica, como si el mundo estuviera dividido en dos grandes bandos, no en personas con intereses diversos. Para molestar a Rusia, el Departamento de Estado se ve incitado a perpetuar la guerra en Siria, lo que en realidad solo castiga a los sirios.

La paz impuesta desde arriba es radicalmente distinta de la verdadera paz: pensemos que Marruecos, Egipto y, hasta cierto punto, Arabia Saudí, todos ellos gobernados por políticos más o menos abiertamente proisraelíes (y con frigoríficos bien abastecidos de bebidas fermentadas como el yogur), tienen en la actualidad poblaciones visiblemente hostiles a los judíos. En cambio, Irán tiene una población sinceramente prooccidental y tolerante con los judíos. Sin embargo, algunas personas que no se juegan la piel y que han leído mucho sobre el Tratado de Westfalia (y poco sobre los sistemas complejos) insisten en mezclar las relaciones entre países con las relaciones entre gobiernos.

Marte frente a Saturno

Si no entiendes el problema en absoluto (como los expertos de Washington, D. C.) y no te juegas la piel, terminas viéndolo todo a través de la geopolítica. Para estos expertos ignorantes, todo se resume en un enfrentamiento: Irán frente a Arabia Saudí, Estados Unidos frente a Rusia, Marte frente a Saturno.

Recuerdo que, durante la guerra del Líbano, el conflicto local se trocó en el problema de «Israel frente a Irán». En *El cisne negro* he descrito cómo los corresponsales de guerra que iban al Líbano obtenían toda la información de otros corresponsales enviados al Líbano, de ahí que vivieran en un mundo paralelo sin haber percibido nunca los verdaderos problemas: la falta de riesgos asumidos distorsiona la información de una manera asombrosa. Sin embargo, para los que estábamos en el terreno, el objetivo era tener una vida y lograr que las cosas funcionaran, no sacrificar nuestra existencia en aras de la geopolítica. A la gente de la calle le interesan los bienes comunes y la paz, no los conflictos y las guerras.

A continuación examinaremos la historia a partir de la propia historia, y no tal como la describen los «intelectuales» y las instituciones.

¿Dónde están los leones?

Mientras escribía *Antifrágil* pasé un tiempo en una reserva salvaje de Sudáfrica, participando durante el día en tours del estilo de los safaris y pergeñando mi libro por las tardes. Fui a la reserva con la intención de «ver leones». Pero en toda una semana no vi más que uno, y fue un acontecimiento tan grande que los turistas procedentes de los centros vacacionales vecinos provocaron un atasco monumental. La gente gritaba «kuru» en zulú, como si hubiera encontrado oro. Entretanto, en los tours donde no detectamos ningún león, vi jirafas, elefantes, cebras, osos salvajes, impalas, más impalas y aún más impalas. Los demás estaban como yo: buscaban *kurus* y solo encontraban animales pacíficos; un sudafricano que nos encontramos en otro coche en mitad de la sabana, después de la habitual y aburrida contemplación de animales (también aburridos), bromeó señalando una colina: «Atención, allí hemos visto dos jirafas y tres impalas».

Resulta que cometí el mismo error contra el que yo suelo advertir: confundir lo morboso con lo empírico; en la naturaleza hay pocos, muy pocos depredadores si los comparamos con lo que podríamos llamar «animales que cooperan». El campo de la reserva salvaje se encontraba junto a una poza de agua, y por la tarde había centenares de animales de especies diferentes que aparentemente se llevaban bastante bien. Sin embargo, de los miles de animales que vi allí reunidos, la imagen de aquel león en un estado de calma majestuosa es la que domina mi memoria. Desde el punto de vista de la gestión de riesgos puede tener sentido sobreestimar el papel del león, pero no en nuestra interpretación de los asuntos del mundo.

Si la «ley de la jungla» significa algo, es sobre todo colaboración, aunque a veces se produzca alguna que otra distorsión cognitiva provocada por nuestras propias intuiciones sobre la gestión de riesgos, que en otros aspectos funcionan bastante bien. Incluso los depredadores terminan estableciendo algún tipo de acuerdo con sus presas.

La historia contemplada desde la sala de emergencias de un hospital

La historia es, fundamentalmente, paz interrumpida por guerras, no guerras interrumpidas por la paz. El problema es que los seres humanos somos propensos a la heurística de la disponibilidad, merced a la cual lo más notable se confunde con lo estadístico, y el efecto emocional y visible de un acontecimiento nos hace pensar que ocurre con más regularidad de la que en realidad sucede. Esto nos ayuda a ser prudentes y cuidadosos en la vida cotidiana, obligándonos a añadir una capa extra de protección, pero no contribuye a la erudición.

Cuando leemos relatos históricos sobre asuntos internacionales, podemos caer presas de la ilusión de que la historia se compone esencialmente de guerras, de que los Estados tienden por defecto a combatir, cuando tienen la oportunidad, y que la única coordinación existente entre grandes entidades se da cuando dos países establecen una alianza «estratégica» contra un peligro común. O algún tipo de unificación bajo una estructura burocrática vertical. La reciente paz alcanzada entre los Estados europeos se atribuye a un gobierno formado por burócratas ampulosos carentes de «masculinidad tóxica» (la última patologización de las universidades) y no a la ocupación soviética y estadounidense.

Nos han alimentado con una dieta constante de guerras y muy pocas historias de paz. Como agente bursátil, he sido entrenado para buscar la primera pregunta que la gente se olvida de formular: *¿quién* escribió esos libros? Pues bien, lo hicieron *historiadores, especialistas en relaciones internacionales y expertos en política.* ¿Pueden estar engañadas estas personas? Seamos corteses y digamos que en su mayoría no son científicos de la industria aeroespacial y que operan bajo un sesgo estructural. Da la impresión de que, a pesar de la palabrería y de su introspección, no suele darse en ellos un planteamiento empíricamente riguroso de la historia y de las relaciones internacionales.

En primer lugar, hay problemas de «sobreajuste», un exceso de relato que extrae demasiada *via positiva* de los datos pasados y no la suficiente *via negativa*. Incluso en las ciencias empíricas, los resultados positivos («esto funciona») tienden a publicitarse más que los negativos («esto no funciona»), por lo que no debería sorprendernos que los historiadores y los especialistas en relaciones internacionales cayeran en la misma trampa.

En segundo lugar, los estudiosos, en tanto agentes no científicos de la industria aeroespacial, no comprenden una propiedad matemática fundamental, pues confunden la intensidad con la frecuencia. En los cinco siglos que precedieron a la unificación de Italia, el país se vio devastado por «guerras constantes». Por lo tanto, dicen estos estudiosos, la unificación «trajo la paz». Sin embargo, más de seiscientos mil italianos murieron en la Gran Guerra, durante el «periodo de estabilidad», lo cual es casi de la misma magnitud que todas las bajas acumuladas en los quinientos años anteriores. Muchos de los «conflictos» que han tenido lugar entre Estados o entre regiones se resolvieron a manos de soldados profesionales, a menudo mercenarios, y buena parte de la población no tuvo conciencia de ellos. Sin embargo, cuando presento estos hechos, suelen decirme: «A pesar de todo hubo *más* guerras y *más* inestabilidad». Es el argumento del comercio a lo Bob Rubin: las operaciones bursátiles que pierden dinero *con poca frecuencia* son más estables, aunque acaben destruyéndote.*

En tercer lugar, hay un problema de representatividad, o de en qué medida se ajusta lo narrado a los hechos empíricos. Los historiadores y expertos en relaciones internacionales que han llegado hasta nosotros tenían más interés en relatar los conflictos que en mostrar la colaboración sobre el terreno que se daba entre un am-

* Este es un error elemental pero muy común que ya he señalado en *¿Existe la suerte?*: confundir la frecuencia con la expectativa (o media). A los que no son agentes bursátiles les resulta muy difícil comprender que si el banco J. P. Morgan ganó dinero operando en bolsa 251 de 252 días, esto no es necesariamente bueno y a menudo debería interpretarse como una señal de alarma.

plio conjunto de actores no institucionales: mercaderes, barberos, doctores, cambistas, fontaneros, prostitutas, etc. La paz y el comercio pueden tener su atractivo, pero no es lo que más interesa a la gente, y aunque la Escuela de los Anales francesa afirmó que la historia expone la vida entera de un organismo, no solo los episodios de guerras horrendas, apenas logró cambiar las cosas en disciplinas afines como las relaciones internacionales. Incluso yo mismo, que soy consciente de la importancia de este aspecto y estoy además escribiendo un capítulo sobre la cuestión, tiendo a aburrirme con los relatos de la vida real.

En cuarto lugar, como he señalado antes al referirme a la investigación realizada por el capitán Mark Weisenborn, Pasquale Cirillo y yo mismo, los relatos de las guerras quedan falseados por la sobreestimación de ciertos elementos. Cuando algo escabroso sale a la luz se perpetúa de relato en relato.

El periodismo trabaja con «acontecimientos», no con la ausencia de acontecimientos, y muchos historiadores y politólogos son periodistas célebres que tienen unas elevadas exigencias a la hora de comprobar los hechos y que, para ser tomados en serio, se permiten a veces ser un tanto aburridos. Pero el hecho de resultar tediosos no los convierte en científicos, de la misma manera que la «comprobación de los hechos» no los hace empíricos, ya que estos investigadores no entienden la noción de ausencia de datos ni la de hechos silenciosos. La escuela rusa de las probabilidades nos hace ser conscientes de la necesidad de pensar en términos de desigualdades unidireccionales: lo que no aparece en los datos también debería tomarse en cuenta; la ausencia de cisnes negros en la historia no significa que no hayan existido. El registro histórico es insuficiente, y esta asimetría ha de estar presente de forma permanente en nuestro análisis. La prueba silenciosa debería ser nuestra guía. Leer un libro de historia sin situar los acontecimientos en la perspectiva adecuada plantea un sesgo similar al de un informe de la vida en Nueva York vista desde la sala de emergencias del Hospital Bellevue.

Por lo tanto, hemos de tener siempre en mente que los historiadores y los especialistas en política han sido seleccionados entre un grupo de personas que obtienen su conocimiento de los libros, no de los negocios ni de la vida real. Otro tanto puede decirse de los empleados del Departamento de Estado, que no son aventureros ni emprendedores, sino simples estudiantes de esos investigadores. Digámoslo sin rodeos: pasarse parte de la vida leyendo documentos de la biblioteca de Yale no es algo que se corresponda con el temperamento no académico de una persona que ha de estar atenta y cuidarse bien las espaldas, por ejemplo, un cobrador de deudas de la mafia o un especulador de bienes volátiles. (Si no entiendes esto es que eres un académico.)

Repasemos, por ejemplo, el relato histórico estándar de los árabes en España, de los turcos en ciertas zonas del Imperio bizantino, y de los árabes y los bizantinos en general. Desde el punto de vista geopolítico, estas situaciones pueden parecernos una pugna interminable. Sí, hubo enfrentamiento, pero no en el sentido que sospechas. Los mercaderes hicieron grandes negocios en estos periodos. Mi propia existencia como griego ortodoxo de rito bizantino en un país dominado por el islam (aunque a una distancia física muy segura de los musulmanes suníes) es un buen ejemplo de esa colaboración. Y no descartemos nunca las racionalizaciones teológicas con que se justificaba la colaboración con los poderes económicos; antes del descubrimiento de América, el centro de gravedad de los negocios estaba en Oriente. La expresión «mejor el turbante del turco que la tiara del papa» fue al parecer obra del gran duque Lucas Notaras, que negoció un tratado de amistad con los otomanos que se repitió en otras fases de la historia. También se le atribuye a san Marcos de Éfeso, quien a menudo era aclamado por los campesinos de los Balcanes por justificar la unión con los turcos contra sus señores católicos.

Como a estas alturas el lector ya sabrá, yo mismo he vivido la peor parte de la guerra civil del Líbano. Salvo en zonas cercanas a la Línea Verde, aquello no parecía una guerra. Pero quienes lean sobre este conflicto en los libros de historia no comprenderán mi experiencia.*

A CONTINUACIÓN

En el libro VI descubrimos varias asimetrías de la vida, procedentes en su mayor parte de problemas de agencia generalmente no detectados, en los cuales la ausencia de la idea de jugarse la piel contamina la materia en cuestión y produce distorsiones.

Pero recordemos que la religión tiene que ver con jugarse la piel y no tanto con la «creencia». Dedicaremos los próximos capítulos a lo que la gente llama *religión*, lo cual nos permitirá internarnos cada vez más en el núcleo del libro, esto es, en la racionalidad y la asunción de riesgos.

* ¿Qué leer? Esto no solucionará el problema de la *via negativa*, pero para empezar, en lugar de estudiar la historia romana según César y Pompeyo, o los equilibrios de poder del Peloponeso o las intrigas diplomáticas en Viena, trataremos de estudiar la vida cotidiana y las leyes y costumbres. Hace treinta años descubrí casualmente la *Historia de la vida privada* de Paul Veyne, Philippe Ariès y George Duby (en cuatro volúmenes). El primero (Roma antigua) ha permanecido desde entonces a una cómoda distancia de mi cama. Otro libro representativo de este planteamiento es *Montaillou, aldea occitana*, de Emmanuel Le Roy. Y en cuanto a nuestro amado e inquietante Mediterráneo, podemos acercarnos a la magnífica obra de Fernand Braudel: *El Mediterráneo y el mundo mediterráneo en la época de Felipe II*.

Es mucho más agradable leer la historia comercial de Venecia que cualquier porquería de geopolítica abstracta. Algunos libros te hacen sentir mejor. Desde que descubrí las obras de Duby, Braudel, Bloch, Ariès y algunos otros historiadores, soy incapaz de leer libros de historia convencional —por ejemplo, una obra sobre el Imperio otomano que se centra en los sultanes— sin caer en la irritación. Parece que, en líneas generales, los historiadores practican el repulsivo estilo de «no ficción narrativa» de *The New Yorker*.

Otros libros: *Courtesans and Fishcakes*, de James Davidson, donde descubrimos que los griegos comían el pan con la mano izquierda. O *The Discovery of France*, de Graham Robb, que nos informa de que los franceses hablaban poco francés en 1914. Y muchos más.

LIBRO VII

Religión, creencias y jugarse la piel

CAPÍTULO 15

Cuando la gente habla de religión no sabe de qué habla

Cuanto más hablan, menos entiendes — ¿Ley o «nomos»? — En religión, como en otros asuntos, pagas por la marca

Mi lema en la vida es que «los matemáticos piensan en objetos y relaciones (definidas y construidas de manera precisa), los juristas y los expertos en leyes en categorías conceptuales, los lógicos en operadores abstractos y... los tontos en las palabras mismas».

Dos personas pueden usar la misma palabra con dos sentidos diferentes y no obstante la conversación continúa; esto es algo que está bien cuando se está tomando un café, pero no cuando se toman decisiones, especialmente las decisiones políticas que afectan a otros. Pero es fácil poner a esas personas a prueba, tal como hizo Sócrates, preguntándoles *qué creen que significa* lo que han dicho; al fin y al cabo, la filosofía nació merced al afán de rigor en el discurso y el esclarecimiento de nociones confusas, por oposición al fomento de la retórica de que hacían gala los sofistas. Desde Sócrates hemos disfrutado de una larga tradición de ciencia matemática y leyes contractuales impulsadas por la precisión terminológica. Pero también hemos visto cómo los idiotas recurren a etiquetas en sus pronunciamientos; salvo en la poesía, conviene ser muy cuidadoso con la ampulosidad de las palabras, archienemiga del conocimiento.

Las personas rara vez quieren decir lo mismo cuando utilizan la palabra *religión*, pero ni siquiera se dan cuenta de ello. Para los primeros musulmanes y judíos, la religión era la ley. *Din* significa ley en hebreo y religión en árabe. Para los antiguos judíos, la religión era también tribal; para los antiguos musulmanes, era universal. Para los romanos, eran religión los acontecimientos sociales, los rituales y los festivales; la palabra *religio* era lo contrario de la *superstitio*, y aunque estuviera presente en el espíritu romano, no había un concepto equivalente en el Oriente griego-bizantino. En el mundo antiguo, la ley cumplía su función, tanto en términos mecánicos como procedimentales. Los primeros cristianos permanecieron relativamente al margen de la ley gracias a san Agustín y, más tarde, al recordar sus orígenes, tuvieron una relación conflictiva con ella. Incluso durante la Inquisición era un tribunal laico el que dictaba sentencia. Por otra parte, el código de Teodosio (compilado en el siglo v para unificar la ley romana) fue «cristianizado» con la ayuda de una breve introducción, una especie de bendición; el resto siguió siendo idéntico al razonamiento legal de los paganos romanos, tal como se expuso en Constantinopla y (fundamentalmente) en Berito. El código estuvo sometido a las directrices de Ulpiano y Papiniano, dos fenicios expertos en leyes que eran paganos: contrariamente a lo que dicen las teorías de los geopolíticos, la escuela romana de leyes de Berito (Beirut) no fue clausurada por la cristiandad, sino por un terremoto.

La diferencia entre unos y otros reside en que el cristiano-arameo usa palabras distintas: *din* para religión y *nomus* (del griego *nomos*) para la ley. Con el imperativo «Dad al césar lo que es del césar», Jesús separó lo sagrado de lo profano: el cristianismo pertenecía a otro ámbito, «el reino que ha de advenir», y solo se fusionaría con este mundo en el *eschaton*.* Ni el islam ni el judaísmo tie-

* Los coptos egipcios han sido cada vez más perseguidos por los musulmanes suníes, pero la Iglesia copta es contraria a la creación de un Estado independiente en algún lugar de Egipto, amparándose en el argumento de que «no es cristiano» desear una entidad política en este mundo.

nen una marcada separación entre lo sagrado y lo profano. Y es evidente que el cristianismo se alejó del ámbito puramente espiritual y acabó abrazando lo ceremonial y lo ritualista, incorporando buena parte de los ritos paganos del Levante y de Asia Menor. Como ejemplo de la separación simbólica entre Iglesia y Estado, baste decir que el título de *Pontifex maximus* (sumo sacerdote), adoptado por los emperadores romanos después de Augusto, recayó después de Teodosio, esto es, a finales del siglo IV, en el obispo de Roma, y más tarde, de manera más o menos informal, en el papa católico.

Para la mayoría de los judíos actuales, la religión es una entidad etnocultural y no tiene ninguna relación con la ley; y, además, para muchos es una nación. Lo mismo ocurre con los armenios, siríacos, caldeos, coptos y maronitas. Para los cristianos ortodoxos y los católicos, la religión es fundamentalmente una cuestión de estética, de pompa o de ley. En el Extremo Oriente, la religión es para los budistas, los sintoístas y los hindúes una filosofía práctica y espiritual, que lleva asociado un código ético (y en algunos casos, una cosmogonía). Así que cuando los hindúes hablan de «religión» no quieren decir lo mismo que un paquistaní y desde luego es algo muy diferente para un persa.

Las cosas se complicaron en el momento en que se materializó el sueño del Estado nación. Cuando un árabe usaba la palabra *judío* se refería en gran medida a un credo; para los árabes, un judío converso ya no era un judío. Pero para los hebreos, un judío se define simplemente como aquella persona cuya madre es judía. Sin embargo, en cierto modo el judaísmo se fundió en un Estado nación y ahora, para muchos, indica la pertenencia a una nación.

En Serbia, Croacia y el Líbano, la religión significa una cosa en épocas de paz y otra muy diferente en tiempos de guerra.

Cuando alguien habla de la «minoría cristiana» del Levante, no está defendiendo (como tienden a pensar los árabes) la instauración de una teocracia cristiana (en la historia cristiana no ha habido teocracias en sentido pleno, tan solo Bizancio y un breve intento por parte de Calvino). Se refiere a un sistema «laico» o a una marcada separación entre la Iglesia y el Estado. Otro tanto puede decirse de los gnósticos (druidas, drusos, maneos, alauíes, alevíes), cuya religión resulta en gran medida desconocida hasta para sus propios fieles, para que no transmitan los secretos y no sean perseguidos por la mayoría dominante.

El problema de la Unión Europea es que esos ingenuos burócratas (los tipos incapaces de encontrar un coco en la isla de los Cocos) se dejan engañar por las etiquetas. Por ejemplo, tratan el salafismo como si fuera una religión —con sus casas de «oración»— cuando en realidad es un sistema político intolerante, que fomenta (o permite) la violencia y rechaza las instituciones de Occidente; esas mismas instituciones que les permiten operar. Gracias a la regla de la minoría hemos comprendido que los intolerantes se impondrán sobre los tolerantes; por eso hay que parar el cáncer antes de que metastatice.

El salafismo es muy similar al comunismo soviético en su apogeo, de raíces claramente ateas: ambos ejercen un control universal sobre cualquier actividad y pensamiento humanos, lo que hace que los debates sobre si la religión o los regímenes ateos son más letales carezcan de pertinencia, de precisión y hasta de realismo.

Creencia frente a creencia

En el próximo capítulo veremos que las «creencias» pueden ser epistémicas o simplemente procedimentales (o metafóricas), lo cual provoca confusión respecto a las creencias que son propiamente religiosas y las que no. Así pues, además del problema de la «religión», está el problema de la creencia en sí misma. Algunas creencias son decorativas, otras funcionales (ayudan a sobrevivir) y otras literales en sentido estricto. Volvamos a nuestro problema del salafismo metastático: cuando uno de estos fundamentalistas habla con un cristiano, está convencido de que el cristiano asume sus creencias de forma literal, mientras que el cristiano está convencido de que el salafita comparte sus mismos conceptos metafóricos, los cuales han de ser tomados en serio pero no en sentido literal; y, a veces, no hay que tomarlos muy en serio. Las religiones como el cristianismo, el judaísmo y, en cierto modo, el islam chiita evolucionaron (o más bien permitieron que sus miembros evolucionaran para desarrollar una sociedad sofisticada) precisamente tomando distancia respecto a la literalidad. Lo literal no deja espacio para la adaptación.

Como escribió Gibbon:

> Los diversos cultos que prevalecían en el mundo romano eran considerados igualmente verdaderos por el pueblo, falsos por el filósofo y útiles por el magistrado. Y de este modo la tolerancia no solo producía indulgencia mutua, sino también concordia religiosa.

Libertarismo y religiones sin Iglesia

Como ya hemos mencionado, el emperador Juliano el Apóstata intentó restaurar en Roma el antiguo paganismo después de que el primo de su padre, Constantino el Grande, convirtiera el cristianismo en la religión del Estado casi medio siglo antes. Pero cometió un error fatal en su razonamiento.

El problema era que, al haber sido educado como cristiano, creía que el paganismo requería una estructura similar a la de la Iglesia católica, *ce genre de trucs*. Por eso intentó crear obispos paganos, sínodos y ese tipo de cosas. No se percató de que cada grupo pagano tenía su propia definición de religión, que cada templo tenía sus propias prácticas, y que *por definición* el paganismo se diferenciaba en su propia aplicación, sus rituales, prácticas, cosmogonías y «creencias». Los paganos no tenían una categoría específica para el paganismo.

Tras la (heroica) muerte de Juliano en el campo de batalla —fue un brillante general y un soldado valiente—, desapareció también el sueño de regresar a los antiguos valores.

Si el paganismo no se puede encasillar, lo mismo puede decirse del libertarismo. Este no se ajusta a la estructura de un «partido» político, sino únicamente a la de un movimiento político descentralizado. No se le puede meter en la camisa de fuerza de una línea de partido fuerte y una política unificada respecto a, por ejemplo, la clasificación de los tribunales o las relaciones con Mongolia. Los partidos políticos son jerárquicos, están diseñados para sustituir la toma de decisiones individual por un protocolo bien definido. Pero esto no funciona con los libertarios. La *nomenklatura* que todo partido necesita para su buen funcionamiento no puede existir en un entorno libertario plagado de personas insumisas y vehementemente independientes.

Sin embargo, los libertarios compartimos un conjunto mínimo de creencias, la principal de las cuales es sustituir la regla de la autoridad por la regla de la ley. Sin ser necesariamente conscientes de ello, los libertarios creemos en los sistemas complejos. Y, como el libertarismo es un movimiento, puede existir como facción fragmentada en el seno de otros partidos políticos.

A continuación

Para concluir, ve con cuidado con las denominaciones que se utilizan en asuntos relativos a las creencias. Y evita tratar las religiones como si fueran una única realidad. Hay sin embargo una coincidencia entre ellas. El próximo capítulo nos mostrará que a la religión no le gustan los amigos oportunistas: quiere compromiso, porque se basa en jugarse la piel.

CAPÍTULO 16

Ninguna plegaria sin jugarse la piel

Simetría, simetría por todas partes — La creencia requiere una cuota de inscripción

Solo cuando terminas de ayunar comprendes lo que es la religión. Escribo esto mientras acabo el extenuante periodo de la Cuaresma griega ortodoxa, durante la mayor parte de la cual no se permite el consumo de productos animales. Esta dieta es especialmente difícil de seguir en Occidente, donde la gente suele tomar mantequilla y productos lácteos. Pero una vez que ayunas, te sientes legitimado para celebrar la Pascua; es como la euforia de beber agua fresca cuando estás sediento. Has pagado un precio.

Recuerda nuestra breve discusión sobre la necesidad teológica de convertir a Cristo en hombre: tuvo que sacrificarse a sí mismo. Es hora de desarrollar el argumento aquí.

El principal error teológico de la apuesta de Pascal es que la creencia no puede ser una opción libre. Implica una simetría entre el precio que pagas y lo que recibes. De otro modo las cosas serían muy fáciles. Por lo tanto, las reglas de asunción de riesgos que se aplican entre los seres humanos también se aplican a nuestra relación con los dioses.

A los dioses no les gustan las señales fáciles

Aunque viva ciento veinticinco años, nunca olvidaré el altar de la iglesia de san Sergio (o, en la lengua vernácula, Mar Sarkis), en Malula, pueblo donde se habla el arameo. Visité el lugar hace unas décadas debido a mi obsesión con esa antigua y olvidada lengua. En aquella época el pueblo aún hablaba la versión del arameo occidental que empleaba Cristo. En la época de Jesucristo, el Levante hablaba griego en la costa y arameo en el interior. Para quienes conocen el Talmud, el arameo occidental sería como el «yerushalmi» o «arameo palestino», claramente opuesto al arameo babilónico, más cercano a lo que hoy conocemos como siríaco. Era fascinante ver a los niños hablar, bromear y hacer todo lo que los niños suelen hacer, pero en una lengua antigua.

Cuando un pueblo conserva palabras de una lengua antigua, hay que buscar los restos de una práctica antigua. Y en este caso los había. El altar de san Sergio tiene un desagüe para la sangre que nunca olvidaré. Es algo reciclado de una temprana práctica precristiana. Las dependencias de la iglesia son las de un templo pagano reconvertido por los primeros cristianos. En realidad, aún a riesgo de molestar a algunas personas, debo decir que no era algo *tan* cambiado: los cristianos primitivos eran una suerte de paganos. La teoría canónica nos dice que tras el Concilio de Nicea (siglo IV) los cristianos solían reciclar los altares paganos. Pero resulta que hay pruebas de algo que siempre he sospechado: que, *en la práctica*, cristianos y judíos no se diferenciaban tanto de quienes profesaban cultos semíticos y, de hecho, compartían sus lugares de oración. La presencia de santos en el cristianismo tiene su origen en este método de reciclaje. Entonces no había teléfonos ni faxes ni páginas web financiadas por príncipes saudíes para homogeneizar las religiones.

En arameo y en la lengua oral del Levante, «altar» sigue siendo *madbah*, «el sacrificio ritual en que se corta la vena gutural». Es una vieja tradición que dejó su huella en el islam: la comida halal requiere este método de sacrificio. Y *qorban*, la palabra en clave semítica para «acercarse a Dios», algo que originalmente se hacía a través del sacrificio, sigue usándose para designar el sacramento en sí mismo.

De hecho, una de las principales figuras del islam chiita, el imán Hussein, hijo de Alí, se dirigió a Dios antes de su muerte y se ofreció a sí mismo como sacrificio: «Déjame ser el *qorban* para ti», esto es, la suprema ofrenda.*

Y hasta ahora sus seguidores han demostrado que se juegan literalmente la piel durante la conmemoración de su muerte, el día de Ashura, cuando se autoflagelan y se provocan heridas. La autoflagelación también está presente en el critianismo, como recuerdo del sufrimiento de Cristo; aunque estaba extendida en la Edad Media, ahora ha desaparecido por completo, salvo en algunos lugares de Asia y América Latina.

En el mundo pagano del Mediterráneo oriental (greco-semítico) no había culto sin sacrificio. Los dioses no aceptaban las palabras vanas. Todo se fundamentaba en las preferencias reveladas. Además, se quemaban las ofrendas precisamente para que los humanos no pudieran consumirlas. Aunque no se eliminaban todas: los altos sacerdotes se quedaban su parte; el sacerdocio era algo muy lucrativo, pues en el Mediterráneo oriental precristiano y de habla griega era un oficio que a menudo se concedía al mejor postor.

El sacrificio físico se aplicaba incluso en el templo de Jerusalén. Y lo practicaban también los judíos de épocas posteriores, o los cristianos primitivos, los seguidores del cristianismo paulino. Hebreos 9, 22: «*Et omnia paene in sanguine mundantur secundum legem et sine sanguinis fusione non fit remissio*» («Y casi todo es purificado, según la ley, con sangre; y sin derramamiento de sangre no hay remisión»).

* «*Taraktu'l ƙalqa tarran fi hawaka, ayatamtul xiyala likay araka / Falaw qataxani fil hubbi irban, lama malil fu'ada(ou) ila siwaka / faƙtuh ma ṡu'ta ya mawlaya minni, ana lkurbani wajjahami nidaka.*» Pero, una vez más, puede que sea apócrifa.

Sin embargo, el cristianismo acabó eliminando este sacrificio mediante la idea de que Cristo se sacrificó por los demás. Pero si asistimos a una misa dominical en una iglesia católica u ortodoxa, contemplaremos un simple simulacro. El vino representa la sangre de Cristo, que, al final de la ceremonia, acaba en la *piscina* (el desagüe). Exactamente igual que en el altar de Malula.

El cristianismo utilizó la personalidad de Cristo para organizar este simulacro: él se sacrificó por nosotros.

> Nuestro Salvador, en la Última Cena, la noche que le traicionaban, instituyó el Sacrificio Eucarístico de su Cuerpo y Sangre, con lo cual iba a perpetuar por los siglos, hasta su vuelta, el Sacrificio de la Cruz (Sacrosantum Concilium, 47).

El sacrificio se convirtió entonces en algo metafórico:

> Así pues, hermanos, os ruego por las misericordias de Dios que presentéis vuestros cuerpos en sacrificio vivo, santo y agradable a Dios, que es vuestro culto racional (Romanos 12, 1).

En el judaísmo sucedió lo mismo: tras la destrucción del Segundo Templo en el primer siglo de nuestra era, se puso fin a los sacrificios animales. Anteriormente, la parábola de Isaac y Abraham indicaba que en las sectas abrahámicas hubo un distanciamiento progresivo respecto a los sacrificios humanos, al tiempo que se insistía en la idea de asumir riesgos. Sin embargo, el sacrificio animal continuó durante algún tiempo, aunque en términos diferentes. Dios puso a prueba la fe de Abraham con un regalo asimétrico: debía sacrificar a su hijo por él, algo que era muy diferente de la entrega a los dioses de una parte de lo recolectado a cambio de beneficios futuros y de mejores cosechas, como suele ser habitual en las ofrendas más comunes, donde se dan unas expectativas recíprocas tácitas. Este era el sumun de los regalos incondicionales a Dios. No era una simple transacción, sino la que acababa con todas las transacciones. Un milenio después, los cristianos tuvieron su última transacción.

El filósofo Moshe Halbertal sostiene que, tras el simulacro de Isaac, los tratos con el Señor pasaron a ser una cuestión de ofrendas recíprocas. Pero ¿por qué se continuó haciendo sacrificios animales durante un tiempo?

Las costumbres cananeas estaban muy arraigadas. Maimónides explica por qué Dios no proscribe enseguida la práctica del sacrificio humano, entonces bastante habitual: la razón es que «obedecer ese mandamiento habría sido algo contrario a la naturaleza de los hombres, que normalmente se aferran a lo que están acostumbrados»; en cambio, «transfirió a Su servicio lo que había servido como adoración de seres creados y de cosas imaginarias y reales». Por lo tanto, el sacrificio animal continuó —de forma voluntaria—, pero, y este es un rasgo definitorio de la religión abrahámica, no el culto a los animales o la propiciación del favor de las deidades por medio del soborno. Esta última práctica llegó a extenderse hasta englobar el soborno de otras tribus y de dioses ajenos, tal como se hacía en Arabia hasta el siglo VI. Entonces se estableció en La Meca una especie de Naciones Unidas, un mercado comunitario para bienes, relaciones internacionales y diversos cultos bilaterales.

«El amor sin sacrificio es robo» (Procusto). Esto se aplica a toda forma de amor, especialmente al amor de Dios.

La prueba

Resumiendo, en un lugar de culto judeocristiano, el punto focal que ocupa el sacerdote simboliza la idea de jugarse la piel. La noción de creencia sin sacrificio, que constituye una prueba tangible, es algo nuevo en la historia.

La fuerza de un credo no se basaba en la «prueba» del poder de sus dioses, sino en la del riesgo asumido por sus adoradores.

CAPÍTULO 17

¿Es ateo el papa?

Ser papa es peligroso, pero disfrutas de una buena atención médica — Las palabras son solo palabras — La religión maneja rituales

Cuando el papa Juan Pablo II fue tiroteado en 1981, lo llevaron a urgencias del Policlínico Universitario Agostino Gemelli, donde fue atendido por algunos de los mejores médicos —médicos modernos— que había en Italia, mientras que en el vecino hospital público se prestaba un servicio de peor calidad. La clínica Gemelli se convirtió en el destino preferido del pontífice en cuanto detectaba la más leve señal de alguna enfermedad.

Mientras lo llevaban al hospital, los conductores de la ambulancia no pensaron en llevar a Juan Pablo II a una capilla para que rezase, o en alguna forma equivalente de intercesión ante el Señor, para darle a lo sagrado el derecho preferente a rechazar el tratamiento. Y ninguno de los papas posteriores parece haber considerado la idea de tratar antes con el Señor esperando obtener alguna intervención milagrosa por su parte en lugar de las trampas de la medicina moderna.

Esto no quiere decir que obispos, cardenales, sacerdotes y hasta los meros laicos no rezaran y pidieran ayuda al Señor, o que creyeran que las oraciones no recibían respuesta, dada la notable recuperación del hombre santo. Pero sigue siendo cierto que en el Vaticano nadie intenta acudir primero al Señor y luego al médico y, lo que resulta aún más sorprendente, nadie parece ver un conflicto en tal inversión de la secuencia lógica. De hecho, si se hubiera procedido del modo contrario se habría considerado desatinado. Habría ido contra los principios de la Iglesia católica, ya que se hubiera considerado muerte voluntaria, algo prohibido por su propia doctrina.

Señalemos que los predecesores putativos del papa, los diversos emperadores romanos, adoptaban una política similar, pues primero buscaban tratamiento y después recurrían a la teología, aunque supuestamente algunos tratamientos eran concedidos por las propias divinidades, como el dios griego Asclepio o su equivalente romano, el más débil Vediovis.

Ahora intentemos imaginar al poderoso representante de una secta «atea», equivalente en su rango al mismo papa, sufriendo un percance similar. Habría llegado a Gemelli (o a algún hospital italiano de segunda categoría) al mismo tiempo que Juan Pablo. Una multitud «atea» y con buena voluntad habría acudido para transmitir a su líder algo llamado *esperanza* (o el «deseo» de una pronta recuperación) en su lenguaje ateo, acompañándolo de un relato intrínsecamente coherente con lo que querrían o «desearían» que le sucediera a su alto representante. Los ateos irían vestidos con atuendos menos llamativos; su vocabulario sería algo menos ornamental, pero sus actos habrían sido prácticamente idénticos a los de los católicos.

Es evidente que hay muchas diferencias entre el Santo Padre y un ateo de rango equivalente, pero aquí se dilucidan cuestiones que no ponen en riesgo la vida. Y además abarcan a los sacrificios. Su Santidad ha renunciado a realizar determinadas actividades en la cama, aparte de leer y rezar, aunque al menos una docena de sus predecesores —el más célebre fue el papa Alejandro IV— tuvieron muchos hijos, y hasta hubo uno que los tuvo pasados los sesenta, siguiendo el camino convencional, no el de la inmaculada concepción. (Ha habido tantos papas mujeriegos que la gente ya se aburre de sus historias.) Su Santidad pasa mucho tiempo rezando, organizando cada minuto de su vida de acuerdo con ciertas prácticas cristianas. Y sin embargo los ateos, aunque dedican menos tiempo a algo que ellos no consideran «religión», sí que practican yoga y actividades similares, o acuden a una sala donde escuchan música en silencio (ni siquiera puedes fumar o gritar órdenes de compra a través de tu móvil), invirtiendo un tiempo considerable en lo que un marciano sin duda consideraría gestos rituales semejantes a los de una religión.

En el siglo XIII, durante la cruzada de los albigenses, hubo un periodo en el que los católicos perpetraron el asesinato masivo de herejes. Algunos asesinaban indiscriminadamente, a herejes y no herejes, para ahorrar tiempo y para reducir la complejidad. Para ellos, no importaba quién era quién, pues «el Señor distinguiría a los suyos». Esto pasó hace mucho tiempo. En lo que atañe a situaciones médicas, éticas y de toma de decisiones, la mayoría de los cristianos (como yo mismo, cristiano ortodoxo) no actúan de modo diferente a los ateos. Por lo general han aceptado la trampa moderna de la democracia, la oligarquía o la dictadura militar, todos ellos regímenes políticos paganos, en lugar de aspirar a la teocracia. Sus decisiones en asuntos fundamentales son indistinguibles de las de un ateo.

Religioso en las palabras

Por lo tanto, definimos el ateísmo o la secularización a través de los hechos, en función de la diferencia que exista entre nuestros actos y los de una persona no atea en una situación equivalente, no por las creencias personales o por otras cuestiones simbólicas y decorativas que, como veremos en el próximo capítulo, no tienen importancia.

Ahora, hagamos balance. Hay personas que son

ateas en sus actos y religiosas en sus palabras (la mayoría de los cristianos católicos y ortodoxos) y otras que son

> *religiosas en sus actos y en sus palabras (islamistas salafitas y terroristas suicidas);*

pero no conozco a nadie que sea ateo tanto en sus actos como en sus palabras, que no tenga ni un solo ritual, ni respeto a los difuntos ni supersticiones (que crea, por ejemplo, en la economía o en los milagrosos poderes de un Estado fuerte y de sus instituciones).

A continuación

Este capítulo nos facilita el tránsito a la próxima sección, donde analizamos: a) que la racionalidad reside en lo que haces, no en lo que piensas o «crees» (jugarse la piel), y b) que la racionalidad está relacionada con la supervivencia.

LIBRO VIII

Riesgo y racionalidad

CAPÍTULO 18

Cómo ser racional con la racionalidad

Restaurantes sin cocinas — Ciencia desde la tumba — No dispares a la izquierda de los pianistas — Mercaderes de la racionalidad

Mi amigo Rory Sutherland afirma que la verdadera función de las piscinas es permitir que la clase media se siente en traje de baño alrededor de ellas sin parecer ridícula. Lo mismo ocurre con los restaurantes de Nueva York: quizá pensemos que su misión es alimentar a la gente, pero no es ese su cometido. Están en el negocio para hacerte pagar un ojo de la cara por un licor o una copa de vino de la Toscana, pero te sirven unos platos bajos en calorías (o bajos en lo que sea) a precio de coste. (Evidentemente, este modelo de negocio no funciona en Arabia Saudí.)

Así pues, al examinar la religión y, hasta cierto punto, las supersticiones ancestrales, deberíamos considerar cuál es su propósito en lugar de centrarnos en el concepto de «creencia», la creencia epistémica en su definición más estricta. En ciencia, la creencia es creencia en sentido literal: es verdadera o falsa, nunca metafórica. En la vida real, la creencia es un instrumento para hacer cosas, no el producto final. Es algo similar a la visión: el objetivo de los ojos es orientarte de la mejor manera posible y sacarte de un apuro cuando sea necesario, o ayudarte a encontrar una presa a cierta distancia. Tus ojos no son sensores diseñados para capturar el espectro electromagnético. No están concebidos para producir la representación científica más exacta de la realidad, sino en todo caso la representación más *útil* para tu supervivencia.

Engaño ocular

Nuestro aparato perceptivo comete errores (distorsiones) para que realicemos actos más precisos: el engaño ocular es, a fin de cuentas, algo necesario. Los arquitectos griegos y romanos deformaban las columnas de sus templos, inclinándolas hacia el interior, para darnos la impresión de que eran rectas. Como explica Vitruvio, se trataba de «contrarrestar la recepción visual mediante un cambio de las proporciones». Una distorsión que pretendía mejorar nuestra experiencia estética. El suelo del Partenón ha sido curvado para que podamos verlo rectilíneo. Sus columnas están distribuidas de manera irregular para que podamos verlas tan perfectamente alineadas como una división del Ejército ruso en un desfile.

¿Deberíamos presentar una queja al ministro griego de Turismo por que las columnas no estén derechas y alguien se aproveche de los mecanismos de nuestra visión?

La ergodicidad primero

Otro tanto cabe decir de las distorsiones de las creencias. ¿Acaso el engaño visual es diferente al de hacerle creer a alguien en Santa Claus, cuanto esto puede mejorar su experiencia estética de las vacaciones? No, a menos que provoque algún tipo de daño.

Albergar supersticiones no es pues irracional conforme a ningún parámetro: nadie ha logrado forjar un criterio para la racionalidad basado en acciones que no conllevan ningún coste. Pero los actos que te perjudican son detectables, cuando no observables.

En el próximo capítulo veremos que, si no contamos con una

representación poco realista (al estilo de las columnas griegas) y pretenciosa de los riesgos de cola, no vamos a poder sobrevivir; porque basta un solo suceso para que se produzca la quiebra irreversible del sistema de la Seguridad Social. ¿Acaso la paranoia selectiva es «irracional» cuando los individuos o poblaciones que no la sufren acaban muriendo o extinguiéndose?

He aquí unas palabras que van a servirnos de guía para el resto del libro:

> *Primero actúa la supervivencia; después, la verdad, la comprensión y la ciencia.*

Dicho de otro modo: no necesitamos la ciencia para sobrevivir (hemos sobrevivido como especie durante cientos de millones de años merced a lo que hemos definido como «humano»), pero para hacer ciencia tenemos que sobrevivir. Como diría tu abuela, «más vale prevenir que curar». O según la expresión atribuida a Hobbes: «*Primum vivere, deinde philosophare*» (primero vivir; luego, filosofar). Esta prioridad lógica ha sido bien comprendida por los agentes bursátiles y los habitantes del mundo real, así como por esa máxima de Warren Buffett que reza: «Para ganar dinero primero tienes que sobrevivir»; se trata, una vez más, de jugarse la piel; los que asumimos riesgos tenemos unas prioridades más firmes que el vago seudorracionalismo de los libros de texto. Técnicamente, esto nos lleva otra vez a la ergodicidad (que prometo explicar más adelante, cuando estemos preparados): para que el mundo sea «ergódico» tienen que desaparecer las barreras de absorción, las irreversibilidades sustanciales.

¿Y qué queremos decir con «supervivencia»? ¿Supervivencia de quién? ¿La tuya? ¿La de tu familia? ¿La de tu tribu? ¿La de la humanidad entera? Por el momento señalaremos que cada uno de nosotros tiene una vida útil limitada; mi supervivencia no es tan importante como la supervivencia de aquello que no tiene una esperanza de vida limitada, como por ejemplo la humanidad o el planeta Tierra. Por lo tanto, cuanto más «sistémicas» son las cosas, más importante es la supervivencia.

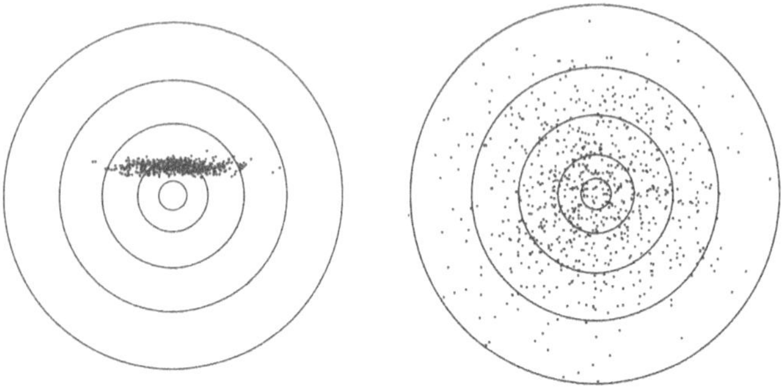

Figura 3. Una ilustración del dilema del sesgo y la varianza. Imaginemos a dos personas (sobrias) disparando a un objetivo en Texas. El tirador de la izquierda tiene un sesgo, un «error» sistemático, pero al final se acerca más al objetivo que el tirador de la derecha, que no tiene un sesgo sistemático pero sí una elevada varianza. Normalmente no podemos reducir una sin aumentar la otra. Aunque es débil, la estrategia de la izquierda es mucho mejor: mantener a distancia el desastre, esto es, alcanzar un punto de la periferia es peligroso. Este esquema explica por qué si quieres minimizar la probabilidad de un accidente de avión, podrás cometer errores impunemente siempre y cuando no te disperses demasiado.

Superficialmente, la racionalidad no se asemeja a sí misma, del mismo modo que la ciencia no se parece a la ciencia, tal como hemos visto. Tres pensadores rigurosos (y sus respectivas escuelas) orientan mi pensamiento en esta cuestión: el erudito y especialista en ciencias cognitivas Herb Simon, pionero de la inteligencia artificial; el psicólogo Gerd Gigerenzer; y el matemático, lógico y experto en teoría de decisiones Ken Binmore, que dedicó su vida a formular los fundamentos lógicos de la racionalidad.

De Simon a Gigerenzer

Simon dio forma al concepto que ahora conocemos como *racionalidad limitada*: es muy probable que no podamos medirlo y evaluarlo todo como si fuéramos un ordenador; por lo tanto, cuando estamos sometidos a la presión de la evolución, producimos atajos y distorsiones. Nuestro conocimiento del mundo es en esencia incompleto, así que tenemos que evitar problemas inesperados. Y aunque nuestro conocimiento del mundo fuera completo, desde el punto de vista computacional seguiría siendo prácticamente imposible comprender la realidad de una manera precisa e imparcial. Para resolver el problema de Simon se creó un programa de investigación sobre *racionalidad ecológica* que pronto dio sus frutos; organizado y dirigido por Gerd Gigerenzer (el hombre que criticó a Dawkins en el capítulo 9), se proponía recopilar actos que en la superficie parecen ilógicos, pero que obedecen a razones más profundas.

Revelación de preferencias

En cuanto a Ken Binmore, demostró que lo que informalmente llamamos *racionalidad* está mal definido, tanto que muchos de los usos que se hacen de dicho término no son más que incoherencias. No hay nada especialmente irracional en las creencias (dado que pueden constituir atajos o herramientas para llegar a otro lugar): para Binmore, todo gira en torno a las *preferencias reveladas*.

Antes de explicar el concepto, consideremos estas tres máximas:

Juzgar a la gente por sus creencias no es científico.

No hay «racionalidad» en las creencias, hay racionalidad en las acciones.

La racionalidad de una acción solo puede juzgarse en términos evolutivos.

Como recordarás, el axioma de la *revelación de preferencias* (que tiene su origen en Paul Samuelson o quizás en los dioses semíticos) dice lo siguiente: nunca sabremos lo que *realmente* piensa la gente, lo que auguran sus actos, si se lo preguntamos directamente; ellos no tienen por qué saberlo. Lo que importa en última instancia es el precio que pagan por ello, no lo que «piensan» al respecto o las diversas respuestas que te ofrecen a ti o a sí mismos. Si reflexionas sobre ello, descubrirás que se trata de una reformulación de la idea de jugarse la piel. Hasta los psicólogos son capaces de entenderlo; sus procedimientos requieren inversiones monetarias para que una prueba sea «científica». A los sujetos del experimento se les entrega una cantidad de dinero y se observa cómo toman decisiones y cómo gastan ese dinero. Sin embargo, una gran parte de los psicólogos se olvida de las preferencias reveladas cuando empiezan a divagar sobre la racionalidad. Vuelven a juzgar las creencias en lugar de la racionalidad.

Las creencias son... cháchara. Puede que haya en ellas algún mecanismo de traslación demasiado difícil de comprender, con distorsiones que operan en el proceso de pensamiento, en ese proceso que tan necesario es para el funcionamiento general.

En realidad, gracias a un mecanismo concreto (técnicamente denominado dilema del sesgo y la varianza), a menudo obtenemos mejores resultados cuando cometemos «errores», por ejemplo cuando nos desviamos ligeramente del objetivo de nuestros disparos (véase la figura 3). En *Antifrágil* he demostrado que cometer cierto tipo de errores es la opción más racional cuando se trata de errores con costes ínfimos, porque nos llevan a hacer descubrimientos. Valga un ejemplo: los «descubrimientos» médicos son en su mayor parte accidentales. Un mundo donde no existieran los errores no tendría penicilina ni quimioterapia; puede que apenas tuviera medicamentos y, con toda probabilidad, tampoco seres humanos.

Por eso me opongo a que el Estado nos dicte lo que «debemos» hacer: solo la evolución es capaz de determinar si algo «erróneo» es realmente un error, siempre y cuando la asunción de riesgos nos permita escoger.

¿De qué trata la religión?

Por lo tanto, considero que la religión existe para imponer el control de los riesgos de cola a lo largo de las generaciones, ya que sus reglas binarias e incondicionales son fáciles de enseñar y de aplicar. Los humanos hemos sobrevivido a pesar de los riesgos de cola; nuestra supervivencia no puede ser azarosa.

Recordemos que jugarse la piel significa no prestar atención a lo que dice la gente, sino solamente a sus actos y al grado en que se arriesgan. Dejemos que la supervivencia haga su parte.

Las supersticiones pueden actuar como vectores de las reglas de gestión de riesgos. Consideramos significativo que haya personas supersticiosas que han sobrevivido; porque no lo olvidemos: conviene no desacreditar todo aquello que nos permita sobrevivir. Jared Diamond se refiere, por ejemplo, a la «paranoia constructiva» de los residentes en Papúa Nueva Guinea, cuyas supersticiones les impiden dormir junto a árboles muertos. Poco importa que esa creencia obedezca a una superstición o a un profundo conocimiento científico de las probabilidades, el caso es que no se duerma bajo árboles muertos. Y si eres de los que sueñas con que la gente tome decisiones en función de las probabilidades, tengo algo que decirte: más del 90 % de los psicólogos que estudian la toma de decisiones (entre ellos, reguladores e investigadores como Cass Sunstein y Richard Thaler) no saben nada de probabilidades, pero tratan de poner coto a nuestras eficientes paranoias orgánicas.

Incompletitud y toma de decisiones en condiciones de opacidad

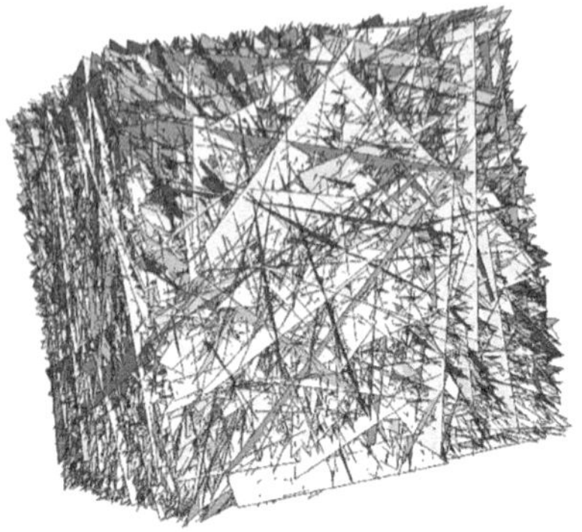

Mundo real

Ciencia

Es poco científico utilizar la ciencia fuera de sus ámbitos más estrictos.

La propia ciencia limita y define los enunciados sobre cuestiones en las que las pruebas no son fiables o suficientes, o que presentan un alto grado de opacidad.

Figura 4. El problema clásico del «mundo grande frente al mundo pequeño». En la actualidad, la ciencia es una disciplina demasiado incompleta como para ofrecer todas las respuestas; la propia ciencia lo reconoce. Nos han asaltado tantos vendedores que usan la «ciencia» para vender sus propios productos que hoy en día son muchos los que confunden ciencia con cientifismo. La ciencia es, fundamentalmente, un proceso riguroso.

Por otra parte, me parece incoherente criticar las supersticiones de una persona cuando estas se han concebido para proporcionar algún beneficio, mientras que no se pone ningún reparo a las ilusiones ópticas de los templos griegos.

La noción de lo «racional», tan manida entre quienes defienden todo tipo de cientifismo, no está lo bastante bien definida como para que pueda ser usada como creencia. Repitámoslo: no tenemos motivos suficientes para poner en entredicho las «creencias irracionales». Sabemos arreglárnoslas con este tipo de creencias.

Aplicando esta misma lógica, podemos demostrar que buena

parte de lo que llamamos *creencia* no es más que un decorado de fondo para la mente humana, más metafórico que real. Como terapia puede que funcione.

Hemos de recordar también que, como ya apuntábamos en el capítulo 3, la racionalidad colectiva requiere ciertos sesgos individuales.

«Cháchara» y «cháchara barata»

Recordemos el primer principio que esbozamos:

> *No son lo mismo las creencias decorativas que las que nos llevan a actuar.*

En el discurso no hay diferencia entre estas dos clases de creencias; la diferencia se aprecia en la asunción de riesgos, cuando uno se juega algo, algo que podemos perder si nos equivocamos.

Y entonces, replanteando el principio anterior, la lección sería:

> *Hasta qué punto «crees» sinceramente en algo cuya verdadera entidad solo se pondrá de manifiesto en lo que estás dispuesto a arriesgar para obtenerlo.*

Esto merece una continuación. El hecho de que exista un componente decorativo en la creencia y en la vida misma, que haya unas extrañas reglas que se aplican fuera de las clínicas Gemelli, merece un debate. ¿Para qué existen? ¿Realmente podemos comprender para qué sirven? ¿Nos confunde esa función? ¿Malinterpretamos su racionalidad? ¿Podemos usarlas para *definir* la racionalidad?

¿Qué dice Lindy?

Veamos qué tiene que decir Lindy sobre la *racionalidad.* Aunque las nociones de *razón* y de *lo razonable* ya estaban presentes en el pensamiento antiguo, integradas sobre todo en el concepto de precaución o *sophrosyne*, la idea moderna de *racionalidad* o de *toma de decisiones racional* nació a rebufo de Max Weber, gracias a las obras de un puñado de psicólogos, filosofastros y psicologuchos. El término clásico *sophrosyne* significa precaución, autocontrol y templanza, todo a la vez. Pero posteriormente fue sustituido por otro un tanto diferente. La *racionalidad* se forjó en el periodo posilustrado, en una época en la que creíamos que estábamos cada vez más cerca de comprender el mundo. Este concepto asume la ausencia de aleatoriedad o que en nuestro mundo hay una estructura azarosa simplificada. También, evidentemente, que no existe ninguna interacción con el mundo.

La única definición de racionalidad que me parece práctica, empírica y matemáticamente rigurosa es la siguiente: solamente es racional lo que permite la *supervivencia.* A diferencia de las modernas teorías de los psicologuchos, esta definición nos guía hacia la forma clásica de pensar. Cualquier cosa que nos impida sobrevivir en términos individuales, colectivos, tribales o en sentido general es, desde mi punto de vista, *irracional.*

De ahí el principio de precaución y la sólida comprensión de los riesgos que siempre debemos tener.

Lo no decorativo de la dimensión decorativa

Lo que he llamado *decorativo* no necesariamente es algo superfluo, sino a menudo todo lo contrario. Los elementos decorativos pueden cumplir una función que nos es prácticamente desconocida. Podemos consultar a ese gran maestro estadístico que es el tiempo gracias a una herramienta técnica que recibe el nombre de *función de supervivencia*, bien conocida por los ancianos y por la estadística compleja. Aquí recurriremos a la versión de los ancianos.

Lo importante aquí no es que las creencias hayan sobrevivido tanto tiempo; a fin de cuentas, la Iglesia católica tiene casi veinticuatro siglos de antigüedad como entidad de poder (en gran medida es la continuación de la República romana). La cuestión crucial es que las personas que profesan una religión —una determinada religión— han sobrevivido.

He aquí otro principio:

> *Si consideras las creencias en términos evolutivos, no prestes atención a la competencia entre ellas; considera más bien la supervivencia de los pueblos que las han acogido.*

Pensemos en el judaísmo, competidor directo de la religión del papa. Los judíos tienen cerca de quinientas prohibiciones relativas a su dieta. Esto puede parecer irracional para alguien que defina la racionalidad en términos de lo que se puede explicar. En realidad, la mayoría de esas prescripciones parecen irracionales. El kashrut judío exige tener cuatro juegos de platos y dos fregaderos distintos, y prohíbe mezclar la carne con productos lácteos o que estén en contacto directo con ellos, amén de prohibir el consumo de carne de ciertos animales: gambas, cerdo, etc. Vamos, las cosas buenas.

Tal vez estas leyes tuvieran un propósito *ex ante*. Uno puede achacar la conducta de los cerdos levantinos a las insalubres condiciones en que viven (aunque el calor en el Levante no sea notoriamente diferente al calor que hace en zonas más occidentales donde también se come cerdo). O tal vez a una razón ecológica: los cerdos compiten con los humanos por cuanto comen las mismas verduras, pero las vacas comen otras cosas.

Sin embargo, sigue siendo cierto que, sea cual sea su propósito, las leyes kashrut han pervivido durante milenios no por su «racionalidad» sino porque las poblaciones que siguen tales reglas han conseguido sobrevivir. Y, ciertamente, han propiciado la cohesión:

las personas que comen lo mismo permanecen unidas. (Desde el punto de vista técnico, se trata de una heurística convexa.) La cohesión de este grupo social puede haber obrado también en favor de la confianza en las transacciones comerciales realizadas con miembros menos cercanos de la propia comunidad, con lo que se crea una red vibrante. O incluso puede haber generado otros beneficios; el caso es que los judíos han sobrevivido a pesar de haber tenido una historia tan dura.

Esto nos permite resumir:

La racionalidad no depende de factores explicativos explícitos, sino que está relacionada con todo lo que contribuye a la supervivencia y evita la ruina.

¿Por qué? Como vimos en el análisis de Lindy:

No todo lo que ocurre ocurre por una razón, pero todo lo que sobrevive sobrevive por una razón.

La racionalidad es gestión del riesgo y nada más. El siguiente capítulo aportará el argumento final que apoya este principio.

CAPÍTULO 19

La lógica de asumir riesgos

El capítulo más importante siempre es el último — Apuesta siempre dos veces — ¿Conoces tu límite? — ¿Quién eres «tú»? — Los griegos casi siempre tenían razón

Figura 5. Representación de la diferencia entre cien personas que van al casino y una persona que va cien veces al casino, es decir, entre depender del camino y las probabilidades entendidas de la manera convencional. Este error ha existido en economía y en psicología desde tiempos inmemoriales.

Ha llegado el momento de explicar la ergodicidad, la ruina y (una vez más) la racionalidad. Recuerda que para hacer ciencia (y otras cosas buenas) hace falta sobrevivir, pero no al revés.

Imaginemos el siguiente experimento mental. Tenemos cien personas que van a un casino a apostar cierta cantidad de dinero durante un tiempo determinado y que reciben un *gin-tonic* gratis, como se muestra en la ilustración de la figura 5. En este primer caso, algunos perderán, otros ganarán, y al final del día será fácil deducir el «margen», es decir, calcular las ganancias contando el dinero que queda en los bolsillos de los que han ganado. Así podremos saber si el casino valora correctamente las probabilidades. Ahora asumamos que el jugador número 28 se ha quedado sin blanca. ¿Se verá afectado el jugador número 29? No.

A partir de esta muestra podemos estimar sin riesgo a equivocarnos que en torno al 1 % de los jugadores se arruinará. Y si continúamos jugando podremos esperar como media una proporción casi idéntica de perdedores: el 1 % de los jugadores se arruinará en ese mismo arco temporal.

Ahora comparemos esta situación con el segundo caso del experimento mental. Hay una persona, tu primo Theodorus Ibn Warqa, que va al casino cien días consecutivos y empieza con una cantidad determinada. El día 28, el primo Theodorus lo pierde todo. ¿Volverá al día siguiente? No. Ha alcanzado su límite; *ya no se juega más*.

No importa lo bueno o lo espabilado que sea tu primo Theodorus Ibn Warqa, con toda seguridad tiene un 100 % de probabilidades de acabar arruinado.

Las probabilidades de éxito de un grupo de personas no se aplican al primo Theodorus Ibn Warqa. Llamaremos a la primera «probabilidad de *conjunto*» y a la segunda «probabilidad *temporal*» (ya que atañen, respectivamente, a un grupo de personas y a un solo individuo a lo largo del tiempo). Por tanto, cuando leas artículos de profesores de economía o de gurús financieros, o cuando tu banco particular recomiende inversiones *basadas en los rendimientos del mercado a largo plazo*, deberás extremar las precauciones. Aun cuando sus previsiones fueran fiables (cosa que no son), ningún individuo puede obtener los mismos rendimientos que el mercado a menos que tenga infinitos bolsillos y ningún límite. Aquí estamos combinando la probabilidad de conjunto y la probabilidad temporal. Si el inversor tiene que acabar reduciendo su exposición al riesgo debido a las pérdidas, a la jubilación o a que se ha divorciado para casarse con la mujer de su vecino, o porque sufre una repentina adicción a la heroína después de haber estado hospitalizado por una apendicitis, o porque ha cambiado su visión de la vida, sus rendimientos divergirán de los rendimientos del mercado, y no hay más que hablar.

Cualquiera que haya sobrevivido varios años en el negocio del riesgo empresarial tiene su propia versión de ese conocido principio nuestro según el cual «para tener éxito, *primero* tienes que sobrevivir». Mi forma de expresarlo ha sido: «Nunca cruces un río si tiene una profundidad *media* de 1,2 metros». En efecto, siempre he organizado mi vida en torno a la idea de que la *secuencia importa* y que la presencia de la bancarrota inhabilita los análisis coste-beneficio; pero nunca me sorprendió que el error en la teoría de decisiones fuera tan profundo. De pronto surgió un artículo escrito por el físico Ole Peters junto con el gran Murray Gell-Mann. Ahí presentaban la diferencia entre las probabilidades de conjunto y las probabilidades temporales por medio de un experimento mental similar al mío, y de ese modo demostraron que prácticamente todo lo que en las ciencias sociales tiene que ver con la probabilidad es erróneo. Profundamente erróneo. Muy profundamente erróneo. Inmensa, infinitamente erróneo. Pues desde que el matemático Jacob Bernoulli planteara hace veinticinco años su formulación inicial sobre la toma de decisiones en una situación de incertidumbre, hoy canónica, casi todos los que han trabajado sobre la materia han cometido el grave error de olvidar el efecto que tiene la diferencia entre conjunto y tiempo.* ¿Todos? No exactamente: quizá todos los economistas, pero no todo el mundo: los investigadores en matemáticas aplicadas Claude Shannon y Ed Thorp y el físico J. L. Kelly, de Kelly Criterion, lo entendieron a la perfección. Y lo hicieron son suma facilidad. El padre de la matemática actuarial, el especialista en matemáticas aplicadas Harald Cramér, también lo entendió. Y hace más de dos décadas, profesionales de las finanzas como Mark Spitznagel y como yo mismo construimos toda nuestra carrera profesional en torno a esta idea. (Misteriosamente, yo capté la idea tanto en mis escritos como en mis operaciones bursátiles, cuando tomaba decisiones, y entonces comprendí verdaderamente cuándo se violaba la ergodicidad, aunque nunca llegué a obtener la estructura matemática de Peters y Gell-Mann; incluso analicé la ergodicidad en *¿Existe la suerte?*, un libro publicado hace veinte años.) Spitznagel y yo llegamos a fundar una empresa para ayudar a los inversores a eliminar los límites (en jerga financiera, *uncle points*), para que pudieran obtener los rendimientos del mercado. Cuando yo me retiré para dedicarme a otras cosas, Mark continuó implacablemente (y con mucho éxito) en su Universa. Mark y yo nos hemos sentido frustrados por economistas que, pese a no comprender la ergodicidad, siguen diciendo que preocuparse por las colas es algo «irracional».

La idea que acabo de presentar es muy sencilla. ¿Cómo es que no ha sido descubierta en los últimos doscientos cincuenta años? Obviamente, porque nadie quería jugarse la piel.

Parece que hace falta mucha inteligencia para plantearse cuestiones probabilísticas cuando uno no se juega la piel. Pero para alguien que no conozca la materia y tenga un exceso de estudios, es algo bastante difícil. Salvo que sea un genio y pueda ver con plena

* Como en el caso de mi proyecto de «colas anchas», puede que los economistas hayan sido conscientes del problema conjunto-tiempo, pero de una forma estéril. Además, siguen diciendo que «saben» lo de las colas anchas, pero no se dan cuenta de que al llevar la idea al siguiente nivel están poniendo en cuestión buena parte de su trabajo. Lo que importa es la consecuencia.

lucidez en medio del lodo, o que tenga un dominio de la teoría de la probabilidad lo suficientemente profundo como para obviar las estupideces. Está demostrado que Murray Gell-Mann es todo un genio (y seguramente también Peters). Gell-Mann descubrió unas partículas subatómicas a las que llamó *quarks* (lo cual le valió el Nobel). Peters dijo que cuando le presentó la idea a Gell-Mann, este «la pilló al instante». No cabe duda de que Claude Shannon, Ed Thorp, J. L. Kelly y Harald Cramér son unos genios; yo personalmente me quedaría con Thorp, quien posee una irrebatible lucidez mental que combina con una profundidad de pensamiento que destaca sobremanera en la conversación. Todos ellos han podido captar la cuestión sin necesidad de jugarse la piel. Pero los economistas, los psicólogos y los expertos en teoría de las decisiones no tienen genios entre ellos (a menos que contemos como tal al erudito Herb Simon, que hizo un poco de psicología extraoficialmente), y es probable que nunca los tengan. Incorporar a estos campos a gente sin un conocimiento fundamental no añade conocimiento a la materia; buscar lucidez en tales disciplinas es como buscar armonía estética en el cubículo de un pirata informático o en el desván de un electricista muy desorganizado.

Ergodicidad

Resumiendo: se considera que una situación no es ergódica cuando las probabilidades observadas en ocasiones anteriores no se aplican a procesos futuros. Hay una «parada» en algún lugar, una barrera de absorción que evita que la gente *que se juega la piel* salga de ella, y hacia la cual tiende el sistema invariablemente. A estas situaciones las llamamos *ruina*, porque en ellas es imposible la reversibilidad. El problema básico es que si hay una posibilidad de ruina, ya no se pueden hacer análisis de coste y beneficios.

Consideremos un ejemplo más extremo que el experimento del casino. Imaginemos que un grupo de personas juega a la ruleta rusa una única vez por un millón de dólares: este es el relato central de *¿Existe la suerte?* Cinco de cada seis jugadores ganarán dinero. Si alguien recurre a un análisis clásico de coste-beneficios, deducirá que cada cual tiene un 83,33 % de probabilidades de ganar, con una «expectativa» de rendimiento medio de 833,333 dólares por cada disparo. Pero si sigues jugando a la ruleta rusa, acabarás en el cementerio. Tu expectativa de rendimiento es... no computable.

Reiteración de riesgos

Veamos por qué las «pruebas estadísticas» y los enunciados «científicos» son netamente insuficientes cuando se da una reiteración de riesgos y una posible ruina. Si alguien afirma que existen «pruebas estadísticas de que un avión es seguro», con un nivel de confianza del 98 % (las estadísticas son inútiles sin estos márgenes de confianza), y actuara a partir de ese enunciado, prácticamente no quedaría vivo ni un solo piloto experimentado. En mi guerra contra la maquinaria de Monsanto, los defensores de los organismos genéticamente modificados (los transgénicos) me replicaban con análisis de beneficios (a menudo fraudulentos y adulterados), no con análisis de riesgos de cola por la exposición *reiterada* a OGM.

Los psicólogos determinan nuestra «paranoia» y nuestra «aversión al riesgo» sometiendo a una persona a un único experimento, y luego declaran que los seres humanos estamos cuestionados en términos racionales, porque hay en nosotros una tendencia innata a «sobreestimar» las probabilidades pequeñas. ¡Incluso llegan a creer que sus sujetos jamás volverán a asumir un riesgo de cola! Recordemos que en el capítulo sobre la desigualdad insinuábamos que los estudiosos de la ciencia social son... cuestionados en términos dinámicos. Nadie podía ver la obvia inconsistencia de su comportamiento con respecto a nuestra lógica cotidiana, mucho más arraigada y notoriamente más rigurosa. Fumar un solo cigarrillo no hace daño, por lo que un análisis coste-beneficio consideraría irracional renunciar a este placer por un riesgo tan ínfimo. Lo que mata es el propio acto de fumar, el consumir un cierto número de cajetillas al año o cientos de miles de cigarrillos; en otras palabras, la exposición serial reiterada.

Pero hay algo mucho peor: en la vida real, cada riesgo que asumes, por pequeño que sea, se va sumando y a la larga va en detrimento de tu esperanza de vida. Si escalas montañas *y* conduces una moto *y* coqueteas con la mafia *y* pilotas un pequeño aeroplano *y* bebes absenta *y* fumas cigarrillos *y* haces *parkour* los jueves por la noche, tu expectativa de vida se reducirá considerablemente, aunque ninguna de esas acciones aisladas tendrá un efecto significativo. La idea de la repetición hace que la paranoia acerca de ciertos acontecimientos de baja probabilidad, incluso los considerados «patológicos», sea perfectamente racional.

Hay además otro elemento. Si la medicina mejora progresivamente tu esperanza de vida, tendrás que ser aún más paranoico. Piensa dinámicamente.

Si tienes una ínfima probabilidad de ruina como riesgo «excepcional», sobrevives y vuelves a caer en ello (otro riesgo «excepcional») acabarás por hundirte con una probabilidad del cien por cien. Esto provoca confusión porque da la impresión de que si un riesgo «excepcional» es razonable, *un riesgo adicional* también debe de serlo. Pero es algo que se puede calcular, pues la probabilidad de ruina se acercará a uno a medida que aumente el número de exposiciones a riesgos individualmente pequeños, por ejemplo, uno entre diez mil.

El error en que incurren los artículos de psicología es que consideran que el sujeto no asumirá ningún riesgo de cola fuera del experimento y que, en esencia, no volverá a asumir ningún otro riesgo. En las ciencias sociales no se ha evaluado correctamente la idea de «aversión a la pérdida»; no se la puede medir tal como se ha hecho hasta ahora (si es que a fin de cuentas resulta cuantificable). Imagina que preguntamos a un sujeto cuánto pagaría por asegurarse un 1 % de probabilidades de que perderá cien dólares.

Estás intentando descubrir cuánto va a «pagar de más» por la «aversión al riesgo» o, algo aún más estúpido, por «la aversión a la pérdida». Pero no podemos ignorar el resto de los riesgos financieros que está asumiendo: si tiene un coche aparcado que alguien puede rayar, si tiene inversiones en las que puede perder dinero, si posee una panadería que puede ser objeto de sanciones, si tiene un hijo en la universidad y las tasas son más altas de lo esperado, si va a perder su trabajo, si en el futuro cae inesperadamente enfermo... Todos estos riesgos se suman y la actitud del sujeto los refleja. La ruina es algo indivisible e invariable respecto a la fuente aleatoria que pueda provocarla.

Otro error común en la literatura psicológica es lo que se conoce como *contabilidad mental*. Según la teoría de la información de Thorp, Kelly y Shannon, para que una estrategia de inversión sea ergódica y acabe recuperando el rendimiento del mercado, es preciso que los agentes aumenten sus riesgos cuando hayan ganado y se contraigan cuando hayan tenido pérdidas: es lo que se llama «jugar con dinero de la casa». En la práctica, se hace a partir de un umbral, para facilitar la ejecución, y no por medio de reglas complejas: apuestas agresivamente cuando obtienes beneficios, no cuando tienes pérdidas, como un interruptor que se enciende o se apaga. Es el método que utilizan casi todos los agentes que han sobrevivido. Pero ahora resulta que esta estrategia dinámica no es la correcta, porque según economicastros de las finanzas conductuales como el escalofriante intervencionista Richart Thaler, un completo ignorante en materia de probabilidades, esta «contabilidad mental»* es un error (y, por supuesto, invita al Gobierno a

* La contabilidad mental alude a la tendencia de la gente a colocar sus ahorros mental (o físicamente) en cuentas separadas, porque centra su interés en el origen del dinero y se olvida de que, al ser los propietarios de todo el entramado, eso no debería importarles. Por ejemplo, alguien que no se compraría una corbata porque le parece cara y superflua se entusiasma cuando su mujer le compra la misma corbata para su cumpleaños utilizando el dinero de una cuenta corriente conjunta. En el caso que discutimos, a Thaler le parece un error cambiar la estrategia en función de si la fuente de financiación son las ganancias obtenidas en un casino o los propios

«apartarnos» de semejante práctica y a evitar las estrategias ergódicas).

Creo que la aversión a la pérdida no existe: lo que observamos es simplemente un residuo de ergodicidad. La gente intenta evitar el suicidio financiero y por ello adopta una actitud determinada ante los riesgos de cola.

Ahora bien, conviene no ser demasiado paranoicos con nosotros mismos; tenemos que dirigir una parte de nuestras preocupaciones a cosas más importantes.

¿Quién eres «tú»?

Volvamos a la noción de *tribu*. Una de las anomalías que introduce la educación y el pensamiento modernos es la idea de que cada uno de nosotros somos una unidad aislada. En el curso de unos seminarios pregunté a noventa personas: «¿Qué es lo peor que puede pasaros?». Ochenta y ocho respondieron: «Morir».

Esta solo puede ser la peor situación imaginable para un psicópata. Después de plantear esa pregunta, presenté otra similar a los que consideraban que la muerte era lo peor que podía pasarles: «¿Si mueres tú y *además* mueren tus hijos, tus sobrinos, tus primos, tu gato, tus perros, tu periquito o tu hámster (si es que tienes alguno de estos animales), sería esto peor que si solo mueres tú?». Todos contestaron que sí. «¿Si mueres tú y además mueren tus hijos, tus sobrinos, tus primos, etc., y *además* muere toda la humanidad, sería eso peor que si solo mueres tú?». Sí, por supuesto, respondieron todos. Entonces, ¿cómo es posible que tu muerte sea la peor situación imaginable?*

---

fondos originales. Evidentemente, Thaler, como tantos otros filosofastros, se olvida de la dinámica: la ciencia social no sabe tratar las cosas que se mueven.

* De hecho, suelo bromear con que si muero yo y *además* muere alguien a quien no quiero sobrevivir, como el profesor y periodista Steven Pinker, eso sería peor que si solo muero yo.

A menos que seas un perfecto narcisista y un psicópata —e incluso en ese caso—, la peor situación imaginable nunca podrá ser solamente la pérdida de tu propia vida.

La ruina individual no es pues tan importante como la ruina colectiva. Y, evidentemente, el ecocidio, la destrucción irreversible de nuestro medio ambiente, es lo que más debería preocuparnos.

Utilizando el marco ergódico: si muero jugando a la ruleta rusa, mi muerte no será ergódica para mí, pero sí para el sistema. El principio de precaución, que he formulado junto a otros colegas, está relacionado precisamente con este marco más elevado.

Cada vez que examino el principio de precaución, algún experto con muchos títulos en su haber sugiere que «siempre corremos riesgos al cruzar la calle», así que ¿para qué preocuparnos tanto por el sistema? Estos sofismas me irritan. No solo el riesgo de morir atropellado está en 47 000 años por debajo del 1, sino que ade-

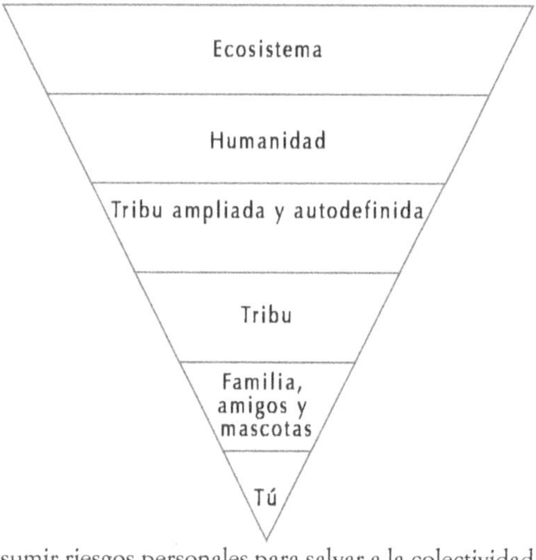

Figura 6. Asumir riesgos personales para salvar a la colectividad es señal de «valor» y de «prudencia», porque estás reduciendo el riesgo de la comunidad entera.

más mi muerte no será nunca el peor escenario posible, *a menos* que esté relacionada con la muerte de los demás.

Tengo una vida útil limitada y la humanidad debe tener una duración infinita.

O:

Yo soy renovable; la humanidad y el ecosistema no lo son.

Aún peor: como he demostrado en *Antifrágil*, es preciso que el sistema esté formado por elementos frágiles (siempre y cuando sean renovables y sustituibles) si queremos asegurarnos la solidez del propio sistema. Si los seres humanos fueran inmortales, se extinguirían por accidente o por su paulatina inadaptación. Pero si los humanos tuviéramos una vida útil más corta, se podrían sincronizar los cambios genéticos a lo largo de las generaciones con la propia variabilidad del medio ambiente.

La valentía y la precaución no son valores opuestos

¿Cómo pueden ser virtudes clásicas tanto el valor como la prudencia? La virtud, tal como la presenta Aristóteles en su *Ética a Nicómaco*, incluye la *sophrosyne* (σωφροσύνη), esto es la prudencia, y además una especie de criterio sólido que él llamó *phronesis*. ¿Y no son ambos incompatibles con el valor?

En nuestro marco no es así en absoluto. En realidad, como diría Tony el Gordo, son la misma *coza*. ¿Cómo?

Puedo demostrar valor salvando a unos niños de morir ahogados, arriesgando en ello mi propia vida, y esta actitud puede equivaler también a una forma de prudencia. Si muero, estaría sacrificando uno de los escalones inferiores de la figura 6, para garantizar la seguridad de otro superior.

Según el ideal griego que Aristóteles heredó de Homero (y transmitido por Solón, Pericles y Tucídides), el valor nunca es egoísta:

El valor consiste en sacrificar tu propio bienestar por la supervivencia de alguien perteneciente a un estrato superior al tuyo.

El valor egoísta no es valor. Un jugador estúpido no realiza actos valientes, especialmente cuando arriesga el dinero de otras personas o tiene una familia que alimentar.*

La racionalidad, otra vez

En este último capítulo se ha reformulado la racionalidad en términos de decisiones reales, no lo que llamamos *creencias*, ya que estas se pueden haber adaptado para incitarnos de la forma más convincente a evitar todo lo que amenace la supervivencia del sistema. Si lo que se necesita es superstición, no habría en tal caso infracción alguna de los axiomas de la racionalidad, pero es que además sería técnicamente irracional ponerle trabas. Si la superstición es necesaria para satisfacer la ergodicidad, dejémosla estar.

Volvamos a Warren Buffett. No hizo su fortuna mediante el análisis de costes y beneficios; más bien la logró estableciendo un filtro muy estricto y aprovechando las oportunidades que pasaban ese umbral. Según explicó él mismo: «La diferencia entre las personas que tienen éxito y las que tienen muchísimo éxito es que estas últimas *dicen no* a casi todo». Del mismo modo, es muy posible que nuestros circuitos neuronales se hayan adaptado para «decir no» a los riesgos de cola. Hay infinidad de formas de resolver los

* Para demostrar la inanidad de la ciencia social, se recurre al sensacionalismo de las «neuronas espejo» para explicar el vínculo que existe entre lo individual y lo colectivo. Basarse en neurocosas es una forma de cientifismo llamada *porno cerebral* que ya examinamos en *Antifrágil.*

problemas (por ejemplo, la pobreza en el mundo) sin necesidad de acudir a complicadas tecnologías que traen consigo fragilidad y una posibilidad desconocida de hundimiento total. Cada vez que oigo decir que «tenemos que asumir riesgos (de cola)», sé que estas palabras no las ha pronunciado un superviviente sino un académico o un banquero; como hemos visto, este último casi siempre acaba en la quiebra, normalmente con dinero ajeno.

En realidad, no nos costaría mucho deshacernos de esa deficiente tecnología. A mí no me supone ningún esfuerzo tener que soportar mi «refinada paranoia», aunque me equivoque. Pues basta que acierte una sola vez para salvarme la vida.

Querer *algunos* riesgos

Antifrágil demuestra cómo la gente confunde el riesgo de ruina con las variaciones y las fluctuaciones, una simplificación que va en contra de una lógica mucho más profunda y más rigurosa. Yo mismo apliqué esta idea a los riesgos en el amor, a los experimentos sistémicos «convexos» y al riesgo que supone no asumir riesgos de cola pero aceptando los grandes beneficios de las colas. Las situaciones volátiles no son necesariamente arriesgadas, aunque también es cierto lo contrario. Dar saltos desde lo alto de un banco será bueno para ti y para tus huesos, pero caer desde la planta veintidós no lo será. Podrás sacarle partido a las heridas pequeñas, pero no a las grandes, porque dejan efectos irreversibles. Sembrar el miedo a cierto tipo de sucesos es sembrar miedo; pero en otros casos no lo es. El riesgo y la ruina son *cosas* diferentes.

Empirismo ingenuo

No todos los riesgos son iguales. Suele decirse que «hay menos muertos por ébola que por ahogamiento en una bañera», o alguna otra cosa por el estilo supuestamente basada en «pruebas». Es el tipo de problemas que tu abuela comprende, pero no quienes han sido educados a medias.

Jamás compares un riesgo exponencial, sistémico y de cola ancha con un riesgo no exponencial, específico y de cola estrecha.

Recuerda que a mí me preocupa la correlación existente entre la muerte de una persona y la de otra. Por lo tanto, debemos atender a los efectos sistémicos: aquellas situaciones que pueden afectar a más de una persona.

Un recordatorio. Hay dos categorías en las que los acontecimientos aleatorios se desploman: Mediocristán y Extremistán. Mediocristán tiene una cola estrecha y afecta a individuos no relacionados con la colectividad. Extremistán, por definición, afecta a muchas personas. Por lo tanto, presenta un efecto sistémico del que carece Mediocristán. Los riesgos exponenciales —como por ejemplo una epidemia— *siempre* pertenecen a Extremistán. Tal vez no sean letales (como en la gripe), pero vienen de Extremistán.

En términos más técnicos:

Los riesgos de Mediocristán están sometidos al límite de Chernoff.

El límite de Chernoff puede explicarse de la siguiente manera. La probabilidad de que el número de estadounidenses que mueren ahogados en la bañera se duplique el próximo año —sin que haya cambios en la población ni en las bañeras— es de una entre muchos billones de veces la edad del universo. No puede decirse lo mismo sobre la duplicación del número de víctimas del terrorismo en el mismo periodo.

Los periodistas y los expertos en ciencias sociales son patológicamente propensos a estas tonterías, especialmente quienes piensan que una regresión y un gráfico son formas sofisticadas de abordar un problema. Han sido educados con herramientas para mediocristanos. Por eso a menudo nos encontramos con titulares que dicen que hay menos muertos por ébola que estadounidenses que se hayan acostado con Kim Kardashian. O que hay más personas muertas por habérseles caído encima un mueble que por obra de los terroristas. La lógica de tu abuela refutaría estas afirmaciones. Veamos: es imposible que mil millones de personas se hayan acostado con Kim Kardashian (aunque sea ella), pero hay una probabilidad superior a cero de que un proceso exponencial (como por ejemplo una pandemia) provoque un número de defunciones equivalente a las del ébola. Y aunque tales sucesos no sean exponenciales —como ocurre con el terrorismo—, existe una probabilidad de que se produzcan acciones, como contaminar el suministro de agua, que pueden provocar desviaciones extremas. El otro argumento gira en torno al *feedback*: si las muertes por terrorismo son bajas es por la vigilancia que hay (se suele inspeccionar a los pasajeros antes de embarcar en el avión), y quien aduce que esa vigilancia es inútil incurre en un grave error de razonamiento. Tu bañera no intenta matarte.

He intentado entender por qué esta cuestión les parece artificial a tantos «científicos» (entre ellos, a los legisladores) y natural a otros, como el experto en probabilidad Paul Embrechts. Sencillamente, Embrechts mira las cosas desde la cola. Estudia una rama de la probabilidad conocida como teoría de valores extremos y forma parte de los conocidos como *extremistas*, un pequeño grupo de investigadores especializados en acontecimientos extremos, como yo mismo. Pues bien, Embrechts y sus colegas estudian las diferencias entre procesos buscando los extremos, nunca lo ordinario. No debemos confundir esto con Extremistán: ellos estudian lo que ocurre en los extremos, lo cual abarca tanto a Extremistán como a Mediocristán; aunque el segundo es más suave que el primero. Clasifican lo que puede suceder «en las colas» según la distribución generalizada del valor extremo. Las cosas están muchísimo más claras en las colas. Y están también muchísimo más claras cuando se las estudia con ayuda de las probabilidades en lugar de expresarlas con palabras.

Resumen

Cerramos este capítulo con una breve síntesis.

Se puede adorar el riesgo pero sentir una completa aversión hacia la ruina.

La asimetría central de la vida es:

En una estrategia que implica ruina, los beneficios nunca compensan el riesgo de ruina.

Además:

La ruina no es lo mismo que otros cambios operados en la misma situación.

Cada uno de los riesgos que asumes como individuo reduce tu esperanza de vida.

Por último:

La racionalidad consiste en evitar la ruina sistémica.

EPÍLOGO

Lo que Lindy me contó

Ahora, querido lector, llegamos al final del viaje y de la quinta entrega de *Incerto*. Cuando estaba intentando resumir el libro, con la obligatoria destilación de su contenido, vi mi rostro reflejado en el cristal del restaurante donde me encontraba: ahí estaba, dominado por una barba blanquecina y un desafiante orgullo greco-fenicio (del Mediterráneo oriental) ante el envejecimiento. Hace más de veinticinco años que empecé a redactar *Incerto*, mucho antes de que mi barba se volviera gris. Lindy me ha enseñado que, en ciertas materias, no tengo que demostrar tanto, explicar tanto, teorizar tanto. En el restaurante alguien ha dicho enfáticamente: «Es lo que es», y la frase no para de repetirse en mi mente.

No habrá resumen esta vez, no habrá resumen nunca más. Según Lindy:

> *Cuando la barba (o el cabello) sean negros, atiende al razonamiento, pero obvia la conclusión. Cuando la barba sea gris, considera tanto el razonamiento como la conclusión. Y cuando la barba sea blanca, sáltate el razonamiento, pero piensa en la conclusión.*

Voy pues a acabar este libro con una (larga) máxima, al estilo de la *via negativa*:

Que no haya músculos sin fuerza,
amistad sin confianza,
opinión sin consecuencias,
cambio sin estética,
edad sin valores,
vida sin esfuerzo,
agua sin sed,
alimento sin nutrición,
amor sin sacrificio,
poder sin justicia,
hechos sin rigor,
estadística sin lógica,
matemáticas sin demostraciones,
enseñanza sin experiencia,
cortesía sin calidez,
valores sin prácticas,
licenciaturas sin erudición,
militarismo sin entereza,
progreso sin civilización,
amistad sin compromiso,
virtud sin riesgo,
probabilidad sin ergodicidad,
riqueza sin exposición,
complejidad sin profundidad,
fluidez sin contenido,
decisión sin asimetría,
ciencia sin escepticismo,
religión sin tolerancia.

Y, sobre todo:

Nada sin jugarse la piel.

Y gracias por leer mi libro.

AGRADECIMIENTOS

Ralph Nader; Ron Paul; Will Murphy (editor, asesor, corrector, experto en sintaxis y especialista); Ben Greenberg (editor); Casiana Ionita (editora); Molly Turpin; Mika Kasuga; Evan Camfield; Barbara Fillon; Will Goodlad; Peter Tanous; Xamer 'Bou Assaleh; Mark Baker (alias Gurú Anaeróbico); Armand d'Angour; Alexis Kirschbaum; Max Brockman; Russell Weinberger; Theodosius Mohsen Abdallah; David Boxenhorn; Marc Milanini; miembros de la ETH de Zúrich; Kevin Horgan; Paul Wehage; Baruch Gottesman, Gil Friend, Mark Champlain, Aaron Elliott, Rod Ripamonti y Zlatan Hadzic (en materia de religión y sacrificio); David Graeber (Goldman Sachs); Neil Chriss; Amir-Reza Amini (coches automáticos); Ektrit Kris Manushi (religión); Jazi Zilber (especialmente, sobre Rav Safra); Farid Anvari (escándalos en el Reino Unido); Robert Shaw (barcos y riesgo compartido); Daniel Hogendoorn (Cambises); Eugene Callahan; Jon Elster, David Chambliss Johnson, Gur Huberman, Raphael Douady, Robert Shaw, Barkley Rosser, James Franklin, Marc Abrahams, Andreas Lind y Elias Korosis (por todo el libro); John Durant; Zvika Afik; Robert Frey; Rami Zreik; Joe Audi; Guy Riviere; Matt Dubuque; Cesáreo González; Mark Spitznagel; Brandon Yarkin; Eric Briys; Joe Norman; Pascal Venier; Yaneer Bar-Yam; Thibault Lécuyer; Pierre Zalloua; Maximilian Hirner; Aaron Eliott; Jaffer Ali; Thomas Messina; Alexandru Panicci; Dan Coman; Nicholas Teague; Magued Iskander; James Marsh; Arnie Schwarzvogel; Hayden Rei; John Mast-Finn; Rupert Read; Russell Roberts; Viktoria Martin; Ban Kanj Elsabeh; Vince Pomal; Graeme Michael Price; Karen Brennan; Jack Tohme; Marie-Christine Riachi; Jordan Thibodeau; y Pietro Bonavita. Pido disculpas por las omisiones que seguramente habrá en esta lista.

GLOSARIO

Búsqueda de rentas: intentar utilizar regulaciones proteccionistas o ciertos «derechos» para obtener ingresos sin añadir nada a la actividad económica ni aumentar la riqueza de los demás. Como diría Tony el Gordo, es como verse obligado a pagar la protección de la mafia sin obtener ninguno de los beneficios económicos de su protección.

Captura del regulador: aquellas situaciones en que las regulaciones acaban siendo «manipuladas» por un agente, alterando a menudo el propósito original de dichas normativas. Algunos burócratas y hombres de negocios deben parte de sus ingresos a las regulaciones proteccionistas y las franquicias, y presionan para mantenerlas. Conviene saber que es más fácil establecer una regulación que corregirla o eliminarla.

Cientifismo: creencia conforme a la cual la ciencia parece... ciencia, y que pone más énfasis en los aspectos cosméticos que en el escepticismo inherente a ella. Se impone en ámbitos en que los contribuyentes son juzgados por las autoridades conforme a ciertos parámetros. También en campos donde se habla de ciencia sin llegar a «practicarla», como sucede con los periodistas y los maestros de escuela.

Comercio a lo Bob Rubin: resultados obtenidos en un dominio asimétrico donde los beneficios son visibles (y obtienen alguna compensación) y los perjuicios raros (y además no se castigan porque los actores no se juegan la piel). Se puede aplicar también a la política y a cualquier ámbito donde apenas haya castigo y las víctimas sean tan abstractas como dispersas (por ejemplo, los contribuyentes o los accionistas).

Efecto de enseñar a los pájaros a volar: invertir la flecha del conocimiento en la sucesión academia → práctica o educación → riqueza para que tengamos la impresión de que la tecnología le debe mucho más a la ciencia institucional de lo que en realidad se le atribuye. Véase *Antifrágil*.

Efecto Lindy: cuando una tecnología, una idea, una empresa o un bien no perecedero aumenta su esperanza de vida con cada día adicional de supervivencia, a diferencia de lo que sucede en los bienes perecederos (como por ejemplo los seres humanos, los gatos, los perros, las teorías económicas y los tomates). Por lo tanto, un libro que lleva cien años reimprimiéndose probablemente se reimprimirá durante cien años más, siempre y cuando sus ventas sigan siendo aceptables.

Ergodicidad: en nuestro contexto, la ergodicidad se produce cuando un grupo de jugadores comparten las mismas propiedades estadísticas (en particular, la expectativa), como si fueran un único jugador a lo largo del tiempo. Las probabilidades de conjunto son similares a las probabilidades temporales. La ausencia de ergodicidad hace que las propiedades del riesgo no se trasladen directamente desde la probabilidad observada a los resultados en una estrategia sometida a la ruina (o sujeta a una barrera de absorción o «límite»); en otras palabras, no es probabilísticamente sostenible.

Escalabilidad: las cualidades de las cosas cambian, a menudo abruptamente, cuando se hacen más grandes o más pequeñas: las ciudades son diferentes de los grandes Estados, los continentes son muy diferentes de las islas. El comportamiento colectivo cambia cuando aumenta el tamaño de los grupos, lo cual constituye un argumento a favor del localismo y en contra de la globalización sin restricciones.

Extremistán: proceso en el que el total es susceptible de recibir el impacto de una única observación (por ejemplo, el dinero obtenido por un escritor). También llamado «de cola ancha». Incluye la familia fractal de distribuciones o ley de potencia. Véase *subexponencialidad* en el apéndice.

Falacia de la leña verde: confundir la fuente de un conocimiento importante o incluso necesario —el verde de la leña—, con otra menos visible desde el exterior y menos manejable. O dicho de otro modo: cómo los teóricos atribuyen un falso valor a lo que uno debería conocer en un determinado negocio o, en líneas generales, cómo muchas de las cosas que consideramos «conocimiento relevante» no lo son tanto.

Intelectual pero idiota: un idiota, sin más.

Intervencionista: alguien que provoca fragilidad porque cree entender lo que ocurre. No está expuesto al filtro y a la disciplina que implica jugarse la piel. Además, normalmente carece de sentido del humor.

Mediocristán: proceso dominado por lo mediocre, con unos cuantos éxitos o fracasos extremos (por ejemplo, el dinero obtenido por un dentista). Ninguna observación aislada puede influir significativamente en el agregado. También llamado proceso «de cola estrecha» o miembro de la familia gaussiana de distribuciones.

Mercantilización de la virtud: degradación de la virtud por haber sido utilizada como estrategia de mercado. Tradicionalmente, la virtud debía permanecer en el ámbito privado, lo cual se contradice con mensajes modernos como los de «salvad el medio ambiente». Los mercaderes de la virtud son, muy a menudo, hipócritas. Por otra parte, la virtud desprovista de valor, de sacrificio y del jugarse la piel no es virtud. La mercantilización de la virtud es algo similar a la *simonía*, que en la Edad Media permitía a las personas acaudaladas comprar ventajas eclesiásticas o *indulgencias* para eliminar sus pecados mediante el pago de una cierta cantidad de dinero.

Monocultura intelectual: periodistas, académicos y otros esclavos que no se juegan la piel en un tema determinado convergen en un modo «biempensante» que puede ser manipulado y a menudo resiste la confirmación empírica. Esto sucede porque la divergencia se ve castigada con la imposición de etiquetas tales como «seguidor de Putin», «asesino de bebés» o «racista» (los charlatanes siempre usan a los niños como argumento sensacionalista). Es algo similar a lo que ocurre cuando la diversidad ecológica de una isla disminuye porque esta se ha hecho más grande (véase *El cisne negro*).

Principio de caridad: aplicar la simetría a los debates intelectuales; debes representar el argumento del oponente como te gustaría que representaran el tuyo. Justo lo contrario del «hombre de paja».

Problema de la agencia: desajuste de intereses entre el sujeto agente y el actor principal, por ejemplo, entre un vendedor de coches y tú mismo (propietario potencial) o entre el médico y el paciente.

Racionalismo ingenuo: creencia según la cual los humanos podemos acceder a todo lo que hace que el mundo funcione, pero aquello que escapa a nuestra comprensión no existe.

Regla de la minoría: se trata de una asimetría en la que el comportamiento de la totalidad viene dictado por las preferencias de una minoría. Los fumadores pueden estar en áreas libres de humo, pero los no fumadores no pueden estar en las zonas reservadas para los fumadores, de manera que los no fumadores se imponen, no porque inicialmente sean mayoría, sino porque son asimétricos. El autor sostiene que las lenguas, la ética y (algunas) religiones han extendido la regla de la minoría.

Regla de oro (simetría): trata a los demás como te gustaría que los demás te trataran a ti.

Regla de plata (regla de oro negativa): no hagas a los demás lo que no te gustaría que te hicieran a ti. Es muy diferente de la regla de oro, ya que la regla de plata impide que los entrometidos dirijan tu vida.

Revelación de preferencias: teoría planteada originalmente por Paul Samuelson (y aplicada en un principio a la elección de bienes públicos) según la cual los sujetos no tienen pleno acceso al razonamiento subyacente tras sus actos; y es que los actos son observables pero el pensamiento no, lo que impide que este último sea utilizado en las investigaciones científicas rigurosas. En economía, los experimentos requieren una verdadera inversión por parte del sujeto. Tony el Gordo lo resume así: «La cháchara siempre es gratuita».

Seudorracionalismo: 1) doctrina que se centra en la racionalidad de una creencia y no en sus consecuencias, 2) uso de malos modelos de probabilidad para desacreditar ingenuamente la «irracionalidad» de la gente cuando realizan ciertos tipos de actos.

***Via negativa*:** en teología y filosofía, significa centrarse en lo que una cosa *no* es, en una definición indirecta, considerada menos propensa a falacias que la *via positiva*. En términos de acción, es una receta sobre lo que debemos evitar, lo que conviene no hacer; la sustracción —no la adición— funciona mejor en ámbitos con efectos secundarios exponenciales e impredecibles. En medicina, lograr que alguien deje de fumar tiene menos efectos adversos que darle pastillas y tratamientos varios.

APÉNDICE TÉCNICO

A. Jugarse la piel y probabilidades de cola

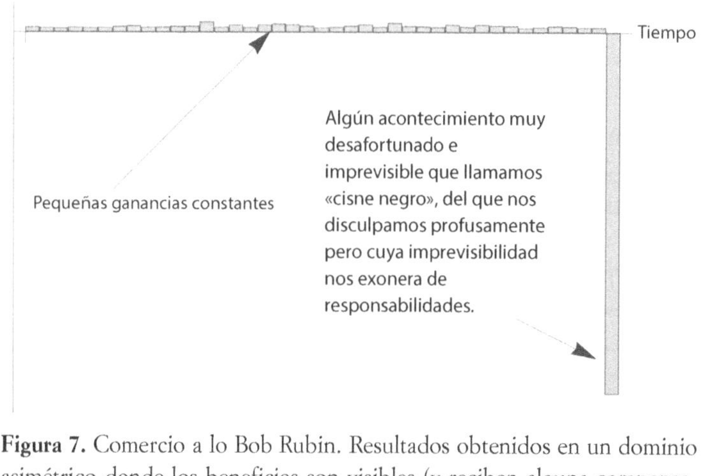

Figura 7. Comercio a lo Bob Rubin. Resultados obtenidos en un dominio asimétrico donde los beneficios son visibles (y reciben alguna compensación) y los perjuicios muy raros (y además no se castigan porque los actores no se juegan la piel). Se pueden aplicar a la política y a cualquier ámbito donde apenas haya castigo.

Esta sección analizará el desajuste de los riesgos de cola y los beneficios cuando se da un problema de agente actor principal.

Transferencia de daños: si un agente es compensado por el beneficio de una variable aleatoria, sin ninguna penalización asociada, y es juzgado únicamente a partir de su último rendimiento, el incentivo para él será ocultar los riesgos de la cola izquierda utilizando una distribución negativamente sesgada (o, en términos más generales, asimétrica) para su actuación. Esto puede generalizarse a cualquier beneficio en el que no asumimos los riesgos y consecuencias negativas de nuestros actos.

Sea *P (K, M)* el beneficio para el operador durante *M* periodos de incentivos, entonces:

$$\mathrm{P\,(K,M)} \equiv \gamma \sum_{i=1}^{M} q_{t+(i-1)\Delta t} \left(x^{j}_{i+t\Delta t} - K\right)^{+} \mathbf{1}_{\Delta t(i-1)+t<\tau}$$

donde $X^j = (x^j_{t+i\Delta t})_{i=1}^{M} \in \mathbb{R}$, son variables aleatorias independientes e idénticamente distribuidas (i.i.d.) que representan la distribución de beneficios en un periodo $[t, t + i\Delta t] i \in \mathbb{N}, \Delta t \in \mathbb{R}^+$ y K es un «obstáculo», mientras que $\tau = \inf\left\{s : \left(\sum_{z\leq s} x_z\right) < x_{\min}\right\}$ indica el tiempo de espera cuando no se han satisfecho las condiciones del último rendimiento (es decir, la condición de que se haya obtenido un rendimiento concreto un número determinado de veces durante los años anteriores, porque de otro modo la corriente de beneficios termina, se acaba el juego y se detiene la obtención de incentivos positivos). La constante $\gamma \in (0,1)$ es el «beneficio del agente», o dicho de otro modo, la tasa de compensación por el rendimiento, que no tiene por qué ser monetaria (siempre y cuando pueda cuantificarse como «beneficio»). La cantidad $q_{t+(i-1)\Delta t} \in [1,\infty)$ indica el alcance de la exposición en los momentos $t + (i - 1)\ \Delta t$ (debido a un desfase Ito, ya que el rendimiento en el periodo *s* está determinado por *q* en un periodo estrictamente anterior < *s*).

Sea $\{f_j\}$ la familia de medidas de probabilidad f_j de X^j, $j \in \mathbb{N}$. Cada una de estas medidas se corresponde con unas determinadas características de media y asimetría, cuyas propiedades podemos repartir a ambos lados del parámetro «central» K, dividiéndolas en distribuciones «superiores» e «inferiores». Escribimos $dF_j\ (x)$ como $f_j\ (x)\ dx$, por lo tanto $F_j^+=\int_K^\infty f_j(x)\,dx$ y $F_j^-=\int_{-\infty}^K f_j(x)\,dx$, las distribuciones «superior» e «inferior», cada una de las cuales corresponde a una esperanza condicional $\mathbb{E}_j^+ \equiv \frac{\int_K^\infty x f_j(x)dx}{\int_K^\infty f_j(x)\,dx}$ y $\mathbb{E}_j^- \equiv \frac{\int_{-\infty}^K x\ f_j(x)dx}{\int_{-\infty}^K f_j(x)\,dx}$.

Ahora definimos $\nu \in \mathbb{R}^+$ como una medida no paramétrica de asimetría centrada en K, considerando que $\nu_j \equiv \frac{F_j^-}{F_j^+}$ con valores > 1 para asimetría positiva y < 1 para la negativa. Intuitivamente, la probabilidad y la esperanza matemática de la asimetría se mueven en direcciones opuestas: cuanto mayor sea el rendimiento negativo, más pequeña será la probabilidad de compensarlo.

Aquí no estamos asumiendo un «juego justo», es decir, con retornos ilimitados $m \in (-\infty,\infty)$, $F_j^+\ \mathbb{E}_j^+ + F_j^-\ \mathbb{E}_j^- = m$, que podemos escribir como $m^+ + m^- = m$.

Supuestos simplificados de una constante q y un tiempo de espera único

Suponiendo una constante q, donde $q = 1$, y simplificando la condición de tiempo de espera como si no hubiera experimentado pérdidas en periodos anteriores, entonces tenemos τ =inf$\{(t + (i-1)\Delta t))$: $x_{\Delta t(i-1)+t} < K\}$, lo que lleva a

$$\mathbb{E}(P(K,M)) = \gamma\ \mathbb{E}_j^+ \times \mathbb{E}\left(\sum_{i=1}^{M} \mathbf{1}_{\Delta t(i-1)+t<\tau}\right)$$

Como asumimos que los beneficios del agente son independientes e idénticamente distribuidos, la esperanza en el tiempo de espera corresponde a la esperanza del tiempo de espera multiplicada por la esperanza de los beneficios del agente $\gamma\ \mathbb{E}_j{}^+$. Y además $\mathbb{E}\left(\sum_{i=1}^{M} \mathbf{1}_{\Delta t(i-1)+t<\tau}\right) = \left(\mathbb{E}\left(\sum_{i=1}^{M} \mathbf{1}_{\Delta t(i-1)+t<\tau}\right) \wedge M\right)$.

La esperanza del tiempo de espera puede describirse como la probabilidad de éxito condicionada a que no haya habido pérdidas previamente:

$$\mathbb{E}\left(\sum_{i=1}^{M} \mathbf{1}_{\Delta t(i-1)+t<\tau}\right) = \sum_{i=1}^{M} F_j^{+}\, \mathbf{1}_{x_{\Delta t(i-1)+t}>K}$$

Podemos expresar la condición del tiempo de espera como una serie ininterrumpida de éxitos. Sea $\sum$ el conjunto ordenado de éxitos consecutivos $\sum \equiv$\{\{F \},\{SF\}, \{SSF\}, ..., \{(M – 1), consecutivo S, F\}\}, donde S es éxito y F fracaso en un periodo Δt, con las correspondientes probabilidades asociadas $\{(1-F_j^{+}),$ $F_j^{+}\left(1-F_j^{+}\right), F_j^{+2}\left(1-F_j^{+}\right), \ldots, F_j^{+M-1}\left(1-F_j^{+}\right)\}$

$$\sum_{i-1}^{M} F_j^{+(i-1)}\left(1-F_j^{+}\right) = 1 - F_j^{+M} \simeq 1$$

Para una M suficientemente grande, debido a que $F_j^{+} \in (0,1)$, podemos tratar lo anterior casi como una igualdad, entonces:

$$\sum_{i=1}^{M} \mathbf{1}_{t+(i-1)\Delta t<\tau} = \sum_{i=1}^{M} (i-1)\; F_j^{+(i-1)}\left(1-F_j^{+}\right) = \frac{F_j^{+}}{1-F_j^{+}}$$

Por último, tenemos el beneficio esperado por el agente:

$$\mathbb{E}\left(P(K,M)\right) = \gamma\, \mathbb{E}_j^{+} \frac{F_j^{+}}{1-F_j^{+}}$$

que aumenta (i) incrementando $\mathbb{E}_j^{+}$, o (ii) minimizando la probabilidad de la pérdida F_j^{-}; esto ocurre, y he aquí la cuestión central, incluso considerando que (i) y (ii) ocurren a expensas de m, la esperanza total de la serie.

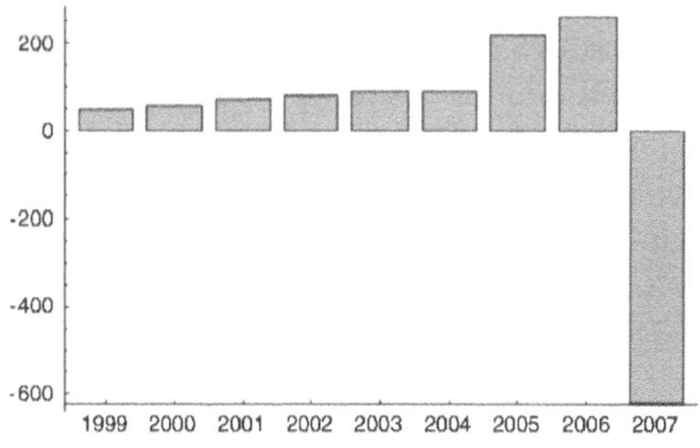

Figura 8. Indy Mac, una empresa que quebró durante la crisis de las hipotecas basura (Taleb, 2009). Es un ejemplo de los riegos que siguen aumentando cuando no hay pérdidas, hasta que se produce el derrumbe final.

Increíblemente, dado que $\mathbb{E}_j^+ = \frac{m-m^-}{F_j^+}$, al agente no le preocupa la degradación del retorno total esperado m cuando este procede de la zona izquierda de la distribución, m^-. Considerado desde el espacio asimétrico, el beneficio esperado por el agente se maximiza en la distribución j con el valor mínimo de v_j (asimetría negativa máxima). La esperanza total del incentivo positivo cuando el agente no se juega la piel depende de la asimetría negativa, no de m.

B. Sostenibilidad probabilística y ergodicidad

Asunción de riesgos dinámicos: si asumes un riesgo —cualquier riesgo— de forma reiterada, este debe contabilizarse como una exposición de por vida, o considerando la manera en la que acorta la esperanza de vida.

Propiedades de la ruina: la probabilidad de un único agente de caer en la ruina pertenece al dominio temporal y no se corresponde con las probabilidades de cola del espacio-estado (o conjunto). Las esperanzas de estos dos ámbitos no son fungibles. Por tanto, son fallidos todos los enunciados relativos a la «sobreestimación» de los acontecimientos de cola (que implican ruina) por parte de los agentes derivados de estimaciones de espacio-estado. Muchas teorías de la «racionalidad» de dichos agentes se basan en operadores de estimación y/o medidas de probabilidad erróneos.

Esta es la lógica principal detrás de la estrategia de barra (barbell strategy).

Se trata de un caso especial de la combinación de una variable aleatoria y los beneficios de una función derivada dependiente del tiempo y de la trayectoria.

Dicho de un modo menos técnico:

*Nunca cruces un río si tiene una profundidad media de 1,2 metros.**

Un caso general simplificado

Consideremos un ejemplo extremadamente simplificado, la secuencia de variables aleatorias independientes $(X_i)_{i=1}^n = (X_1, X_2, \ldots X_n)$, que toman valores positivos reales $(\mathbb{R}^+)$. Los teoremas de convergencia de la teoría de la probabilidad clásica abordan el comportamiento de la media o suma: $\lim_{n\to\infty} \frac{1}{n} \sum_i^n X_i = m$ por la ley (débil) de los grandes números (convergencia en probabilidad). Como vimos en la historia del casino del capítulo 19, cuando *n* tiende a infinito se produce una convergencia en probabilidad hasta el verdadero retorno medio *m*. Aunque la ley de los grandes números se aplica a un número de tiradas *i* que pueden ser estrictamente sepa-

* Debate del autor con P. Jorion, 1997, y Taleb, 2007.

radas en el tiempo, asume (algo de) independencia, y, sin duda, independencia con respecto a la trayectoria.

Ahora consideremos $(X_{i,t})_{t=1}^{T} = (X_{i,1}, X_{i,2}, \ldots X_{i,T})$ donde cada variable de estado X_i está indexada con una unidad de tiempo t: $0 < t < T$. Asumamos que los «sucesos temporales» se extraen de la misma distribución de probabilidad: $P(X_i) = P(X_{i,t})$.

Definimos entonces la probabilidad temporal como la evolución en el tiempo de un único agente i.

Cuando existe la posibilidad de una ruina total (esto es, irreversible), toda observación estará condicionada por algún atributo a la observación precedente: lo que sucede en el periodo t depende de $t - 1$, lo que sucede en $t - 1$ depende de $t - 2$, etcétera. Tenemos pues una dependencia de trayectoria.

Vamos a ver a qué llamamos fallo de ergodicidad:

Teorema 1 (desigualdad de estado espacio-temporal): Asumiendo que $\forall t, P(X_t = 0) > 0$ *y* que $X_0 > 0, \mathbb{E}_N(X_t) < \infty$ es la esperanza de espacio de estado para un periodo inicial estático t, y $\mathbb{E}_T(X_i)$la esperanza temporal para un agente i, ambas obtenidas a través de la ley débil de los grandes números, tenemos

$$\mathbb{E}_N(X_t) \geq \mathbb{E}_T(X_i)$$

Demostración:

$$\forall t, \lim_{n\to\infty} \frac{1}{n} \sum_{i}^{n} \mathbb{1}_{X_{i,t-1}>0} X_{i,t} = m \left(1 - \frac{1}{n} \sum_{i}^{n} \mathbb{1}_{X_{i,t-1}\leq 0}\right),$$

donde $\mathbb{1}_{X_{t-1}>0}$ es la función que indica la necesidad de supervivencia en un periodo anterior. De ahí que los límites de n para t muestren un descenso en la esperanza temporal: $\mathbb{E}_N(X_{t-1}) \leq \mathbb{E}_N(X_t)$.

De hecho, podemos demostrar la divergencia.

$$\forall i, \lim_{T \to \infty} \frac{1}{T} \sum_{t}^{T} \mathbb{1}_{X_{i,t-1}>0} X_{i,t} = 0.$$

Como podemos ver haciendo $T < \infty$, cuando se repite la ley de las esperanzas reiteradas, obtenemos la desigualdad para cualquier T.

Podemos observar el conjunto de sujetos que asumen riesgos esperando un retorno $m\left(1 - \frac{1}{n}\sum_i^n \mathbb{1}_{X_{i,t-1}=0}\right)$ en cualquier periodo t, mientras que cada individuo que se arriesga tiene garantizada la quiebra final.

Caben también otros planteamientos: podemos abordar la demostración de un modo más formal, conforme a la teoría de la medida, demostrando que, si bien es cierto que los conjuntos de espacios de la «no ruina» $\mathcal{A}$ están separados, no ocurre lo mismo con los conjuntos de tiempo. Este planteamiento se basa en el hecho de que para una medida ν:

$$\left(\bigcup_T \mathcal{A}_t \bigcap_{\leq t} \mathcal{A}_i^c\right) \text{ no equivale necesariamente a } \nu\left(\bigcup_T \mathcal{A}_t\right).$$

Casi todos los artículos que tratan la «sobreestimación» actuarial de los riesgos de cola a través de las opciones (véase Barberis, 2003) quedan invalidados por la desigualdad del teorema 1. Es evidente que, para sus autores, un agente solo existe como protagonista de una única decisión o exposición. Lo que sucede, sencillamente, es que todos estos artículos que documentan el «sesgo» asumen que los agentes no volverán a tomar ninguna decisión en lo que les resta de vida.

La solución que suele aplicarse a esta dependencia de trayectoria —en caso de que dependa solo de la ruina— consiste en introducir una función de X para permitir que la media del conjunto (independiente de la trayectoria) tenga las mismas propiedades que la media del tiempo (dependiente de la trayectoria), o una media de supervivencia condicionada. El algoritmo natural parece un buen candidato. De ahí que $S_n = \sum_{i=1}^{n} \log(X_i)$ y $S_T = \sum_{t=1}^{T} \log(X_t)$ pertenezcan a la misma clase de probabilidad; y de ahí también que la medida de la probabilidad en una sea invariable con respecto a la otra, lo cual recibe el nombre de *ergodicidad*. En este sentido, cuando analizamos el rendimiento y el riesgo en condiciones de ruina, debemos utilizar una modificación logarítmica de la variable (Peters, 2011) o la acotación de la cola izquierda (Kelly, 1956), mientras se maximizan las oportunidades en la cola derecha (Gell-Mann, 2016) o bien la acotación en la cola izquierda (Geman *et al.*, 2015).

Lo que hemos demostrado aquí es que, a menos que realicemos una modificación logarítmica (o una función similar, continuamente diferenciable, que produzca $-\infty$ con un conjunto ruina con $X = 0$), ambas esperanzas divergen. El principio de precaución se basa precisamente en la idea de que es preciso no depender de logaritmos o de transformaciones logarítmicas si queremos reducir la probabilidad de ruina.

En su magistral artículo, Peters y Gell-Mann (2014) demostraron que el uso que Bernoulli hizo del logaritmo no se debe a que es una función de «utilidad» cóncava, sino que, siguiendo el criterio de Kelly, restaura la ergodicidad. Repasemos un poco de historia:

- Bernoulli descubre la toma de riegos logarítmica bajo la ilusión de la «utilidad».
- Kelly y Thorp recuperaron el logaritmo para el criterio de crecimiento máximo como una estrategia de apuesta óptima. Nada que ver con la utilidad.
- Samuelson menosprecia el logaritmo por considerarlo demasiado agresivo, sin advertir que el semilogaritmo (o logaritmo

parcial), por ejemplo, resulta factible en una parte de la riqueza. Desde Menger hasta Arrow, pasando por Chernoff y Samuelson, muchos expertos en teoría de decisiones parecen cometer el error de la ergodicidad.

- En 1975, Pitman demuestra que un movimiento browniano sujeto a una barrera de absorción establecida en 0, con los caminos de absorción cerrados, se convierte en un proceso de Bessel tridimensional. La deriva de los caminos supervivientes es $1/x$, cuya integral es un logaritmo.
- Peters y Gell-Mann recuperan el uso del logaritmo para la ergodicidad y, además, sitúan el resultado de Kelly y Thorp sobre una rigurosa base física.
- Este autor descubre junto con Cirillo (Taleb y Cirillo, 2015) el logaritmo como la única transformación continuamente diferenciable que crea un dual de la distribución para eliminar el soporte compacto de una cola y permite el uso de la teoría de valores extremos.
- Podemos demostrar (Briys y Taleb, en un trabajo en curso y en comunicaciones privadas) la necesidad de la transformación logarítmica como simple evitación de la ruina, lo cual parece ser un caso especial de las funciones de utilidad HARA.

Adaptación del teorema 1 al movimiento browniano

Las implicaciones de la discusión simplificada no cambian en modelos más ricos, como por ejemplo los procesos estocásticos sometidos a una barrera de absorción. De la misma manera, en un entorno natural se pueden erradicar todas las formas de vida anterior (por ejemplo, X_t puede adoptar un valor negativo extremo), y no solo una condición de espera. El argumento de Peters y Gell-Mann pone también fin al llamado enigma de la prima de riesgo (*equity premium puzzle*) en el momento en que se añaden colas anchas (y por lo tanto, resultados mucho más severos que llevan a un nivel equivalente a la ruina) y ausencia de fungibilidad temporal y de conjunto. No existe pues tal puzle.

El problema permanece invariable en la vida real si usamos un proceso estocástico de movimiento browniano sometido a una barrera de absorción. En lugar de la representación simplificada tendremos, para un proceso sometido a L, una barrera de absorción desde abajo; en la versión aritmética:

$$\forall i, X_{i,t} = \begin{cases} X_{i,t-1} + Z_{i,t}, & \text{si no} \quad X_{i,t-1} > L \\ 0 \end{cases}$$

o para un proceso geométrico:

$$\forall i, X_{i,t} = \begin{cases} X_{i,t-1}(1 + Z_{i,t}) \approx X_{i,t-1}e^{Z_{i,t}}, & \text{si no} \quad X_{i,t-1} > L \\ 0 \end{cases}$$

donde Z es la variable aleatoria.

Si avanzamos hacia el tiempo continuo y consideramos el caso geométrico, supongamos que $\tau = \{\inf t : X_{i,t} > L\}$ es el tiempo de espera. La idea es que la esperanza simple del tiempo de espera sea igual al tiempo de vida útil restante, o que permanezca en el mismo orden.

Hemos cambiado el enfoque de la probabilidad al desajuste entre τ el tiempo de espera para el caso de ruina, y el tiempo restante de vida.

C. Principio de sostenibilidad probabilística

Principio: *Una unidad tiene que asumir cualquier riesgo como si fuera a hacerlo reiteradamente —en una frecuencia específica— durante el tiempo restante de su vida útil.*

Necesitamos el principio de sostenibilidad para fundamentar el siguiente argumento. Si los experimentos son estáticos (hemos visto la confusión que se da entre lo que es estado-espacio y lo puramente temporal), la vida, en cambio, es continua. Si incurres en un evento con una ínfima probabilidad de ruina y lo consideramos como un evento puntual, sobrevives una vez, vuelve a tomar el riesgo (de nuevo como un evento puntual), acabarás con una probabilidad de hundimiento igual a 1. Si se produce confusión es porque un riesgo «puntual» parece algo razonable, pero eso significa que un riesgo adicional también lo es (véase la figura 9). La buena noticia es que algunos tipos de riesgo tienen prácticamente probabilidad cero: la Tierra ha sobrevivido a billones de variaciones naturales diarias a lo largo de tres mil millones de años, pues de otro modo no estaríamos aquí. Usamos argumentos de probabilidad condicional (ajustados al sesgo del superviviente) para alejar la probabilidad de ruina del propio sistema.

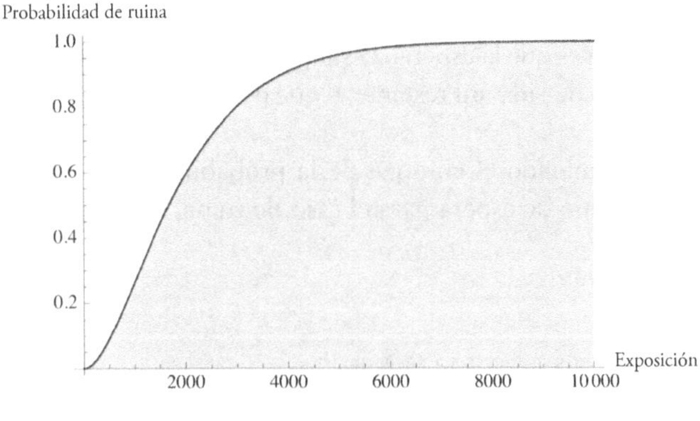

Figura 9. Por qué la ruina no es un recurso renovable. No importa lo pequeña que sea la probabilidad, con el tiempo habrá algo destinado a alcanzar la barrera de la ruina que sin duda llegará hasta ella. Ningún riesgo debería considerarse un suceso «puntual».

No hemos de considerar que $t \to \infty$, ni que la sostenibilidad permanente sea algo necesario. Siempre podemos ampliar la vida útil. Cuanto más largo sea t, mayor será la divergencia entre los operadores de la esperanza.

Consideremos el esperado tiempo de espera incondicional con relación a la ruina en un modelo discreto y simplificado: $\mathbb{E}(\tau \wedge T) \approx \mathbb{E}(\tau) = \sum_{i=1}^{\lambda N} i \left(\frac{p}{\lambda}\left(1-\frac{p}{\lambda}\right)^{i-1}\right)$, donde λ es el número de exposiciones por cada periodo de tiempo, T la vida útil restante y p la probabilidad de ruina, ambos considerados en ese mismo periodo temporal en que se fija p. Dado que $\mathbb{E}(\tau) = \frac{\lambda}{p}$, podemos calibrar el riesgo existente en la repetición. Cuanto mayor sea la esperanza de vida T (expresada en periodos temporales), más grave será el problema de la ruina. Seres humanos y plantas tienen un periodo de vida útil muy breve, la naturaleza no; al menos, para t del orden de 10^8 años, de ahí que la probabilidad anual de ruina sea de $O(10^{-8})$ y (en incrementos más estrictos) la probabilidad de ruina local sea a lo sumo de $O(10^{-50})$. Cuanto más arriba vayamos en el ecosistema de las especies individuales, más serio será el problema de la ruina. Esta condición depende de $t \to \infty$; de ahí que no sea una exigencia necesaria para elementos no permanentes, ya que tienen una vida útil finita.

> **Argumentos de cola ancha**: Cuanto mayor sea la capacidad de un sistema de producir grandes desviaciones, peor será el problema de la ruina.

Luego abordaremos el problema de las colas anchas con más detenimiento. De momento diremos que, como es natural, la varianza del proceso importa; pero las desviaciones generales que no superan el umbral de ruina no tienen importancia.

Transformación logarítmica

En el axioma de la sostenibilidad, es decir, que «deberíamos asumir riesgos como si fuéramos a hacerlo para siempre», solo se aplica una transformación logarítmica (o de carácter similar).

Las colas anchas son normalmente una propiedad preocupante cuando no existe un soporte compacto en la variable aleatoria, y menos preocupante cuando las variables están acotadas. Pero, como hemos visto que es preciso valerse de una transformación logarítmica, una variable aleatoria con soporte en $[0, \infty]$ ahora tendrá soporte en $(-\infty, \infty)$, y de ahí que las propiedades derivadas de la teoría de los valores extremos pueden aplicarse ahora a nuestro análisis. Asimismo, si el daño se define como un número positivo con un límite superior H, que corresponde a la ruina, es posible transformarlo de $[0, H]$ a $[0, \infty]$.

Cramér y Lundberg descubrieron esta dificultad en su análisis de los seguros (véase Cramér, 1930).

Una nota sobre la ergodicidad:* La ergodicidad no se puede observar ni medir estadísticamente, y además no contamos con ninguna prueba de series temporales que produzca ergodicidad, algo similar a lo que ocurre con las series estacionarias (Dickey-Fuller), o con el orden de integración (Phillips-Perron). Y lo que es más importante:

Si tu resultado se obtiene a partir de la observación de una serie temporal, ¿cómo podrás hacer afirmaciones sobre las medidas de la probabilidad en su conjunto?

* Gracias a la intervención de Andrew Lesniewski, que contribuyó a definir lo que queremos decir con ergodicidad, ya que esta tiene aquí un sentido distinto al que tiene en la física estadística.

La respuesta sería por medio de algo similar al arbitraje, que no tiene pruebas estadísticas pero que, en esencia, cuenta con una medida de probabilidad determinada *ex ante* (el argumento «no hay comida gratuita»). Consideremos, por otra parte, el argumento de la estrategia de «autofinanciación» mediante una cobertura dinámica, por poner un ejemplo. Llegado el caso, asumimos que la ley de los grandes números reducirá los retornos y que nunca se llegará a la pérdida ni a la barrera de absorción. Esto satisface nuestro criterio de ergodicidad, pero no nos presenta ninguna medida obtenida estadísticamente. Además, casi toda la literatura sobre inversión y consumo intertemporal requiere ausencia de ruina.

No estamos afirmando que un determinado proceso aleatorio o de seguridad sea ergódico, sino que, dadas sus probabilidades de conjunto (obtenidas mediante métodos transversales y asumidas con probabilidades subjetivas o, sencillamente, determinadas por argumentos de arbitraje), una estrategia de toma de riesgos debería *estar estructurada conforme a esas propiedades*. Por lo tanto, la ergodicidad afecta a la función de la variable o proceso aleatorio, no al proceso mismo. Y tal función no debería permitir la ruina.

En otras palabras, asumiendo que el índice S&P 500 tiene una expectativa de retorno «alfa», la estrategia ergódica desplegará una estrategia concreta, por ejemplo la de Kelly Criterion, para llegar a alfa. Si no sucede así, debido a la barrera de absorción o a alguna otra cosa, no es ergódica.

D. Definición técnica de colas anchas

Las distribuciones de probabilidad pueden tener desde colas extremadamente estrechas (Bernoulli) a extremadamente anchas. Entre las categorías de distribuciones que suelen distinguirse en función de las propiedades de convergencia de cada momento encontramos: 1) el disponer de un soporte compacto pero no degenerado; 2) la distribución subgaussiana; 3) la distribución gaussiana;

4) la distribución subexponencial; 5) la ley de la potencia que tiene un exponente superior a 3; 6) la ley de la potencia con un exponente igual o inferior a 3 y mayor que 2; y 7) la ley de la potencia con un exponente igual o menor de 2. Concretamente, las distribuciones de la ley de potencia tienen una media finita solo si el exponente es mayor de 1, y una varianza finita solo si el exponente es superior a 2.

Nos interesa distinguir los casos en que los sucesos de cola dominan los impactos, a fin de establecer una definición formal de la frontera existente entre las diversas categorías de distribuciones para que se las pueda asignar a Mediocristán o bien a Extremistán. La frontera natural entre ellas es la que tiene lugar en la clase subexponencial, caracterizada por la siguiente propiedad:

Sea $(X_i)_{1\leq i\leq n}$ una secuencia de variables aleatorias independientes e idénticamente distribuidas con soporte en $(\mathbb{R}^+)$ y tiene una función de distribución acumulada F. La clase subexponencial de las distribuciones se define (véanse Teugels, 1975 y Pitman, 1980) del modo siguiente:

$$\lim_{x\to+\infty} \frac{1-F^{*2}(x)}{1-F(x)} = 2$$

donde $F^{*2} = F' * F$ es la distribución acumulada de $X_1 + X_2$, esto es, la suma de dos copias independientes de X. Esto implica que la probabilidad de que la suma de $X_1 + X_2$ supere el valor x es el doble que la probabilidad de que una de ellas supere a x por separado. Por lo tanto, cada vez que la suma supera a x, para valores lo suficientemente grandes de x, el valor de la suma se debe bien a que una u otra de las x ha rebasado el límite —el máximo por encima de las dos variables—, y la otra contribuye de forma insignificante.

En líneas generales se puede demostrar que la suma de n variables está dominada por el máximo de los valores de estas variables. Formalmente, las dos propiedades siguientes son equivalentes a la condición subexponencial (véanse Chistyakov, 1964 y Embrechts *et al.*, 1979). Para un determinado $n \geq 2$, sean $S_n = \Sigma_{i=1}^{n} x_i$ y $M_n = \max_{1 \leq i \leq n} x_i$

a) $\lim_{x \to \infty} \frac{P(S_n > x)}{P(X > x)} = n$

b) $\lim_{x \to \infty} \frac{P(S_n > x)}{P(M_n > x)} = 1$

Por lo tanto, la suma S_n tiene la misma magnitud que la muestra más amplia M_n, lo cual es otra manera de decir que las colas desempeñan el papel más importante.

Intuitivamente, los sucesos de cola deberían decrecer más lentamente en las distribuciones subexponenciales que en las exponenciales, ya que en estas últimas los grandes sucesos de cola son irrelevantes. De hecho, podemos demostrar que las distribuciones subexponenciales no tienen momentos exponenciales:

$$\int_0^\infty \mathbf{e}^{\epsilon x} \, dF(x) = +\infty$$

para cualquier valor de ε superior a cero. Sin embargo, lo contrario no es cierto, ya que puede haber distribuciones que tengan momentos exponenciales y sin embargo no satisfagan la condición subexponencial.

Conviene señalar que si decidimos indicar las desviaciones como valores negativos de la variable x, este resultado se mantiene por la simetría de los valores negativos extremos al sustituir $x \to -\infty$ por $x \to -\infty$. En las variables con dos colas podemos considerar los valores positivos y negativos por separado.

NOTAS

Estas notas bibliográficas están organizadas por temas, no en forma secuencial.

Ética: Taleb y Sandis (2013), Sandis y Taleb (2015). Véanse también Nagel (1970) y Ross (1939); para la filosofía de la acción, Sandis (2010, 2012). Ética política: Thompson (1983). Incertidumbre y ética: Altham (1984), Williams (1993) y Zimmerman (2008). Ética general: Blackburn (2001) y Broad (1930). Escalar la montaña por distintas laderas: Parfit (2011). Ética y conocimiento: Pritchard (2002) y Rescher (2009).

Aunque por razones existenciales me inclino por la ética de la virtud, que es la virtud en sí misma, Constantine Sandis y yo descubrimos, gracias a *On What Matters*, de Derek Parfit (2011) —donde se considera que todas las éticas suben la misma montaña pero por laderas diferentes—, que jugarse la piel se sitúa en el punto de convergencia de tres sistemas éticos básicos: el imperativo kantiano, el consecuencialismo y la virtud clásica.

El agente-actor principal y el riesgo moral en economía: Ross (1973), Pratt *et al.* (1985), Stiglitz (1988), Tirole (1988), Hölmstrom (1979) y Grossman y Hart (1983).

Decisión islámica en condiciones de incertidumbre: manuscrito no publicado de Farid Karkabi, Karkabi (2017) y Wardé (2010). El concepto principal es el de *al ġurm fil jurm*.

Ojo por ojo, pero no en sentido literal: el debate en lengua aramea acerca de la falta de equivalencia entre un hombre pequeño y uno grande al que el primero ha hecho daño, tiene un notorio problema de traducción. *Gadol* se refiere a «héroe» y no a «grande», y *qatan* quiere decir «insignificante» más que «pequeño».

Racionalidad: Binmore (2008) y una comunicación privada con K. Binmore y G. Gigerenzer que se recoge en el homenaje de Bielefeld, publicado en 2017.

Cristianos y paganos: Wilkens (2003) y Fox (2006), entre otros. Véase también Read y Taleb (2014).

Juliano: Amiano Marcelino, *History*, vols. I y II, Loeb Classics, Harvard University Press. Véase también Downey (1939 y 1959).

Ostrom: Ostrom (1986, 2015). Véanse también las conversaciones sobre economía mantenidas con Peter Boetke y Russell Roberts, <econtalk.org/archives/2019/11/boettke_on_elin.html>.

Asimetría y escalabilidad: *Antifrágil.*

Gen egoísta: Wilson y Wilson (2007) y Nowak *et al.* (2010). La intervención de Pinker sobre el debate entre Nowak, Wilson, etc., y otros autores que defienden el planteamiento del «gen egoísta» deja de lado la escalabilidad, entre otras cosas; véase <edge.org/conversation/steven_pinker-the-false-allure-of-group-selection>. Bar-Yam y Sayama (2006).

Las buenas vallas hacen buenos vecinos: Rutherford *et al.* (2014).

Sacrificio: Halbertal (1980).

Desigualdad dinámica: Lamont (2009) y Rank y Hirschl (2014 y 2015). También Mark Rank, «From Rags to Riches to Rags», *The New York Times*, 18 de abril de 2014.

Ergodicidad y apuestas: Peters y Gell-Mann (2016) y Peters (2011).

Desigualdad: Piketty (2015). La desposesión está ya en Piketty (1995).

Mala computación de la desigualdad: Taleb y Douday (2015) y Fontanari *et al.* (2017).

Impuesto en pro de la igualdad incompatible con las colas anchas: Este impuesto, concebido para castigar a quien genera riqueza, es popular pero absurdo y, evidentemente, suicida: puesto que el beneficio se recorta drásticamente en la parte superior, sería una locura asumir riesgos con apuestas de baja probabilidad y una ganancia de veinte (después de impuestos) en lugar de cien, y luego desembolsar progresivamente todos los ahorros en esos impuestos a la riqueza. La estrategia óptima sería convertirse en un académico o funcionario francés, que son por excelencia los antigeneradores de riqueza. Observemos este problema transversal desde una óptica temporal: basta comparar a alguien con unos ingresos abultados, por ejemplo, un emprendedor que obtiene 4,5 millones de dólares brutos cada veinte años, con un profesor de economía que gana la misma suma a lo largo de dicho periodo. El emprendedor acabará pagando un 75 % de impuestos, además de un impuesto sobre el patrimonio sobre la cantidad restante, mientras que el profesor titular y buscador de rentas que no contribuye a la formación de riqueza pagará, muy posiblemente, un 30 %.

Apuestas de Kelly: Thorp (2006) y McLean *et al.* (2011).

Final satisfactorio: es erróneo pensar que ciertos axiomas nos han llevado a «maximizar» los ingresos sin ninguna limitación (los economistas académicos han aplicado las matemáticas de una manera ingenua, tanto en sus ideas como en sus programas de optimización). Es algo perfectamente compatible con la «satisfacción» de su riqueza, es decir, con aspirar a unos ingresos satisfactorios, además de que pueden maximizar el placer de su tarea o ver con orgullo los frutos de su trabajo. También pueden no «maximizar» explícitamente nada, sino únicamente hacer cosas porque eso los hace humanos.

Violencia: Pinker (2011), Cirillo y Taleb (2016, 2018).

Renormalización: Galam (2008 y 2012). Grupo de renormalización en Binney *et al.* (1992).

Lazos de parentesco estrechos: Margalit (2002).

Racionalidad limitada: Gigerenzer y Brighton (2009) y Gigerenzer (2010).

Efecto Lindy: Eliazar (2017) y Mandelbrot (1982, 1997); véase también *Antifrágil*.

Periandro de Corinto: en *Early Greek Philosophy: Beginning and Early Ionian Thinkers,* primera parte.

Genes y regla de la minoría: Lazaridis (2017) y Zalloua en conversación privada. Las lenguas se mueven más rápido que los genes. Los europeos del Norte se sorprenden al oír 1) que los griegos antiguos y modernos en realidad pueden ser las mismas personas, y 2) que «pueblos semíticos» como los fenicios están genéticamente más cerca de los antiguos «indoeuropeos» que de los «semitas», aunque alejados en términos lingüísticos.

BIBLIOGRAFÍA

Altham, J. E. J., «Ethics of Risk», *Proceedings of the Aristotelian Society*, 1984, nueva serie, vol. 84, 1983-1984, págs. 15-29.

Amiano Marcelino, *History*, vols. I y II, Loeb Classics, Harvard University Press (trad. cast.: *Historia*, Madrid, Akal, 2002).

Barberis, N., «The Psychology of Tail Events: Progress Challenges», *American Economic Review*, vol. 103, n.° 3, 2013, págs. 611-616.

Bar-Yam, Yaneer y Hiroki Sayama, «Formalizing the Gene Centered View of Evolution», *Unifying Themes in Complex Systems*, Berlín y Heidelberg, Springer Verlag, 2006, págs. 215-222.

Binmore, K., *Rational Decisions*, Princeton, N. J., Princeton University Press, 2008.

Binney, James J., Nigel J. Dowrick, Andrew J. Fischer y Mark Newman, *The Theory of Critical Phenomena: An Introduction to the Renormalization Group*, Oxford, Oxford University Press, 1992.

Blackburn, S., *Ethics: A Very Short Introduction*, Oxford, Oxford University Press, 2001.

Broad, C. D., *Five Types of Ethical Theory*, Londres, Kegan Paul, 1930.

Chistyakov, V., «A Theorem on Sums of Independent Positive Random Variables and Its Application to Branching Random Processes», *Theory of Probability and Its Applications*, vol. 9, n.° 4, 1964, págs. 640-648.

Cirillo, Pasquale y Nassim Nicholas Taleb, «The Decline of Violent Conflicts: What Do the Data Really Say?», Fundación Nobel, 2018.

—, «On the Statistical Properties and Tail Risk of Violent Conflicts», *Phy-*

sica A: Statistical Mechanics and Its Applications, vol. 452, 2016, págs. 29-45.

Cramér, H., *On the Mathematical Theory of Risk,* Centraltrickeriet, 1930.

Downey, Glanville, «Julian the Apostate of Antioch», *Church History*, vol. 8, n.º 4, 1939, págs. 303-315.

—, «Julian and Justinian and the Unity of Faith and Culture», *Church History*, vol. 28, n.º 4, 1959, págs. 339-349.

Eliazar, Iddo, «Lindy's Law», *Physica A: Statistical Mechanics and Its Applications*, 2017.

Embrechts, Paul *et al., Modelling Extremal Events: for Insurance and Finance*, Berlín y Heidelberg, Springer-Verlag, 1997.

Embrechts, P., C. M. Goldie y N. Veraverbeke, «Subexponentiality and Infinite Divisibility», *Probability Theory and Related Fields*, vol. 49, n.º 3, 1979, págs. 335-347.

Fontanari, Andrea, Nassim Nicholas Taleb y Pasquale Cirillo, «Gini Estimation Under Infinite Variance», 2017.

Fox, Robin Lane, *Pagans and Christians: In the Mediterranean World from the Second Century A. D. to the Conversion of Constantine*, Penguin UK, 2006.

Galam, Serge, «Sociophysics: A Review of Galam Models», *International Journal of Modern Physics C*, vol. 19, n.º 03, 2008, págs. 409-440.

—, *Sociophysics: A Physicist's Modeling of Psycho-Political Phenomena*, Berlín y Heidelberg, Springer-Verlag, 2012.

Geman, D., H. Geman y N. N. Taleb, «Tail Risk Constraints and Maximum Entropy», *Entropy*, vol. 17, n.º 6, 2015, pág. 3742. Disponible en <http://www.mdpi.com/1099-4300/17/6/3742>.

Gigerenzer, G., «Moral Satisficing: Rethinking Moral Behavior as Bounded Rationality», *Topics in Cognitive Science,* vol. 2, 2010, págs. 528-554.

— y H. Brighton, «Homo Heuristicus: Why Biased Minds Make Better Inferences», *Topics in Cognitive Science,* vol. 1, n.º 1, 2009, págs. 107-143.

Grossman, S. J. y O. D. Hart, «An Analysis of the Principal-Agent Problema», *Econometrica*, 1983, págs. 7-45.

Halbertal, Moshe, *On Sacrifice*, Princeton, N. J., Princeton University Press, 2012.

Hölstrom, B., «Moral Hazard and Observability», *The Bell Journal of Economics*, 1979, págs. 74-91.

Isocrates, 3 vols., Loeb Classical Library, Harvard University Press, 1980.

Karkaby, Farid, *Islamic Finance: A Primer*, manuscrito no publicado, 2017.

Kelly, J. L., «A New Interpretation of the Information Rate», *IRE Transactions on Information Theory*, vol. 2, n.º 3, 1956, págs. 185-189.

Lamont, Michèle, *The Dignity of Working Men: Morality and the Boundaries of Race, Class, and Immigration*, Cambridge, Mass, Harvard University Press, 2009.

Lazaridis, Iosif *et al.,* «Genetic Origins of the Minoans and Mycenaeans», *Nature*, vol. 548, n.º 7666, 2017, págs. 214-218.

MacLean, Leonard C., Edward O. Thorp y William T. Ziemba, *The Kelly Capital Growth Investment Criterion: Theory and Practice*, vol. 3, World Scientific, 2011.

Mandelbrot, Benoît, *The Fractal Geometry of Nature*, Freeman and Co, 1982 (trad. cast.: *La geometría fractal de la naturaleza*, Barcelona, Tusquets, 1997).

—, *Fractals and Scaling in Finance: Discontinuity, Concentration, Risk*, Nueva York, Springer-Verlag, 1997.

— y N. N. Taleb, «Random Jump, Not Random Walk», en Richard Herring (comp.), *The Known, the Unknown, and the Unknownable*, Princeton, N. J, Princeton University Press, 2010.

Margalit, Avishai, *The Ethics of Memory*, Cambridge, Mass, Harvard University Press, 2002 (trad. cast.: *Ética del recuerdo*, Barcelona, Herder, 2002).

Nagel, T., *The Possibility of Altruism*, Princeton, N. J., Princeton University Press, 2002.

Nowak, Martin A., Corina E. Tarnita y Edward O. Wilson, «The Evolution of Eusociality», *Nature,* vol. 466, n.º 7310, 2010, págs. 1057-1062.

Ostrom, Elinor, «An Agenda for the Study of Institutions», *Public Choice,* vol. 48, n.º 1, 1986, págs. 3-25.

—, *Governing the Commons*, Cambridge University Press, 2015.

Parfit, Derek, *On What Matters*, vols. 1-3, Oxford, Oxford University Press, 2011.

Periandro de Corinto, en *Early Greek Philosophy: Beginning and Early Ionian Thinkers,* primera parte, Loeb Classical Library, Harvard University Press, 2016.

Peters, Ole, «The Time Resolution of the St Petersburg Paradox», *Philosophi-*

cal Transactions of the Royal Society of London A: Mathematical, Physical and Engineering Sciences, vol. 369, n.º 1956, 2011, págs. 4913-4931.
— y Murray Gell-Mann, «Evaluating Gambles Using Dynamics», *Chaos: An Interdisciplinary Journal of Nonlinear Science,* vol. 26, n.º 2, 2016, pág. 23103. Disponible en <scitation.aip.org/content/aip/journal/chaos/26/2/10.1063/1.4940236>

Piketty, Thomas, «Social Mobility and Redistributive Politics», *The Quarterly Journal of Economics,* vol. 110, n.º 3, 1995, págs. 551-584.

—, *Capital in the Twenty-first Century, Cambridge*, Mass., Harvard University Press, 2015 (trad. cast.: *El capital en el siglo XXI*, Barcelona, RBA, 2014).

Pinker, Steven, *The Better Angels of Our Nature: Why Violence Has Declined*, Penguin, 2011 (trad. cast.: *Los ángeles que llevamos dentro*, Barcelona, Paidós, 2012).

Pitman, E., «Subexponential Distribution Functions», *Journal of the Australian Mathematical Society*, serie A, vol. 29, n.º 3, 1980, págs. 337-347.

Pitman, J. W., «One-Dimensional Brownian Motion and the Three-Dimensional Bessel Process», *Advances in Applied Probability*, 1975, págs. 511-526.

Pratt, J. W., R. Zeckhauser y K. J. Arrow, *Principals and Agents: The Structure of Business*, Harvard Business Press, 1985.

Prichard, H. A., «Duty and Ignorance of Fact», en *Moral Writings*, ed. de J. MacAdam, Oxford, Oxford University Press, 2002.

Rank, Mark Robert y Thomas Hirschl, «The Likelihood of Experiencing Relative Poverty Over the Life Course», *PLOS One,* vol. 10, n.º 7, 2015.

—, Thomas Hirschl y Kirk A. Foster, *Chasing the American Dream: Understanding What Shapes Our Fortunes*, Oxford, Oxford University Press, 2014.

Read, R. y N. N. Taleb, «Religion, Heuristics and Intergenerational Risk-Management», *Econ Journal Watch,* vol. 11, n.º 2, 2014, págs. 219-226.

Rescher, N., *Ignorance: On the Wider Implications of Deficient Knowledge*, Pittsburgh, University of Pittsburg Press, 2009.

Ross, David, *The Foundations of Ethics*, Oxford, Clarendon Press, 1939.

—, *The Right and the Good*, 1930; ed. rev., edición de P. Stratton-Lake, Oxford, Clarendon Press, 2002 (trad. cast.: *Lo correcto y lo bueno*, Salamanca, Sígueme, 2001).

Ross, S. A., «The Economic Theory of Agency: The Principal's Problem», *The American Economic Review,* vol. 63, n.° 2, 1973, págs. 134-139.

Rutherford, Alex, Dion Harmon, Justin Werfel, Alexander S. Gard-Murray, Shlomiya Bar-Yam, Andreas Gros, Ramon Xulvi-Brunet y Yaneer Bar-Yam, «Good Fences: The Importance of Setting Boundaries for Peaceful Coexistence», *PLOS One,* vol. 9, n.° 5, pág. e95660.

Sandis, Constantine, *The Things We Do and Why We Do Them*, Palgrave Macmillan, 2012.

— y Nassim Nicholas Taleb, «Leadership Ethics Asymmetry», en Boaks y Levine (comps.), *Leadership and Ethics,* Londres, Bloomsbury, 2015, pág. 233.

Stiglitz, J. E., «Principal and Agent», en *The New Palgrave Dictionary of Economics*, vol. 3, Londres, Macmillan, 1988.

Taleb, N. N., «Black Swans and the Domains of Statistics», *The American Statistician,* vol. 61, n.° 3, 2007, págs. 198-200.

— y P. Cirillo, «On the Shadow Moments of Apparently Infinite-Mean Phenomena», *arXiv preprint arXiv:1510.06731.*

— y R. Douady, «On the Super-Additivity and Estimation Biases of Quantile Contributions», *Physica A: A Statistical Mechanics and Its Applications*, vol. 429, 2015, págs. 252-260.

— y C. Sandis, «The Skin in the Game Heuristic for Protection Against Tail Events», *Review of Behavioral Economics,* vol. 1, n.° 1, 2013.

Teugels, J. L., «The Class of Subexponential Distributions», *The Annals of Probability*, vol. 3, n.° 6, 1975, págs. 1000-1011.

Thompson, D. F., «Ascribing Responsibility to Advisers in Government», *Ethics,* vol. 93, n.° 3, 1983, págs. 5466-5470.

Thorp, Edward O., «The Kelly Criterion in Blackjack, Sports Betting and the Stock Market», *Handbook of the Asset and Liability Management,* vol. 1, 2006, págs. 385-428.

Tirole, J., *The Theory of Industrial Organization*, Cambridge, Mass., MIT Press, 1988 (trad. cast.: *La teoría de la organización industrial*, Barcelona, Ariel, 1990).

Wardé, I., *Islamic Finance in the Global Economy*, Edinburgh University Press, 2010.

Wilken, R. L., *The Christians as the Romans Saw Them*, New Haven, Conn., Yale University Press, 2003.

Williams, B., *Shame and Necessity*, Cambridge, Cambridge University

Press, 1993 (trad. cast.: *Vergüenza y necesidad*, Madrid, Antonio Machado, 2011).

Wilson, D. S. y E. O. Wilson, «Rethinking the Theoretical Foundation of Sociobiology», *The Quarterly Review of Biology,* vol. 82, n.º 4, 2007, págs. 327-348.

Zimmerman, M. J., *Living with Uncertainty: The Moral Significance of Ignorance*, Cambridge, Cambridge University Press, 2008.

ÍNDICE ANALÍTICO Y DE NOMBRES

Impreso en España